I0046109

LA FERME

ET

LE JARDIN

TRAITÉ D'AGRICULTURE, D'HORTICULTURE ET DE VITICULTURE

BIBLIOTHÈQUE NATIONALE R.F. IMPRIMÉS

PARIS

LIBRAIRIE AGRICOLE DE ANDRÉ SAGNIER

Carrefour de l'Odéon, 7.

27054

A' NOS' LECTEURS.

« Rien n'est plus utile, a dit Jacques Bujault, qu'un journal
« d'agriculture. A Paris, depuis 40 ans, nous en avons eu
« dix, aucun d'eux n'a pu se soutenir. Pour la masse du
« peuple, ajoute le célèbre agriculteur, qu'a-t-on fait ? Rien,
« depuis l'invention de l'imprimerie jusqu'à nos jours. Puis
« tout le monde se dit : *le cultivateur est ignorant, il a des
« préjugés.* »

Jacques Bujault a raison, ce sont les connaissances agricoles qui manquent, non-seulement aux cultivateurs, mais aux
propriétaires. Ce ne sont pas les journaux de la capitale qui
les instruiront ; ces journaux croient que l'éducation agricole
de leurs lecteurs est faite, et ils ne s'en occupent pas. C'est
un tort. Le nouveau journal que nous annonçons ne com-
mettra pas cette faute. Son but est de faire l'éducation agricole de ses lecteurs, tout en les tenant au courant des faits
qui se produisent chaque jour dans le monde agronomique.

Le *Nouveau Journal d'Agriculture, d'Horticulture et de Viticulture* étudiera les différentes natures de sols, afin de permettre aux propriétaires, aux cultivateurs de les classer très
exactement. Il consacrera des articles aux engrais, aux amendements, aux instruments d'agriculture, à l'élève des bestiaux,
enfin à tout ce qu'un agriculteur doit connaître. Il signalera
les expériences qui ont eu des résultats certains, et il mettra
ses lecteurs en garde contre des essais qui, presque toujours,
sont accompagnés d'amers regrets. Enfin il sera l'organe des
Sociétés d'Agriculture et des Comices, et il publiera les articles que les membres de ces sociétés lui feront parvenir.

Le *Nouveau Journal* s'occupera non-seulement d'Agriculture, mais aussi d'Horticulture et de Viticulture. Il sera un
guide sûr et pratique pour le Jardinier et le Vigneron.

Il est aussi une science qui intéresse tout le monde. Nous
sommes bien aise de connaître l'explication des phénomènes
qui chaque jour se produisent autour de nous. Pour répondre
à ce désir, nous avons acquis le droit de reproduction de la
Clef de la Science, ou les Phénomènes de tous les jours, expliqués par le docteur Brewer, membre de l'université de Cambridge. Cet ouvrage a eu plus de 30 éditions en Angleterre.

Ce sera une bonne fortune pour nos lecteurs de trouver, dans chacune de nos livraisons, l'explication des phénomènes qui se produisent journellement sous leurs yeux.

Notre plan est vaste ; mais, avec l'aide de nombreux collaborateurs qui nous ont offert leurs concours, nous espérons le remplir. Nous aurons ainsi l'honneur de tracer notre sillon.

CHRONIQUE AGRICOLE.

Notre chronique s'attachera à signaler les faits intéressants qui, pendant le cours du mois, se seront produits dans le monde agricole. Pour notre début, nous jetterons un regard en arrière sur l'année qui vient de s'écouler.

Cette année s'est ouverte sous de bien tristes auspices. Une partie de la France était occupée par l'ennemi, et les cultivateurs, entravés dans leurs travaux, voyaient leurs récoltes détruites par les gelées qui avaient succédé immédiatement à des pluies. Ils ne se sont pas laissés décourager et ils se sont mis résolûment à l'œuvre. Dès le commencement du printemps, ils ont retourné leurs terres et les ont ensemencées en blés de mars, en orges, et en avoines. Ces deux dernières ont donné des récoltes abondantes, mais les blés ont été étouffés par les herbes et la récolte a été médiocre.

De longues sécheresses ont ensuite inspiré les plus vives inquiétudes pour les fourrages. Nous avons vu 500 kilos de foin dépasser le prix de 100 fr. sur les marchés de Paris, et même des pays où, d'habitude, les fourrages sont très-abondants. Heureusement que des pluies sont venues à propos, pour arrêter la hausse des fourrages et produire des secondes coupes très-abondantes. Les cultures fourragères ont aussi été favorisées.

LA PRODUCTION AGRICOLE DE LA FRANCE EN 1871.

La récolte en blé a été au-dessous de la moyenne. Bonne seulement dans dix départements, médiocre dans soixante-cinq et très-mauvaise dans dix. Beaucoup de cultivateurs ont été obligés d'acheter de la semence. Le déficit a été évalué de 15 à 20 millions d'hectolitres ; mais les envois de l'étranger ont été si considérables, les récoltes en seigle, en orge et en pommes de terre ont été si abondantes, que nous n'avons pas à redouter une crise alimentaire.

PÉNURIE DU BÉTAIL.

Le cultivateur souffre beaucoup de la pénurie du bétail. Dans les 33 départements envahis, les fermiers, de crainte de voir leurs bestiaux réquisitionnés par l'ennemi, se hâtaient de les vendre et ne fesaient point d'élèves. Les autres départements ont aussi vendu beaucoup de bestiaux à nos armées et se sont peu occupés de la production. Des millions de bestiaux ont été abattus et ne seront remplacés que dans deux ou trois ans. Mais si nous avons peu de bestiaux, nous aurons peu de fumier et nos champs recevront une quantité insuffisante d'engrais. Il faut donc, par tous les moyens possibles, augmenter la production des engrais et surtout les bien soigner.

LA PESTE BOVINE.

La peste bovine, cette calamité que les armées traînent presque toujours à leur suite, est venue, par surcroît de malheur, augmenter nos pertes. Cette épidémie se déclara dans les parcs de bestiaux des Prussiens.

Elle s'étendit jusque dans l'Ouest de la France. Les mesures les plus énergiques furent prises et sont encore appliquées, pour limiter les effets de cette terrible maladie, à laquelle on ne connait pas de remède. Tout animal attaqué est perdu; dès lors, il doit être abattu immédiatement et enfoui profondment, ainsi que les fumiers, les fourrages qui se sont trouvés, dans les étables, exposés au souffle des animaux malades. Les hommes, les chiens, les moutons, les volailles même qui ont été en contact avec les bêtes atteintes de la peste, peuvent propager cette maladie. Elle est habituellement transportée d'une contrée dans une autre par l'animal malade dont les émanations seules peuvent infecter un pays qu'il ne fait que traverser. Les wagons de chemin de fer, pour le transport des bestiaux, doivent être l'objet d'une surveillance active, et désinfectés avec le plus grand soin.

C'est dans la région du Nord et de l'Est que la peste à sévi avec le plus d'intensité; elle a disparu en partie des départements de l'Ouest et n'est plus signalée que sur quelques points du Maine-et-Loire. Espérons que les mesures énergiques, prescrites par le gouvernement et appliquées par les autorités locales, la feront bientôt complètement disparaître.

Voici une circulaire, datée du 23 novembre 1871, par laquelle M. le Ministre de l'Agriculture et du commerce a invité les Préfets à apporter la plus grande célérité dans la répression des délits relatifs à police sanitaire.

Versailles, le 23 novembre 1871.

Monsieur le Préfet,

Parmi les causes les plus actives de la propagation de la peste bovine, il faut placer en première ligne la circulation et le commerce clandestin du bétail.

Les détenteurs sont trop enclins à enfreindre les dispositions qui prescrivent la séquestration des bestiaux dans les communes infectées, et, d'autre part, des marchands ne se font pas scrupule d'y acheter des animaux à vil prix, pour les revendre ailleurs avec un bénéfice scandaleux, au risque de répandre la contagion partout où ils seront conduits. Un pareil trafic peut causer les plus graves préjudices à la fortune publique, et ceux qui s'y livrent doivent être recherchés et déférés impitoyablement à la justice.

Il est nécessaire que, quelles qu'elles soient, les infractions aux lois et règlements sur la police sanitaire soient réprimées avec la dernière rigueur. La coupable avidité des uns, l'incurie des autres, font aux tribunaux un devoir de se montrer inflexibles et d'infliger les peines les plus sévères, afin d'inspirer une crainte salutaire aux premiers et de secouer l'apathie des seconds.

Mais, si la simple violation des règles sanitaires ne peut donner lieu qu'à l'application des pénalités écrites dans la loi, il n'en est pas de même lorsqu'elle a pour résultat de communiquer la maladie à d'autres animaux.

Ici, en effet, la question change de face, ou plutôt s'élargit. Au délit vient s'ajouter le dommage causé.

L'épizootie, une fois introduite dans une localité par le commerce clandestin du bétail, entraîne généralement l'abattage des animaux sur lesquels elle se propage Mais, dans ce cas, c'est la responsabilité de l'Etat qui est aggravée, puisque, en définitive, c'est lui qui fait abattre les animaux contaminés et qui en rembourse le prix, en conformité de la loi du 11 juin 1866. Cependant, aux termes de l'article 1382 du Code civil, l'auteur de tout dommage doit le réparer Cette disposition peut être invoquée en l'espèce, et, comme c'est l'Etat qui subit réellement le dommage causé par l'introduction frauduleuse d'animaux infectés, c'est à l'Etat qu'il appartient d'exercer son recours contre qui de droit

Chargés de veiller aux intérêts généraux, il y a là, pour nous, une étroite obligation que nous ne devons pas négliger de remplir.

Ainsi donc, Monsieur le Préfet, toutes les fois que l'instruction établira que les délinquants ont contribué à répandre la contagion, vous voudrez bien intervenir au procès en vous portant partie civile. Vous aurez alors à développer les considérations qui précèdent, et à réclamer, au profit de l'Etat, des dommages-intérêts en rapport avec le nombre des animaux qu'il aura fallu abattre et la somme des indemnités à payer.

Les frais qui pourraient résulter de ces actions civiles seront nécessairement supportés par mon ministère.

Les doubles condamnations prononcées de la sorte auraient un effet moral considérable, en montrant que les coupables peuvent être atteints à la fois dans leur personne et dans leur fortune. Il conviendrait aussi de porter toutes les condamnations de cette nature à la connaissance du public, avec les noms des délinquants, par tous les moyens de publicité dont vous disposez.

J'ajouterai qu'à part l'obéissance due à la loi, il importe moins de frapper les individus que de faire des exemples capables de ramener les esprits au sentiment du devoir. Dès lors, je considère comme indispensable que la plus grande célérité soit apportée dans la répression des délits relatifs à la police sanitaire du bétail, et je vous prie, en terminant, de faire appel, dans ce but, au concours de M. le procureur de la République.

Recevez, etc.

Le Ministre de l'agriculture et du commerce,

VICTOR LEFRANC.

M. le ministre de la justice, de son côté, invite, par la circulaire suivante, les procureurs généraux à faire exercer des poursuites rigoureuses contre toute personne qui n'observerait pas les mesures sanitaires prescrites par l'administration :

Versailles, le 7 décembre 1871.

Monsieur le procureur général,

Les rapports qui me sont communiqués par mon collègue, M. le Ministre de l'agriculture et du commerce, sur les progrès de la peste bovine dans plusieurs départements, sur la lenteur inusitée de sa décroissance dans d'autres, m'obligent à appeler votre plus sérieuse attention sur la nécessité d'assurer la rigoureuse observation des lois et règlements concernant la police sanitaire.

Il résulte, en effet, de ces rapports que la durée et la propagation de l'épizootie doivent être attribuées surtout à l'inobservation des mesures sanitaires prescrites par l'administration, auxquelles beaucoup se soustraient par inertie, quelques-uns par cupidité. Les uns et les autres sont grandement coupables; car, il ne faut pas se le dissimuler, les pertes déjà subies se chiffrent par millions, et si le fléau devait s'étendre, il causerait à la fortune publique des dommages incalculables, en tarissant une des sources les plus fécondes de la production agricole, en même temps qu'il infligerait au consommateur un nouveau et regrettable renchérissement.

La législation sanitaire puise ses règles dans notre droit ancien et dans notre droit moderne. Nous trouvons dans le premier une série d'ordonnances du roi et d'arrêts du conseil dont les principaux sont : ceux des 19 juillet 1746, 18 décembre 1774, 30 janvier 1775, 1er novembre 1775 ; dans le second, l'arrêt du Directoire exécutif du 27 messidor an V, une ordonnance du roi du 27 janvier 1815, enfin les articles 459, 460 et 461 du Code pénal.

Il se dégage de tous ces actes une pensée invariable, celle de restreindre, de concentrer les foyers d'infection pour les éteindre définitivement par l'abattage des bêtes malades, puis d'empêcher la diffusion de la maladie au moyen de précautions minutieuses, mais rendues nécessaires par la subtilité du principe contagieux.

Quiconque favorise cette diffusion soit en ne déclarant pas sur-le-champ, au maire de la commune, qu'il possède ou détient dans son étable des animaux soupçonnés d'être infectés de maladie contagieuse, soit en ne les tenant pas renfermés ou en les laissant communiquer avec d'autres animaux, soit en contrevenant aux arrêtés préfectoraux qui prononcent la séquestration du bétail dans les communes infectées, soit enfin en vendant ou achetant des animaux déjà contaminés ou appartenant à la zone séquestrée pour les transporter dans des localités encore saines au risque de les infecter ; quiconque se sera rendu coupable de l'un de ces actes ou de toutes autres contraventions aux lois ou règlements de la police sanitaire devra être rigoureusement poursuivi.

Il y a des détails qui empruntent aux circonstances dans lesquelles ils se produisent une gravité particulière : ceux-là sont du nombre ; ils consistent souvent dans une simple négligence, mais cette négligence mérite une sévère répression par les affreuses conséquences qu'elle peut avoir. Aussi, je vous invite, Monsieur le procureur général, à vous faire rendre compte, par vos substituts, de toutes les affaires de cette nature dont les tribunaux de votre ressort ont été ou seront saisis, afin que vous puissiez apprécier, pour chacune d'elles, si la répression a été suffisante, et, au cas où vous ne le penseriez pas, faire appel *a minima*. Nous ne devons rien omettre pour protéger la société entière contre l'indolence ou la cupidité de quelques-uns de ses membres.

Recevez, etc

Le garde des sceaux, ministre de la justice,

J. DUFAURE.

Nous devons espérer que les mesures adoptées pour l'observation des précautions sanitaires produiront leur effet et que nous verrons enfin disparaître une épidémie qui, a juste titre, alarme nos éleveurs déjà si éprouvés par tant de malheurs.

La seconde calamité qui répand l'inquiétude dans les régions viticoles, nous arrive par le Midi, c'est le *philloxera* des racines de la vigne.

Le trait caractéristique de cette nouvelle maladie de la vigne, dit M. Vialla, dans un savant rapport, c'est l'existence, dans toutes les parcelles atteintes depuis peu, d'un centre d'attaque, d'une tache plus ou moins circulaire. Lorsque le mal est intense, au lieu d'une tache on en trouve plusieurs, et le mouvement d'extension est si actif qu'il finit par tout envahir. L'observation a démontré que cette maladie se propage de deux manières: de proche en proche et à distance. Les feuilles jaunissent, tombent; l'extrémité des sarments se dessèche, puis devient cassante. L'année suivante, les ceps n'ont plus de végétation et meurent.

La maladie provient des racines qui sont attaquées par un puceron, le *philloxera vastatrix*. Cet insecte pique les racines, se nourrit de leurs sucs, et y produit des renflements, des nodosités, qui les décomposent et les font pourrir. Ces pucerons se multiplient avec une effrayante rapidité; ils sont parfois si nombreux qu'ils se touchent. Pendant l'hiver, ils restent engourdis sur les racines de la vigne. Lorsque le soleil a commencé à faire sentir sa chaleur, ils se réveillent, se mettent a absorber les sucs des racines et à pondre jusqu'au mois d'octobre. Les *philloxeras* vivent à l'état aptère, sans ailes, ou avec des ailes. C'est sous cette dernière forme qu'ils portent leurs effets destructeurs à de grandes distances.

Jusqu'à présent, on n'a trouvé aucun moyen praticable de détruire ce redoutable insecte, qui menace d'anéantir un des plus riches produits de notre sol. On a proposé l'inondation, mais l'inondation n'est possible que sur des étendues de terrain très-limitées, et non sur les inégalités de sol d'une vaste région.

M. Baudet a recours à la naphtaline, répandue en poudre sur les racines malades; puis, sur le ceps et les sarments enduits d'eau gommée.

On a aussi conseillé du goudron, de l'acide phénique, de la poudre insecticide.

M. Bossin est peut-être plus assuré du succès; il conseille de creuser une tranchée circulaire autour du ceps de vigne, de se rapprocher le plus possible des racines, sans les attaquer; et de placer au fond de cette tranchée une couche de charbon de bois pilé qu'on recouvre de terre.

Il faut chercher, on trouvera certainement; on aurait déjà découvert le remède, si on n'avait pas à ménager les racines des ceps. Un prix de 20,000 fr. est offert par le gouvernement à l'auteur d'un procédé qui nous délivrera de cet insecte, sans nuire aux racines des vignes. Faisons des vœux pour que cette découverte soit prochaine.

LE FROMENT.

Tout blé est un froment.

Le froment se divise en plus de cinq cents espèces en variétés.

Le climat trop chaud ou trop froid ne lui convient pas.

En été, un temps un peu couvert est le sien.

Il veut une terre lisse, rassemblée et se tenant bien.

Les petites mottes ne lui font pas de mal.

Les terres argilo-sableuses, franches et judicieusement amendées et fumées, lui conviennent.

Il lui faut un fonds de consistance moyenne où ses racines ne soient pas exposées, en s'étendant trop horizontalement, à être déchaussées.

Un peu de calcaire dans le terrain où il croît, lui fait grand bien.

Là où il n'y a pas assez de calcaire, le chaulage ou le marnage de la terre lui est avantageux.

Il repousse le labour superficiel.

La raison en est que, dès la floraison, ne vivant plus guère par sa tige, il puise presque toute sa nourriture en terre.

Il vient bien à la suite de féveroles, de pavots, de navettes, et de trèfles qui ont bien réussi.

Il succède aussi avec succès aux betteraves, aux pommes de terre et à la vieille prairie naturelle, qui vient d'être rompue sur un sol salubre.

Il vient mal, soit après l'orge, soit après le trèfle clair, trop sali par la mauvaise herbe.

Fumée dans l'année précédente, la terre qui le reçoit ne produit pas d'herbes qui lui soient très-nuisibles.

En terre très-fertile, l'application directe du fumier le fait verser.

Dans les terres légères, il a besoin du roulage qui prévient le déchaussement, et du hersage qui le fait taller.

Aussi, reherser et fouler font-ils presque toujours multiplier épis et grains.

La végétation trop luxuriante lui nuit.

En conséquence, épampre-le, et mets-y le troupeau de moutons, en l'absence des chiens.

La végétation parasite l'étouffe.

N'attends pas, pour le débarrasser du chardon, que celui-ci soit mûr.

Arrache, au lieu de couper.

En sarclant, songe que les sauves, les nielles, les ivraies et les moutardes, vivent à ses dépens, et mêlent aux siennes leurs graines nuisibles.

Dans les pays de culture avancée, on le bine.

La gelée de la nuit soulevant la semaille, sauve-la en y faisant passer le rouleau.

Peu recherchée, il est vrai, du bétail, mais vigoureuse, la grosse paille l'empêche de verser.

Blé peu serré ou à petits épis versera peu.

Il en sera de même du blé semé sur une terre assez profondément fouillée par la charrue.

Quand, après une nuit de forte rosée, tu crains les effets

du soleil, agite les épis au moyen d'un cordeau promené par deux personnes.

Pour aérer les plantes de la prairie artificielle, coupe le blé de bonne heure.

Le grain qui sera le plus tôt mûr, sera celui que tu auras semé sur billons.

Qui moissonne tôt perd moins de grains, et obtient plus de poids.

Dans les années pluvieuses, le grain moissonné tard est sujet à germer.

Le moment de la moisson est celui où les graines n'étant plus assez tendres, les épis prennent une teinte jaunâtre.

C'est celui où la tige de la plante conserve encore une teinte verdâtre.

C'est celui où le grain s'écrase entre les doigts.

C'est enfin, dans le champ pour semence, celui où le grain est mûr.

Quand les récoltes sont trop versées, coupe les épis avant le chaume.

La javelle veut être étendue de manière à sécher vite.

Mouillée, elle doit être retournée.

A la suite d'un javelage prolongé, le grain est presque toujours avarié.

En outre la paille est noircie ou rancie.

Mets donc les javelles en moyettes.

Plus tu auras de paille, moins tu auras de grain.

Sol léger, tendre et calcaire, rend un blé tendre.

Le blé tendre est le plus sujet à verser.

Il craint beaucoup l'échaudage.

Il fait un pain blanc et léger, mais se durcissant assez vite.

Sol frais et compacte rend un blé dur.

Le blé dur a une paille qui résiste aux efforts du vent.

Ses épis couverts de barbes et ses grains enveloppés dans de fortes balles, bravent les coups de soleil et l'attaque des oiseaux.

Ses grains sont mangés avec difficulté par les animaux.

Composés, en grande partie, de gluten, ils sont peu aisés à moudre.

Ils donnent une farine laissant à désirer, sous le rapport de la blancheur.

Au pétrin, cette farine demande beaucoup de travail.

Quand le pétrissage n'est pas complet, le pain, quoique très-nourrissant, très-serré et très-frais, flatte peu l'œil.

Heureusement, ces inconvénients peuvent être écartés par les soins du meunier et du boulanger.

Au reste, ils sont compensés par la supériorité que le blé dur procure à la fabrication des pâtes alimentaires.

Bon froment que celui dont l'hectolitre pèse 80 kilogrammes répondant à 120 kilogrammes de paille.

Le grain le plus riche en azote, et, par suite en gluten, est ici, comme ailleurs, le plus productif et le plus nourrissant.

Les épis des extrémités des gerbes, étant ceux des plus hautes tiges, procurent une semence supérieure à celle des autres épis.

Grain ridé ou mal conformé, mauvaise semence, pour la plupart des cas.

Grain non chaulé, peut donner une plante qui sera malade, ou dont la faculté germinative sera insuffisante.

Le chaulage est le mélange du grain avec de la chaux vive, substance bien insalubre pour le manipulateur.

Ne voulant pas chauler, mets, avant de semer, le blé dans une dissolution de sulfate de zinc, rejette les grains qui surnagent, et opère de telle manière que ce poison ne puisse être fatal à la santé.

Ce sera le sulfater.

Vitriolé depuis longtemps, il ne vaudra plus rien, et, donné à la volaille, la fera périr.

Grain bien soigné, n'a besoin, selon certains agronomes, ni du chaulage, ni du sulfatage.

Trouvant la chaux et le sulfate de cuivre trop insalubres, remplace-les par le fil de bœuf, l'aloès, le goudron de Norvège ou le sulfate de soude.

Les graines nouvelles sont celles qui fournissent les plus belles tiges.

Par contre, elles sont celles qui donnent le grain le moins bien développé.

N'emploie donc qu'une semence qui ne soit ni trop nouvelle, ni trop vieille.

Dès la deuxième année, un assez grand nombre de grains ne germent pas.

Raison de plus pour ne pas employer du blé de plus de trois ans.

Raison de plus aussi, pour semer un peu plus épais le froment de deux ans au moins.

Mais, diras-tu, le blé momie provient de grains qui, naguère trouvés dans les sarcophages des pyramides d'Egypte, ont produit une récolte magnifique.

Hélas ! on t'a trompé.

Venus d'Europe, les grains dont tu me parles, y ont été renvoyés par des charlatans ou des dupes.

Au reste, les trompeurs agricoles font leurs affaires, rien qu'en donnant aux blés, qu'ils ont perfectionnés par spéculation, les noms retentissants de *blé miracle*, de *blé monstre*, et de *blé géant*.

Un changement de semence peut devenir utile.

La raison en est qu'une graine n'aime pas revenir trop longtemps à la même place.

Elle en est aussi que ta graine peut avoir été altérée par la poussière fécondante d'un blé voisin.

Si la semence de ta localité ne convient pas, achète celle dont tu as besoin, là où elle vaut le mieux.

Achète-la au poids plutôt qu'à l'hectolitre.

Débarrasse-la des graines nuisibles qui l'accompagnent.

Assure-toi, pour semer en conséquence, de sa faculté germinative.

A son égard, n'ajoute pas foi aux merveilles attribuées au pralinage.

Espère peu du soin pris de la tremper avant de la répandre.

Prépare-la en quantités supérieures plutôt qu'inférieures aux besoins réels.

Cependant, quelque bonne qu'elle soit, elle dégénérera vite sur le terrain qui ne vaudra pas celui où elle aura été récoltée, et sur le champ où tu ne procureras pas à ses produits les soins qui l'ont perfectionnée.

Tu préviendras la verse, en mettant ensemble plusieurs variétés de blé.

Tu la préviendras aussi, en amendant judicieusement le champ.

Semaille trop drue fait verser le blé.

Semaille venant après un chanvre en fait autant.

Il en est de même de trop de fumure ou d'un fumier récent.

La semaille tardive est une grosse mangeuse de graines.

Elle est celle dont les produits risquent le plus de devenir malades.

La chute des feuilles est un avis de l'arrivée de l'époque de la semaille.

La saison la plus favorable à la germination est celle où l'araignée de terre file sa toile.

Sème sur une terre qui ne soit pas trop fraîche.

Semé sur la terre froide, le blé sera tardif, en ce que la sève se mettra tard en mouvement.

Le labour de semaille veut être donné dans toute la profondeur de la couche arable.

Sème sur labour reposé, et non sur labour frais.

Tu sais déjà combien le semis à la volée est primé par la semaille en lignes.

Que ne peut-on enfouir, grain par grain, avec une rapidité suffisante, la semence du froment !

On obtiendrait, avec une minime avance de graines, des récoltes prodigieuses.

Un hectare de terre exige, en moyenne, deux hectolitres de semence.

Sème, suivant le climat, de la seconde quinzaine d'octobre, à la fin de novembre.

Dans la terre calcaire ou légère, la semence peut être couverte de 10 centimètres de terre.

Dans la terre argileuse, l'enfouissement ne peut guère être de plus de 5 centimètres.

Voilà pour le blé d'automne ou d'hiver, et maintenant voici pour celui de printemps.

Le blé de printemps remplace utilement le blé d'hiver qui a été détruit.

Il s'accommode des terres légères peu profondes et pas trop sèches.

Il ne convient pas aux sols froids et humides où les ensemencements ne peuvent s'effectuer de bonne heure.

Il talle avec moins de force que le blé d'hiver.

Il doit être mis en terre le plus tôt possible, c'est-à-dire, de mars au commencement d'avril.

Plus il aura de temps pour se développer, mieux il réussira.

Il est le blé qui donne le moins de paille, de grain et de farine.

Il est celui dont les produits offrent le moins de chances d'heureuse végétation.

Puisqu'il talle moins que le blé d'hiver, répends-en deux hectolitres et demi sur chaque hectare.

Couvre-le de moins de terre que celui d'hiver.

Comme celui-ci, sème-le, herse-le et roule-le, sans interruption.

Sur les terres humides et compactes, le blé tendre finira,
je t'en avertis, par devenir blé dur.

Qui saura bien semer, cultiver, récolter et conserver le blé,
pourra facilement en faire autant des autres céréales.

Ceci lu, relis-le, car avant tout il faut savoir semer.

L'ACTION DES ENGRAIS.

L'action des engrais est souvent très-capricieuse, mais
seulement en apparence.

Si un engrais n'est pas efficace, la cause en est dans la
terre.

Si, à une terre à laquelle manque la potasse, on donne du
phosphate, celui-ci ne peut produire aucun effet.

Et réciproquement, si je donne de la potasse à une terre à
laquelle manque le phosphate, je n'obtiendrai pas d'effet.

Entre les divers éléments dont une plante a besoin, il faut
un certain rapport, et c'est quand ce rapport existe, que les
éléments de nutrition des plantes exercent toute leur action.

L'engrais normal, le fumier d'étable lui-même ne produit
pas partout les mêmes résultats.

Il élève les produits, dans un sol, d'un dixième, et dans un
autre sol, d'un tiers.

Cela prouve que, ne produisant pas seul les récoltes, le
fumier agit de concert avec la terre et les substances nutritives qu'y trouvent les plantes.

On a émis diverses opinions sur la manière de traiter le
fumier.

Les uns conseillent de le conduire immédiatement de l'é-
table dans les champs, et les autres, de le laisser pourrir dans
une fosse.

Tout cela dépend de la manière dont on l'emploie, et de la
nature du sol.

Il n'y a pas, en agriculture, une règle absolue, et tout dépend des circonstances.

Le fumier agit par les principes qu'il contient, et par son
action chimique et physique, c'est-à-dire par l'influence de
son carbone et de son ammoniaque sur la décomposition des
substances nutritives qui se trouvent dans le sol, et par l'élé-

vation de température qu'il détermine pendant sa putréfaction.

Les substances insolubles du fumier, servant à la nourriture des plantes, ne s'échappent pas par la fermentation, et on les trouve dans tout fumier frais ou décomposé.

Dans celui-ci, elles sont plus dégagées et dans un état plus soluble que dans le frais, et c'est pour cela qu'il agit plus activement que ce dernier.

Par la fermentation, il s'échappe du fumier, de l'ammoniaque et une petite quantité d'acide carbonique.

Celui donc qui veut obtenir du fumier toute l'action physique et chimique à en attendre, doit le transporter sur les terres avant qu'il soit fermenté, car il aura le double avantage de s'y décomposer et d'y perdre très peu de son ammoniaque.

Dans l'argile, la température est élevée par la fermentation du fumier.

Or, l'argile est riche en principes insolubles servant à la nourriture des plantes.

Par suite, il faut du fumier non fermenté.

Quant au fumier frais, il convient moins dans le sable qui ne contient que de petites quantités de substances à décomposer, et où l'élévation de température n'est pas nécessaire.

C'est dire que, pour la terre siliceuse, le fumier décomposé vaut mieux, et même qu'il y dure plus longtemps.

La meilleure manière d'employer le fumier est d'en faire des composts.

Laissé étendu sur un sol argileux, il ne sert pas à échauffer la terre.

Donc il faut l'enfouir immédiatement.

Laissé étendu sur un sol siliceux, il perd une partie trop grande de ces principes fertilisants qui sont entraînés par l'eau dans le sous-sol ou dans les rigoles d'égouttement.

Donc, ici encore, il lui faut l'enfouissement immédiat qui, en outre, empêche le soleil d'en pomper l'essence.

Donc aussi la fumure par compost est, à tous les égards, la fumure la plus économique comme la plus rationnelle, et tout l'art du cultivateur se réduit à mettre en activité les principes nutritifs que contient naturellement la terre, à lui adjoindre les matières minérales que la nature lui a réfusées, et à lui rendre ce que la récolte lui a pris.

LA CHAUX.

La chaux est composée d'oxygène et d'une substance appelée *calcium*.

Elle est solide, blanche, infusible et inaltérable par la chaleur.

Elle a une grande affinité pour l'eau avec laquelle elle se combine, en développant, quand celle-ci est assez abondante, une grande chaleur.

Exposée à l'air, elle en absorbe la vapeur d'eau, et tombe en poussière.

Délitée ou éteinte, elle est encore sèche, et peut former un corps solide d'une faible ténacité.

Quand la quantité d'eau avec laquelle elle a été mélangée est considérable, l'ensemble forme un liquide laiteux qu'on appelle *eaux de chaux*.

Cette eau sert, par exemple, à la conservation des œufs, et ici l'on a soin que la chaux soit en excès, et suspendue dans le liquide, de manière à se déposer sur la coquille des œufs qu'elle préserve ainsi de l'action de l'air, et qu'elle conserve pour plusieurs mois.

La chaux est la base des pierres dites *calcaires* et du plâtre.

Elle est combinée, dans ces pierres, avec l'acide carbonique avec lequel elle forme le *carbonate de chaux*.

On l'extrait des pierres calcaires, en exposant celles-ci à une grande chaleur qui fait volatiliser l'acide carbonique.

Les fours dans lesquels la fabrication a lieu sont chauffés avec du bois, de la tourbe, de la houille, etc.

La chaux est hydraulique, si elle a la propriété de durcir, même sous l'eau.

Alors elle provient d'une pierre calcaire qui contient d'un dixième à deux dixièmes d'alumine, matière qui fait la base des argiles.

Humectée, elle développe peu de chaleur, augmente peu en volume, et à l'air, acquiert une ténacité et une dureté très-faibles.

On fait une chaux hydraulique de première qualité, en broyant dans l'eau de la craie de Meudon et de l'argile de Passy, dans le rapport de quatre contre un.

Le liquide résultant de ce broiement donne un dépôt qu'on

fait sécher en fragments, et qu'on calcine ensuite dans les fours.

On forme aussi de la chaux hydraulique, en mettant en contact de la chaux grasse délayée, avec une dissolution de silicate de potasse ou de soude.

La chaux non hydraulique est pure, et, en d'autres termes, contient très-peu d'argile.

Se délitant facilement, formant une bouillie qui a du liant, et acquérant un grand volume par l'absorption de l'eau, elle prend le nom de *grasse*.

La chaux non hydraulique, qui offre, à un moindre degré, les caractères qui viennent d'être indiqués, est appelée *maigre*.

Au sortir du four, la chaux est en morceaux durs et compactes qu'il faut mettre à l'abri de l'air, dans des récipients fermés, si l'on veut qu'elle soit propre aux constructions, car une fois carbonatée par une trop longue exposition à l'air, elle ne peut plus se combiner avec la silice, pour constituer le mortier.

(*Analyse d'un passage de la Chimie de* M. Sainte-Preuve.)

DE L'INSTRUCTION PRIMAIRE

AU POINT DE VUE AGRICOLE

> On réformerait le monde, si l'on réformait
> l'éducation de la jeunesse.
> (Leibnitz).

On se préoccupe beaucoup aujourd'hui de l'enseignement agricole. On s'étonne, à bon droit, d'avoir à constater que l'industrie la plus importante de toutes, celle qui a pour mission de pourvoir à la substance des hommes, est la dernière à laquelle la science ait songé à venir en aide, et que, jusqu'à ces derniers temps, elle ait été abandonnée à elle-même et livrée aux tâtonnements et à l'empirisme.

Il faut, sans aucun doute, applaudir à l'empressement que les pouvoirs publics et les associations agricoles mettent aujourd'hui à pourvoir à l'instruction des cultivateurs de toutes les classes et à tous les degrés ; mais, pour réformer notre monde agricole, pour lui donner l'élan indispensable pour assurer la subsistance, la prospérité, la sécurité des peuples, l'instruction ne suffit pas : ce qu'il faut obtenir, c'est la réforme de l'éducation. C'est donc à ce point de vue que nous allons nous placer pour étudier notre sujet.

Donner aux enfants des cultivateurs les connaissances les plus utiles pour la pratique de l'agriculture, cela est nécessaire et bon, sans aucun doute ; mais ce n'est bon qu'à la condition que ses enfants voudront et pourront se consacrer à la culture. Or, ce qu'il faut reprocher surtout à l'enseignement primaire, tel qu'il est organisé dans nos campagnes, c'est d'ôter aux enfants le goût pour la profession agricole et la possibilité d'en faire l'apprentissage.

Dès que les forces physiques de l'enfant lui permettent d'aller à l'école, il est absorbé par elle, et devient étranger au travail rural, et inutile à sa famille. A cet âge il est déjà capable de rendre quelques services, et peut être compté pour quelque chose dans une exploitation. Il est tel genre de travail dans lequel un enfant remplace parfaitement un homme, et son absence est ainsi un préjudice réel et grave pour le père de famille. Mais ce qui est plus grave encore, c'est qu'il perd l'occasion de faire son apprentissage.

S'il n'y avait qu'une perte de temps et d'argent, le mal ne serait pas irréparable. Mais, en sevrant l'enfant de tout travail corporel, l'école lui fait perdre à jamais le goût et l'aptitud pour les rudes travaux qu'exige la culture. Il considère l'instruction qu'on lui donne, non pas comme un moyen de féconder le travail pour lequel il est né et de faire progresser la pratique héréditaire, comme l'instrument d'une occupation moins pénible et plus lucrative. Il voit le copiste, le commis, le domestique de ville mieux vêtus, mieux nourris que le cultivateur, et se fatigant infiniment moins. Il envie la position de l'instituteur ; il porte ses visées jusque sur le presbytère : tout ce qu'il voit, tout ce qu'on lui fait lire, tout ce qu'on lui fait refaire lui infuse fatalement le dégoût pour la vie rurale et l'ambition de se faire un autre état, qu'il juge meilleur parce qu'il est physiquement moins pénible.

Que si l'enfant est absorbé par l'école primaire et sevré de tout travail manuel jusqu'à l'âge de douze à quinze ans, comment veut-on que son corps devienne capable de fatigue et que son cœur ne la prenne pas en dégoût ? Il y a là un obstacle moral très-grand, et une impossibilité physique presque absolue.

On s'en apercevra bien quand il faudra revenir à ces travaux agricoles, follement désertés. Car il y faudra revenir, il n'y a pas à en douter.

Les critiques que je formule contre notre système d'éducation primaire dans les campagnes ne s'adressent pas exclusivement aux écoles pour les garçons ; le système d'éducation suivi dans les écoles de filles (officielles ou libres, laïques ou religieuses, catholiques ou protestantes) a eu des résultats encore plus déplorables.

On demandait à un grand homme de l'antiquité ce qu'il fallait apprendre de préférence aux enfants. « Il faut leur apprendre, dit-il, les choses qu'ils devront pratiquer étant homme. » Que devra faire la fille d'un cultivateur, quand elle sera en âge de devenir à son tour mère de famille ? Elle devra d'abord *tenir un ménage*, c'est-à-dire maintenir l'ordre et la propreté dans la maison, préparer les aliments, soigner les animaux de basse-cour, traire les vaches, prêter son concours aux travaux de sarclage, de fenage, de moisson... On me dira : « Est-ce que rien de tout cela peut s'apprendre « dans une école » Non, sans doute. Mais n'est-ce pas constater dans quelle mauvaise voie nous sommes que d'être obligé d'avouer qu'une fille de la campagne ne peut apprendre dans nos écoles ? *rien de ce qu'elle devra savoir étant femme ?* Pourtant, si le vice de notre système d'éducation se bornait à cela, si l'école nous rendait la jeune fille *ignorante*, seulement, des choses agricoles, nous ne nous plaindrions pas : ce que nous ne pouvons voir sans le déplorer amèrement, c'est qu'elle nous la rende *incapable* et à jamais *dégoûtée* de toute occupation rurale.

D'où viennent cette incapacité et ce dégoût pour les destinées agricoles ? C'est que les enfants passent trop de temps à l'école et pas assez dans la famille, c'est que l'école accapare l'enfant, et que, la retenant toute la journée et ne sachant à quoi l'occuper, elle lui enseigne des arts futiles qui la dégoûtent à jamais des travaux pénibles. C'est ainsi qu'on en est venu à apprendre la broderie et la tapisserie à des filles de basse-cour. Voilà comment les travaux ruraux, même les moins pénibles, sont désertés par les femmes encore bien plus que par les hommes.

Faut-il s'étonner, après cela, de la situation indéfinissable de la famille ouvrière ? Ce n'est ni pauvreté, ni indigence, ni même malaise ; c'est de tout cela à la fois mêlé avec je ne sais quel luxe; c'est un *mal-être*. Il y a indigence des choses les plus nécessaires et abus des satisfactions luxueuses. Le travail a diminué, le salaire a augmenté, le *bien-être* n'est pas conquis.

N'allez pas croire, pourtant, que je sois de ceux qui pensent :

> Qu'une femme sait toujours assez,
> Quand la capacité de son esprit se hausse
> A connaître un pourpoint d'avec un haut-de-chausse.

Non; le bon sens du bonhomme Chrysale était en défaut sur ce point. Mais je veux, avec lui :

> Qu'une fille soit propre aux choses qu'elle fait.

Je demande que, tout en mêlant, dans l'éducation, l'utile à l'agréable, on ne néglige plus le *nécessaire ;* que, sous le prétexte d'instruction, on ne dégoûte pas l'ouvrier de sa profession, on ne le rende pas incapable de travail. Je demande que l'école ne l'absorbe pas tout entier, qu'elle lui laisse assez de temps pour apprendre son état, pour y plier son esprit, son cœur et son corps.

Et quand on aura fait une part convenable à cette éducation professionnelle, alors je dirai: Enseignez *en outre* aux fils et aux filles de nos laboureurs les éléments de toutes les sciences qui peuvent aider au progrès de l'art agricole; en leur apprenant à aimer de plus en plus leur vocation, cultivez leur esprit par des connaissances littéraires appropriées à leur état.

(La fin à la prochaine livraison).

HORTICULTURE.

Calendrier horticole de la société d'horticulture de Nantes.

JANVIER. — TRAVAUX GÉNÉRAUX. — Les travaux qui se font en janvier sont peu nombreux, ce mois étant ordinairement froid et humide. Si le temps le permet, c'est-à-dire si le froid n'est pas trop vif ou l'humidité trop grande, on continue les plantations d'arbres, ainsi que des labours qui n'auraient pu avoir lieu dans les mois précédents. On achève de transporter et de répandre sur le sol les fumiers qui doivent servir d'engrais, et l'on met en tas celui qui est destiné aux couches et aux réchauds.

Les travaux de défoncement et de nivellement, tous les changements de distribution qui nécessitent des mouvements de terre ou de transport de matériaux qui doivent donner de la solidité aux allées, comme encore l'enlèvement de tous les bois, décombres, etc., qui nuisent à la propreté du jardin et à la libre circulation; tous ces travaux, disons-nous, doivent se faire dans le courant de janvier. On cure les fossés et les rigoles, et l'on transporte les curures en un lieu convenable pour les convertir en *compost*. On couvre les plantes, on jette de la litière sur les bâches et châssis; les paillassons se déroulent sur les serres; les portes et les fenêtres se calfeutrent; on abrite les conduits d'eau et les pompes; de toutes parts on se tient en garde contre un temps clair, un vent d'est, un soleil couchant très-coloré, indices certains du froid qui menace.

Alors qu'il n'est plus guère possible de travailler au grand air, on utilise le temps en continuant, à couvert, de réparer les outils et les instruments d'horticulture; en passant des terres et des terreaux à la claie; en divisant et criblant la terre de bruyère; en nettoyant et disposant les diverses espèces de semences, en préparant les étiquettes, les tuteurs les échalas, les treillages, les chevilles pour espaliers, les paniers et les corbeilles d'osier, les paillassons, les cires à greffer et généralement enfin tout ce qui peut se faire à l'abri et qu'on est heureux de trouver confectionné lorsque vient le temps d'en faire usage.

ARBRES FRUITIERS. — Quand il ne gèle pas, on peut tailler les pommiers et les poiriers en espaliers ou en quenouilles, en observant de commencer par les arbres les moins vigoureux et ceux dont la floraison est précoce. Les arbres à fruits à noyaux, autres que le pêcher, peuvent aussi être soumis à la taille, si le mauvais temps n'y met obstacle. Ordinairement on taille dans l'ordre suivant : 1° l'abricotier, 2° les pruniers, 3° les poiriers, 4° les cerisiers, 5° les pommiers. On est dans l'usage de ne tailler les pêchers que lorsqu'ils sont en fleurs. Il est très important de ne point tailler ni même d'élaguer pendant la gelée, car la plus légère contusion, ou seulement une pression un peu plus forte sur l'écorce (alors que le peu de sucs séveux qu'elle contient est cristallisé), peut produire de graves accidents.

On ôte la ligature des greffes en écussons qui n'ont pas encore été desserrées; on rabat les sujets à quelques centimètres au-dessus de leur greffe, et l'on enlève le chicot resté au-dessus des écussons qui ont une année de végétation, ce qu'en terme de pépiniériste on appelle *ongleter*. Quelques praticiens font cette opération dès le mois de novembre.

On émonde les vieux arbres et l'on enlève le bois mort. On coupe aussi les rameaux que l'on destine à la greffe, ou dont on veut faire des boutures, et on les met dans du sable, à l'abri de la gelée et de la pluie.

On taille les groseillers et les framboisiers.

POTAGER. — Si le temps le permet, on sème des radis, des raves, poireaux, laitue mignonne, laitue capucine, chicorée frisée, pois hâtifs, fèves de marais, oignons, carotte naine de Hollande; enfin les pommes de terre hâtives, telles que l'espèce dite *Marjolin*, dont on fait si grand cas dans les environs de Paris. La naine, la Segonzac, la Kidney, la Schaw, la fine hâtive, doivent aussi être préférées comme primeurs.

Semez des concombres et des melons-cantalous *sous cloches ou sous châssis*, entourés de réchauds de fumier neuf, qu'il faudra renouveler tous les quinze jours.

PARTERRE. — Si le froid n'est pas excessif, on laboure les massifs, on détruit les mauvaises herbes.

ORANGERIES ET SERRES. — Les châssis, bâches et serres doivent être surveillés avec la plus grande attention. On doit en renouveler l'air le plus souvent possible : les paillassons qui les garantissent des gelées doivent être relevés aussitôt qu'un rayon de soleil vient à paraître. Pour les arrosements, il ne faut faire usage que de l'eau qui a séjourné dans la serre au moins pendant vingt-quatre heures.

LES FONCTIONS DE LA SÈVE DANS LES ARBRES.

Avant de planter les jeunes arbres fruitiers, apprenons quelque chose des fonctions de la sève.

Quand on dissèque une tige ou une branche d'arbre, on trouve d'abord la première peau ou grosse écorce.

Sous celle-ci est une seconde peau verdâtre qu'on nomme *liber*.

Sous ce liber est le bois blanc ou *aubier* de l'année.

Sous l'aubier de l'année est un bois un plus serré et un peu moins blanc.

Enfin, sous ce bois un peu plus serré et un peu moins blanc, et en se rapprochant de la moelle, est un bois plus ou moins dur, selon les espèces.

La sève, qui est tout bonnement de l'engrais liquide puisé dans le sol par les racines, est attirée par plusieurs forces.

Elle est surtout attirée par la force vitale de l'arbre.

Elle monte dans celui-ci par des conduits que nous ne distinguons dans le bois qu'à l'aide d'une loupe.

Quand le bois est jeune et tendre, ces conduits y sont ouverts partout.

Par conséquent la sève monte par toutes les parties.

Par contre, quand le bois devient dur ou vieux, les conduits s'engorgent et se bouchent, et la sève ne peut plus circuler que dans ceux qui restent ouverts dans l'aubier.

C'est par là, en effet, qu'elle passe le plus souvent.

Sur son passage elle développe feuilles et fruits, nourrit les petits yeux à l'aisselle des feuilles, et allonge branches et rameaux.

C'est la sève montante ou ascendante.

Arrivée à destination, cette sève reçoit, par l'intermédiaire des feuilles, de l'air et de la chaleur.

Elle se modifie et s'épaissit un peu.

Enfin elle descend, non point par où elle est venue, mais entre le liber et l'aubier, c'est-à-dire, entre la seconde peau et le bois blanc,

Elle s'appelle sève *descendante.*

Elle forme, chaque année, une couche de nouveau bois et et un feuillet de liber.

Elle développe en grosseur tiges, branches et rameaux.

C'est grâce à elle que les enfants peuvent faire des sifflets avec du saule.

Plus il y a de sève montante, plus il y a de sève descendante.

Mieux la sève circule, plus l'arbre grandit et grossit.

Circulant bien, elle fait du bois et de la feuillle pendant un certain nombre d'années.

Cela caractérise la jeunesse de l'arbre.

Plus tard, la circulation se ralentit, et commençant, la production fruitière va en augmentant.

Cela caractérise l'âge mûr de l'arbre, qui peut durer longtemps.

Plus tard, le ralentissement de la sève augmente, et quoique la floraison devienne luxuriante, le volume des fruits diminue.

Cela caractérise la vieillesse de l'arbre.

Nous voyons par là que la sève abondante et fougueuse fournit de la feuille et du bois.

Par suite, nous voyons que quand elle a cessé d'être trop abondante, et a beaucoup perdu de sa fougue, la sève donne de la fleur et du fruit.

Ainsi donc, plus nous gênerons sa marche, plutôt nous obtiendrons un âge mur anticipé, et plus vite nous amènerons la vieillesse.

Or, les opérations qui provoquent ces effets, sont la transplantation d'arbres maladifs, la taille, l'éborgnage, la torsion ou le cassement des branches, la gêne contre un mûr, etc.

Ici, choisissons bien notre moment.

Ne forçons pas trop tôt.

Charpentons bien avant de torturer.

Mesurons les tortures à la force.

Ne demandons pas trop tôt à l'arbre plus de fruits qu'il ne peut raisonnablement en porter.

POUR REMÉTTRE EN BON ÉTAT LES FRUITS GELÉS.

Il arrive souvent l'hiver qu'on est obligé de jeter des fruits parce qu'ils sont gelés. Voici le moyen d'éviter cette perte en les remettant en bon état :

On met les fruits gelés dans de l'eau bien froide et on les y laisse quelque temps. Il se forme alors autour du fruit une croûte de glace qui, se fondant ensuite peu à peu, laisse le fruit aussi beau et aussi entier qu'il était avant d'être gelé.

Ce procédé doit surtout être employé pour les poires qui, sans cela, ne reviendraient jamais à leur état primitif.

Il faut bien se garder surtout d'approcher du feu les fruits gelés : ils perdraient toute leur saveur et se corromperaient très promptement.

VITICULTURE

LA MÉTHODE VITICOLE DE M. J. GUYOT.

L'auteur d'une analyse, dont voici la substance, M. Por-riquet, décrit ainsi, dans le *Journal d'agriculture de la Côte-d'Or*, la méthode viticole de M. Guyot :

LIGNES BASSES ET SOUCHES. — La vigne doit être plantée, cultivée et maintenue en lignes basses, et sur souche.

La préférence à accorder à la culture en lignes est ainsi motivée.

Elle fournit un moyen plus commode de culture à la main, et surtout à la charrue.

Elle rend aisée la surveillance.

Elle présente des moyens de soutènement, de production et de palissage plus facile et moins dispendieux.

Elle facilite, par l'alignement, l'importation et l'exportation.

Elle offre plus d'accès à l'air et au soleil.

Quant au maintien de la vigne sur souche, il est une con-dition de qualité du vin.

En effet, c'est au plus tôt après sept ans, qu'on peut espérer d'excellents produits.

DISTANCE. — La distance des ceps entre eux doit être, au minimum, d'un mètre en tous sens.

Sans ce minimum d'espace, le cep ne peut se nourrir sur un sol maigre ou superficiel, étendre ses racines, les asseoir, et donner la fertilité que, sans cela, on ne doit qu'à un fâcheux recours aux provignages et aux recouchages.

Dix mille ceps bien disposés en ligne priment trente mille ceps, épars et sans ordre.

PROVIGNAGE. — Une condition de vigueur du cep, de sa durée et de la qualité du vin est sa constitution sur le fais-ceau primitif.

Il ne doit jamais être provigné.

Il faut, pour lui conserver sa fécondité dans un mètre carré, l'intervention comme ci-après de l'art de la taille.

TAILLE. — A la taille du printemps et à celle de l'hiver, abattons les sarments complètement, et le plus près possible de la souche.

Conservons deux sarments seulement.

Rognons l'un à deux ou trois yeux de la souche.

Maintenons l'autre à presque toute, et mieux, à toute sa longueur.

Laissé tous les ans, au printemps, et abattu tous les ans, pour être remplacé au printemps suivant, par un pareil, il satisfait à l'activité de la vigne.

En effet, il lui laisse la longueur d'un bois poussé l'année précédente.

Le pinot, quoique beaucoup en disent, produit, chaque année, autant que le gamay.

Quand celui-ci a son fruit à la base de la branche, le pinot a le sien à l'extrémité plutôt qu'à cet endroit.

De là, nécessité de conserver, pour ce dernier, la branche entière, et d'en préférer la culture à celle de son concurrent.

Au reste, il donne un vin meilleur.

En temps d'abondance, on ne le voit pas autant s'avarier.

En outre, il ne souffre pas, comme le gamay, d'un long transport.

A l'appui de son système de taille d'une longue branche, le professeur dit que les grappes ne manquent jamais aux bourgeons terminaux des sarments.

Il ajoute qu'elles s'y développent plus abondantes et plus grosse qu'en aucun autre point de la longueur de la branche, et surtout chez les plants fins, ce qui, avec la taille ancienne, est, en beaucoup de localités, la cause de l'arrachement de ceux-ci.

Si le sarment est laissé de longueur, c'est à cause de ses bourgeons fructifères.

C'est parce qu'il satisfait au besoin naturel éprouvé par la vigne de s'étendre.

Expliquons l'expression *taille d'hiver*.

Le maître veut nous voir tailler le plus tard possible.

Il indique avril ou mai, c'est-à-dire, une époque précédant de quelques jours seulement l'épanouissement des bourgeons.

La plus tardive de ces deux tailles est, dit-il, la meilleure, comme l'a prouvé l'expérience.

Quant à la taille des pousses, en voici les préceptes.

Pincer l'extrémité de chaque pousse, à deux feuilles audessus de la plus haute grappe.

Ce sera arrêter toute expension du bois dans la branche à fruit attachée par son extrémité à un petit échalas.

Maintenir, le long d'un grand échalas, les pousses de la branche à bois sans les pincer ou les rogner, avant de les avoir vues dépasser le tuteur.

Ce sera les exalter.

Le pinçage s'applique à la vigne, avec le même avantage qu'aux arbres fruitiers.

(La fin à la prochaine livraison.)

LA CLEF DE LA SCIENCE

Ou les phénomènes de tous les jours, expliqués par le docteur E.-C. Brewer, membre de l'université de Cambridge, du collège des précepteurs de Londres, etc., auteur de plusieurs ouvrages littéraires, historiques, scientifiques, mathématiques, etc.

GLACE.

— Qu'est-ce que la GLACE? — L'eau congelée, ou rendue solide par le froid. Quand l'eau est exposée, sous la pression atmosphérique ordinaire, à la température de zéro, elle passe de la forme liquide à la forme solide.

— Quel EFFET produit le froid sur l'eau? — L'eau exposée à l'action du froid se condense de plus en plus jusqu'à 4 degrés; alors elle se dilate jusqu'au point de congélation.

L'eau à zéro augmente environ d'un dixième de son volume en se congelant. Elle présente ainsi une singulière exception à la loi générale suivant laquelle les corps acquièrent leur plus grande densité à mesure qu'ils passent à l'état solide.

— L'eau ne se DILATE-t-elle pas lorsqu'on l'expose à l'action de la CHALEUR? — Oui: l'eau se dilate à partir de 4 degrés jusqu'à l'ébullition, qui arrive à 100 degrés, sous une pression atmosphérique de 76 centimètres.

— Pourquoi la GLACE est-elle plus LÉGÈRE que l'eau? — Parce que l'eau se dilate à la température de 4 degrés jusqu'à ce qu'elle arrive à zéro, son point de congélation. Comme son volume augmente, il faut que son poids diminue.

Un décimètre cube (un litre) de glace ne pèse que 914 grammes, tandis que la même quantité d'eau pèse 1,000 grammes.

— Pourquoi l'eau se DILATE-t-elle en se congelant? — Parce que les molécules de l'eau prennent alors un arrangement symétrique telles qu'elles sont beaucoup plus écartées les unes des autres qu'à l'état liquide.

— Pourquoi les CRUCHES CASSENT-elles quelquefois, pendant une nuit de gelées ? — Parce que l'eau, en s'y solidifiant, acquiert une force expansive assez considérable pour briser les parois qui l'enferment.

— Pourquoi l'eau contenue dans les cruches ne se dilate-t-elle pas en s'ÉLEVANT dans les vases, comme l'eau bouillante ? — Parce que la surface de l'eau se congelant premièrement, forme comme un tampon de glace plus difficile à briser que les parois de la cruche.

— Pourquoi les PIERRES, les TUILES des bâtiments, les ROCHES les plus dures, etc., ÉCLATENT-elles quelquefois pendant les gelées d'hiver ? — Parce que l'eau qui s'infiltre dans les fissures des pierres, des roches, etc., se congèle et acquiert une force expansive assez considérable pour les fendre en plusieurs éclats.

— La FORCE que l'eau acquiert en se congelant est-elle très-GRANDE ? — Oui : l'effet de cette force a été évalué à plus de 1,000 atmosphères. Des canons de fer très-épais, remplis d'eau et exposés à la gelée, éclatent en plusieurs endroits.

A Florence, des membres de l'Académie DEL CIMENTO, dans le dix-septième siècle, ont brisé une sphère de cuivre si épaisse que Musschen-broeck évalua à 13,860 kilogrammes la force nécessaire pour la rompre.

— Pourquoi les pierres des TROTTOIRS de nos rues se DÉTACHENT-elles pendant une gelée ? — Parce que l'humidité qui se trouve au-dessous de ces pierres se congèle, et, en se dilatant, les soulève. Bientôt la glace se fond, et laisse les pierres disjointes et tremblantes sous les pieds des passants.

— Pourquoi les TUYAUX de CONDUITE des eaux se BRISENT-ils souvent par un temps de gelée ? — Parce que l'eau qu'ils contiennent augmente de volume en se gelant et fait éclater les tuyaux devenus alors trop étroits.

— Pourquoi entoure-t-on de paille, de sable ou de charbon, les TUYAUX de conduite à l'approche des froids rigoureux ? — Parce que ces corps, qui sont peu conducteurs de la chaleur, empêchent l'eau de se geler et de briser les conduits.

— Pourquoi faut-il, en hiver et au printemps, couvrir de paille, de jonc, de toile, etc., les PLANTES délicates ? — Parce que ces corps sont peu conducteurs de la chaleur et empêchent que la gelée n'atteigne la sève, dont les plantes sont pleines au printemps.

— Pourquoi les maçons couvrent-ils de PAILLE leur ouvrage au printemps et à l'automne ? — Parce que la conductibilité de la paille est très-faible, et empêche, pendant les nuits froides de ces saisons, la congélation du mortier nouvellement posé.

— Pourquoi les maçons, les plâtriers, etc., ne peuvent-ils pas TRAVAILLER pendant un temps de gelée ? — Parce que la gelée dilate le mortier et repousse les briques ou le plâtre de l'endroit où on les pose.

— Pourquoi le MORTIER et le PLATRE TOMBENT-ils quelquefois en poussière pendant une gelée ? — Parce qu'ils n'étaient pas bien secs avant la gelée ; par conséquent, leur humidité se congèle, se dilate et écarte les unes des autres les particules du mortier ou du plâtre. Lorsque la gelée cesse, l'eau se condense de nouveau et laisse le mortier plein de fentes et de fissures.

— Pourquoi le SOL se GERCE-t-il pendant une gelée ? — Parce que l'eau qui y est contenue se dilate en se congelant, écarte les particules de la terre les unes des autres, et laisse entre elles des fissures et des crevasses.

— Montrez en ceci la BONTÉ et la SAGESSE du Créateur. — Ces crevasses et ces fissures servent à laisser entrer dans le sol l'air, la rosée, les pluies et plusieurs gaz favorables à la végétation.

— Pourquoi les MOTTES de terre se BRISENT-elles au printemps ? — Parce que les particules de terre que la gelée a unies se séparent les unes des autres quand la glace des mottes se fond, et celles-ci tombent en poussière.

— Pourquoi une RIVIÈRE ne se congèle-t-elle pas PARTOUT, et ne devient-elle pas une seule MASSE SOLIDE de glace ? — Parce que : 1° la glace forme à la surface de la rivière une couche plus ou moins épaisse qui empêche le froid de pénétrer et de geler l'eau jusqu'au fond ; — 2° l'eau est un conducteur si faible de la chaleur, que nos gelées ne durent pas assez longtemps pour produire un tel effet.

— Montrez la BONTÉ et la SAGESSE du Créateur, qui a bien voulu que l'EAU fasse une singulière EXCEPTION à une loi très-générale en étant plus légère à l'état solide. — Si la glace était plus pesante que l'eau, les rivières deviendraient, pendant l'hiver, des masses énormes de glace solide, qui, privées du contact de l'air chaud, ne pourraient jamais fondre.

(*La suite à la prochaine livraison.*)

Chronique agricole.

Les deux grands faits agricoles du mois de janvier, sont la reprise des concours régionaux et l'assemblée générale des agriculteurs de France.

Nous allons donc voir reparaître ces utiles concours régionaux, qui ont rendu de si immenses services à l'agriculture. Ils ont stimulé l'action individuelle, amené de rapides progrès et relevé la condition du cultivteur, qui, tout-à-coup, s'est trouvé en contact avec les plus hautes sommités de la société.

Les prix culturaux ne seront pas décernés en 1872, parce que les visites de fermes n'ont pu être opérées en 1871, mais les jurys vont fonctionner cette année, de manière qu'il n'existera plus de lacune dans ces concours en 1873.

Nous reproduisons, à la suite de cette Chronique, le texte de l'arrêté ministériel qui détermine les circonscriptions des concours régionaux en 1873, 1874 et 1875.

C'est maintenant aux propriétaires, aux fermiers, à prouver que l'agriculture française, loin de se laisser décourager par les funestes effets de la dernière guerre, redouble d'efforts pour reconquérir son ancienne renommée. Ce sera du moins une consolation qui soulagera notre patriotisme, si douloureusement éprouvé.

L'autre fait agricole que nous enregistrons, avec une vive satisfaction, c'est la preuve d'existence que vient de nous donner la Société des Agriculteurs de France. Organisée en 1868, cette Société, dès sa fondation, avait compté plus de 3,000 membres. Elle n'avait pu donner signe de vie depuis 1870, mais elle vient de nous montrer que la suspension de ses séances n'était que momentanée. Le 15 janvier 1872, quatre cents membres de la Société se sont trouvés réunis dans la salle de la rue Grenelle-Saint-Germain, à Paris. M. Drouyn de Lhuys, en prenant le fauteuil de la présidence, a prononcé un discours qui a été accueilli par les plus chaleureux applaudissements. Il a eu raison de dire que l'association des agriculteurs saura élever son dévouement à la hauteur de ses devoirs et de nos malheurs. Les mêmes sentiments règnent parmi tous les agriculteurs de France. Il a su aussi se rendre l'organe de tous, en exprimant la reconnais-

sance que nous devons aux étrangers qui sont venus en
aide aux cultivateurs ruinés par la guerre.

Nous reproduisons plus loin le discours de M. Drouyn de
Lhuys et les principaux vœux émis par l'assemblée des agriculteurs. Ces vœux touchent à des questions d'un vif intérêt; nous espérons que le ministère de l'agriculture les
accueillera avec faveur et tâchera de les réaliser promptement.

Les membres de la Société ont eu l'heureuse idée d'organiser un *Cercle des Agriculteurs de France*, à Paris. Ce
cercle, présidé par M. Drouyn de Lhuys, est installé boulevard
des Italiens, dans un vaste et magnifique local. Il offrira un
centre de réunion aux agriculteurs qui habitent la capitale
ou qui viennent y passer quelque temps, et mettra en rapport les propriétaires de toutes les régions de la France. La
science agricole ne pourra que tirer de grands avantages des
échanges d'idées qui s'opéreront entre des hommes instruits
et désireux de faire connaître leurs travaux et les résultats de
leurs expériences.

Maintenant, examinons la situation agricole. L'état des
récoltes en terre est satisfaisant. L'hiver, qui d'abord s'était
montré rigoureux, s'est subitement radouci; puis nous avons
eu des pluies; enfin une température presque printannière a
marqué la fin de janvier et le commencement de février. La
végétation des blés, arrêtée vers le milieu de novembre par
de rudes gelées, s'est réveillée en décembre. La neige est
alors tombée en abondance dans plusieurs régions, et les
premières pousses du blé sont devenues jaunâtres; mais la
douceur de la température et les pluies du mois de janvier,
ont permis à la végétation de se développer avec une grande
vigueur. Aujourd'hui, les blés sont verts, les avoines n'ont
presque pas souffert au dégel, à la suite des grands froids;
les seigles sont sur le point de taller. Voilà donc d'excellents
pronostics pour la moisson nouvelle, et si les accidents atmosphériques ne viennent pas contrarier tout ce qui semble si
bien venir à souhait, il y aura abondance, cette année, et le
grenier du cultivateur sera chargé de toute espèce de
céréales.

Le froid, cet hiver, a été des plus intenses; il aurait pu
occasionner les mêmes dégâts que l'année dernière, si le
dégel avait brusquement commencé, avec des alternatives de
chaud et de glace. Heureusement pour nous, le temps est

resté constamment sombre pendant toute la période du dégel, et les rayons du soleil ne sont pas venus provoquer de ces phénomènes qui, à la glace fondante, désorganisent, jusqu'aux racines, les tendres pousses des céréales.

Le citadin, qui se lasse de tisonner et qui voudrait toujours voir un brillant soleil, quand il se risque à respirer l'air impur de sa ville, s'est beaucoup plaint de ce ciel gris, de ce temps sombre, pendant les huit jours de température moyenne qui ont suivi ces froids de Sibérie, alors que, dans certains départements, on constatait plus de *20 degrés* au-dessous de zéro! Pauvres habitants des cités, vous ne vous doutiez pas que ce qui faisait votre malheur, faisait la fortune du cultivateur, qui, grâce à d'heureuses combinaisons atmosphériques, n'a pas perdu un seul grain de froment, pendant ce froid de loup, et pourra ainsi récolter au-delà de ses espérances.

Si ce froid de grand hiver n'a pas nui, fort heureusement, à nos céréales, en général, nous avons constaté, en retour, qu'il avait fait le plus grand bien aux terres que le laboureur diligent avait préparées pour les plantes sarclées, qu'il faudra semer au printemps. En effet, les surfaces sont devenues légères, elles tombent en cendres au moindre contact et elles ont, ainsi, acquis tous les principes qui rendent les semences fécondes et qui font les beaux produits.

Les vignes et les arbres fruitiers ont beaucoup souffert du froid, surtout dans la région de Lyon, en Bourgogne, dans le centre et dans le sud-ouest. Les sarments des vignes sont en partie gelés, et on attend avec anxiété le moment où la végétation se mettra en mouvement, pour juger si le mal est aussi complet qu'on le redoute. Les bourgeons présentent un triste aspect; ils sont noirs et paraissent brûlés. Il faut reconnaître que les vignes situées aux expositions de l'Ouest et du Nord ont été moins maltraitées que celles placées au Sud et à l'Est.

Les arbres fruitiers ont aussi beaucoup souffert. Les jeunes pousses et les greffes n'ont pu résister à une température qui, dans l'Est et dans le Nord, est descendue au-dessous de 22 degrés.

Le prix des bestiaux est très élevé, et tend à augmenter. Nous en avons fait connaître les causes, qui sont, d'une part la grande quantité de bestiaux abattus dans les trente-quatre départements envahis par les Allemands, puis la suspension de l'élevage. Aussi, les cultivateurs doivent se consacrer à faire des élèves. Ils trouveront là de beaux bénéfices, car, pour combler les vides qui existent dans les étables, il faut, au moins, deux ou trois ans. Une autre difficulté à surmonter, c'est la diminution des engrais animaux. On devra, afin d'y suppléer, recourir aux engrais artificiels ; la terre exige des engrais, et ne peut s'en passer. Mais le cultivateur se défie de la composition des engrais artificiels, et il n'a peut-être pas complètement tort. Qu'il s'adresse donc à des négociants en qui il a confiance, et qu'il fasse choix d'engrais d'une composition simple, facile à analyser, et qui conviennent au sol de sa ferme. Ces recommandations ne sont pas sans avoir une utilité qui n'échappe point à l'esprit d'un agriculteur intelligent et prévoyant.

La peste bovine tend à disparaître. D'après le relevé des cas de maladie du 11 au 20 janvier, publié par le *Journal officiel*, le nombre d'animaux atteints a été de 177. La Belgique en paraît délivrée, mais la maladie s'est montrée en Autriche, dans les provinces de Gallicie et de Moravie. Nous ne serons complètement délivrés du typhus que quand nous n'aurons plus les Allemands sur notre sol ; c'est un motif de plus pour faire des efforts afin d'arriver à la complète libération de notre territoire.

Société des agriculteurs de France.

Discours de M. Drouyn de Lhuys, président de la Société, à l'ouverture de la 3ᵉ session générale annuelle, le 15 janvier 1872.

Messieurs,

« Les fonctions que vous avez bien voulu me confier sont expirées depuis un an. La force des choses en a prorogé le terme. Je n'ai pas besoin de vous rappeler la crise effroyable qui a mis obstacle à la réunion de votre Société et au renouvellement de son conseil au commencement de 1871. Aussi j'espère que vous voudrez bien couvrir de votre approbation cette irrégularité involontaire.

« Nous nous retrouvons aujourd'hui, après une longue séparation et de bien cruelles épreuves, comme des naufragés qui, venant d'échapper à la tourmente, se cherchent, se comptent, se reconnaissent et recueillent les épaves de la cargaison que les flots ont rejetées sur le rivage.

« Non, Messieurs, pour nous, les événements que la France a traversés ne serviront pas d'excuse au découragement et à l'indifférence ;

notre Association toujours vivante, toujours fidèle à l'esprit qui l'animait à son début, saura élever son dévouement à la hauteur de ses devoirs et de nos malheurs. Nous avons sans doute bien des larmes à essuyer, bien des blessures à guérir, bien des ruines à réparer : les populations rurales ont payé, par un large tribut de sueurs, de sacrifices et de sang, la rançon d'erreurs qu'elles n'avaient point commises, d'illusions qu'elles n'avaient point partagées, de crimes dont elles n'avaient point été complices. Mais, si jamais l'agriculture n'a été plus éprouvée qu'aujourd'hui, jamais sa mission ne s'est révélée d'une manière plus honorable, jamais sa bonne renommée n'a reçu de toutes parts de plus éclatants hommages.

« Tandis que les chancelleries étrangères, retranchées derrière la raison d'Etat, répondaient à nos cris de détresse par d'inexorables déclarations de neutralité, ou par de veines protestations de stérile sympathie, les agriculteurs de tous les pays civilisés se sont émus et ont tendu à leurs frères de France une main secourable.

« Ce sera là peut-être le trait qui frappera davantage l'historien philosophe, lorsqu'il étudiera cette époque troublée où toutes les notions du bien et du mal, toutes les lois divines et humaines ont été confondues dans un horrible chaos. Les peuples, dans leur partie la plus saine, dans celle que n'ont point corrompue des théories perverses, ni égarée d'extravagantes déclamations, ont arboré le drapeau de la fraternité légitime et affirmé la solidarité des honnêtes gens au milieu du plus épouvantable bouleversement des temps modernes.

« Un si généreux sentiment devait se montrer supérieur aux calculs de la politique, aux suggestions de l'intérêt particulier, à l'influence des préjugés nationaux. Il n'a écouté que la voix de l'humanité ; et, rapide comme l'étincelle qui court sur le fil électrique, il a fait simultanément vibrer au loin tous les cœurs. Ce sentiment, que nulle puissance, nous l'espérons, n'arrêtera désormais, ce sera la gloire éternelle de l'agriculture française de l'avoir inspiré et d'avoir su le mériter. C'est que l'agriculture française représente l'élément solide, vivace, éminemment conservateur de la nation : c'est qu'à la suite de nos commotions politiques ou sociales qu'elle n'a jamais provoquées, on l'a toujours vue se mettre résolûment à la tête de l'œuvre de raffermissement et de réparation.

« Aussi quelle unanimité dans le mouvement sympathique qui s'est produit en sa faveur ! Il a suffi de prononcer son nom pour attirer d'innombrables adhésions. Que ne puis-je passer ici en revue les légions qui, rangées sous diverses bannières, ont pris part à cette belle croisade ! Je citerai d'abord l'Angleterre : son voisinage, ses nombreux rapports avec nous, sa libérale et intelligente pratique de l'assistance collective, marquaient sa place au premier rang. Deux grandes sociétés formées à Londres prirent la direction de cette propagande, qui bientôt se développa dans les trois royaumes. De nombreux meetings retentirent des plus chaleureux accents qui trouvèrent un écho dans toute la presse. Combien je regrette, Messieurs, de ne pouvoir exposer ici dans tous leurs détails, tant d'ingénieuses combinaisons et de persévérants efforts dont j'ai été le témoin ou le confident ! Les souscriptions affluèrent de toutes parts et témoignèrent en même temps de la richesse et de la munificence de cette opulente contrée.

« Qu'allaient devenir ces abondantes ressources ? Il fallait en faire une équitable répartition : le dévouement devait compléter l'œuvre de la libéralité. Des délégués s'offrirent pour se rendre au milieu des ruines de nos villages et pour distribuer des secours à nos cultivateurs dans la détresse. Courageux comme des soldats, ardents comme des missionnaires, réguliers comme d'excellents comptables, ils ont, à leur retour, dressé, avec une merveilleuse exactitude, le bilan de ces opérations commerciales d'un nouveau genre qui consistent à toujours donner et à ne rien recevoir. Nous pourrons admirer bientôt, dans la salle de nos délibérations, un de ces curieux monuments.

« Ce noble exemple fut aussitôt suivi par les Etats-Unis, la Hollande, la Belgique, le Danemark, la Suède, l'Italie, la Suisse, l'Autriche et la Russie. L'appel adressé au monde agricole fut entendu au-delà des mers. Les fils de Washington et de Franklin ne pouvaient pas avoir oublié que le sang qui coulait à flots dans nos plaines était le même qui, à la fin du siècle dernier, avait cimenté les fondements de la grande république américaine. Des vaisseaux couverts du pavillon étoilé et chargés de semences de toute nature nous en apportèrent le témoignage.

« Pendant ce temps, les présidents des sociétés agricoles des neuf provinces de la Belgique formaient en notre faveur une ligue de bienfaisance, et la Hollande organisait des secours pour nos campagnes sous la croix blanche de la Société internationale. Que vous dirai-je du Danemark qui, après avoir été si prodigue pour nos blessés et nos prisonniers, a trouvé encore le moyen de venir en aide à nos chaumières ? Puis-je omettre les braves et modestes cultivateurs de la Suède glanant pour nous dans leurs champs glacés, dont les récoltes suffisent à peine à leurs propres besoins ? Pourrions-nous passer sous silence les marques de généreuse cordialité que la Suisse nous a données sous tant de formes ? Comme les faibles ruisseaux descendant de ses montagnes se réunissent en un vaste lac, les modiques souscriptions de ses chalets ont fourni une abondante collecte.

« Que n'ai-je le temps de faire passer sous vos yeux les lettres touchantes qui accompagnaient ces offrandes ? Dans l'une vous liriez ces mots : « La France m'est encore plus chère dans ses malheurs qu'au « temps de sa fière prospérité. » Une autre, émanée d'un professeur étranger, disait : « Instruit dans vos savantes écoles, j'offre à la France « une faible part de la fortune que je dois à leurs leçons. »

« Vous remarquerez avec quel scrupule je me suis interdit, bien à contre-cœur assurément, de prononcer aucun des noms propres toujours prêts à s'échapper de mes lèvres dans cet exposé trop rapide. Ces noms, présents d'ailleurs à vos esprits comme au mien, sont bénis dans nos campagnes. Si j'évite de les citer ici, c'est parce que je ne pourrais les rappeler tous, et qu'une telle énumération, forcément incomplète, encourrait le reproche d'injustice et d'ingratitude.

« Vous vous unirez tous, messieurs, à l'hommage solennel de reconnaissance que je rends, au nom de l'agriculture française, à tant et de si généreux dévouements. Comme ils ont eu principalement pour objet nos cultivateurs et nos campagnes, c'est à nous qu'il appartient d'être les interprètes de leur gratitude.

« Si la dispersion de ses membres pendant les jours néfastes n'a point permis à notre société d'exercer une action centralisée et permanente pour la répartition des secours mis à sa disposition, nos collègues ont du moins prêté dans les départements une utile coopération aux représentants des sociétés étrangères. A la faveur d'une courte trêve, dans l'intervalle des deux sièges de Paris, notre conseil a ouvert lui-même une souscription en France et a opéré, de concert avec les délégués britanniques, pendant la dernière période de la répartition. Cette collaboration est constatée par le comité de Londres ; intervertissant les rôles avec une exquise délicatesse, c'est lui qui nous remercie, et il nous délivre un diplôme où se trouvent ces expressions : « En reconnaissance de son bienveillant concours dans « les départements ravagés par la guerre. »

« Dans ces circonstances difficiles, votre président séparé de vous, et quelquefois entièrement isolé, a dû souvent écrire, parler, agir en votre nom. Puisse-t-il s'être toujours inspiré de votre esprit, et obtenir votre assentiment !

« J'aurais encore, messieurs, bien des choses à vous dire, soit à l'occasion des vides profondément regrettables qui se sont produits dans nos rangs, soit sur ce que nous avons fait et sur ce que nous nous proposons de faire pour ranimer et développer l'action de notre société. Mais cette tâche revient à votre secrétaire général, qui, mieux que personne, saura s'en acquitter.

« Quant à moi, j'ai voulu surtout vous entretenir aujourd'hui des rapports internationaux de notre association, et de cette universelle tendance à solidariser les intérêts des agriculteurs de tous les pays. C'est que là je vois, dans le passé un adoucissemement de nos revers, dans le présent un soulagement de nos souffrances, et pour l'avenir une solide garantie. Opposons, messieurs, l'alliance des sentiments humains à la conjuration des passions haineuses : fondons au grand jour la ligue internationale du bien public à l'encontre du complot que le génie du mal tramait depuis longtemps dans les ténèbres, et qui s'est manifesté naguère par de sinistres lueurs à nos regards épouvantés.

« C'est aux populations honnêtes, paisibles et laborieuses de nos campagnes qu'appartient l'avenir du pays. C'est d'elles qu'il attend son repos et son salut. Que notre agriculture augmente ses efforts en proportion de ses pertes. Après la sanglante jachère que la guerre a imposée à notre sol, apprenons à lui faire porter de plus abondantes moissons !

Permettez-moi, messieurs, de rappeler ici, en terminant, les paroles que je prononçais à Nancy en 1869 : « J'ignore quelles sont les desti- « nées politiques et sociales que la Providence réserve à notre patrie ; « mais j'ai la conviction que c'est dans les sillons qu'elle en a déposé « le germe. » Ce sera, n'en doutons pas, l'honneur de notre société, d'avoir développé ce germe précieux, et d'en avoir accéléré la maturité. »

Vœux

ÉMIS PAR L'ASSEMBLÉE GÉNÉRALE DES AGRICULTEURS DE FRANCE
DANS SA SESSION DE 1872.

Enseignement de l'horticulture.

La Société, appréciant les avantages de l'enseignement de l'horticulture, signale comme exemple à suivre les résultats favorables obtenus dans divers départements par l'initiative privée et émet le vœu que l'État favorise cet enseignement :

1° En le faisant entrer dans ses écoles ;

2° Par la création d'une école supérieure de l'horticulture, en utilisant le potager de Versailles.

Question de la peste bovine.

La Société émet les vœux suivants :

1° Que le gouvernement français, s'inspirant des dispositions légales adoptées par les pays étrangers, notamment en

Angleterre, en Allemagne, en Suisse et en Belgique, résume en une seule loi claire et précise de police sanitaire celles des mesures sanitaires édictées par les anciens règlements, ordonnances et arrêts du parlement, dont l'expérience a démontré les avantages pour prévenir la maladie épizootique, la combattre et en réparer les dommages;

2° Que le payement de l'indemnité accordée aux propriétaires d'animaux abattus par ordre n'ait lieu qu'après la justification de la désinfection des étables;

3° Que le gouvernement français s'entende avec le gouvernement allemand, en vue de faire exercer la plus active surveillance sur les animaux importés d'Allemagne pour la nourriture des troupes d'occupation, et qui sont une cause perpétuelle de contagion; et avec les gouvernements voisins, pour tous les autres animaux importés de l'étranger pour servir à l'alimentation;

4° La Société est, en outre, d'avis que l'indemnité doit être accordée aux propriétaires d'animaux de l'espèce ovine abattus pour cause de typhus.

Enseignement supérieur de l'agriculture.

La Société des Agriculteurs de France renouvelle le vœu qu'elle a émis dans sa dernière session relativement à la création d'un établissement supérieur de l'enseignement de l'agriculture avec une ferme expérimentale annexée;

Elle confirme les pouvoirs qu'elle a donnés à une commission spéciale de veiller à la réalisation la plus prompte possible de ce vœu.

Question des partages après décès.

La Société émet le vœu:

Que la première partie de l'article 826 et la deuxième partie de l'article 832 du Code civil relatifs aux partages après décès soient abrogés et remplacés par une disposition en vertu de laquelle chaque lot pourra désormais être composé, exclusivement ou en quantités différentes, de meubles ou d'immeubles, de droits ou de créances de même nature et valeur.

Enseignement agricole.

La Société, considérant que les lois, décrets, arrêtés et règlements édictés pour répandre dans les écoles publiques l'enseignement de l'agriculture, n'atteindront leur but qu'après qu'il aura été formé un personnel enseignant capable, au point de vue de la théorie et de la pratique, de donner cet enseignement ;

Emet le vœu :

1° Qu'il soit formé, avec le concours du ministère de l'agriculture, une section d'élèves agronomes à l'école communale de Cluny, dont les moyens d'instruction seront complétés à cet effet ;

2° Que cette section soit ouverte à des élèves libres, moyennant une rétribution scolaire pour frais d'études ;

3° Qu'une commission, nommée par les deux ministres de l'instruction publique et de l'agriculture, arrête le programme d'enseignement et en surveille l'exécution ;

4° Qu'après deux années d'études à l'école normale de Cluny les élèves agronomes pensionnaires de l'Etat ou des départements soient astreints à deux années d'exercices pratiques dans une école du ministère de l'agriculture ou sur un grand domaine, et à l'obligation de faire un voyage agronomique soit en France, soit à l'étranger, dont ils rendront compte ;

5° Qu'une agrégation particulière au professorat agricole soit ajoutée aux agrégations existantes pour l'enseignement spécial et assure aux titulaires les mêmes droits ; aucun grade universitaire ne serait exigé des candidats ;

6° Que les places de professeurs d'agriculture à la nomination du ministère de l'instruction publique soient réservées aux agrégés agronomes, et qu'un délai de cinq ans soit accordé aux professeurs en exercice pour se faire recevoir agrégés, à moins d'une dispense accordée après examen, par la commission mentionnée ci-dessus ;

7° Que la Société des Agriculteurs de France, pour montrer l'importance qu'elle attache à cette fondation, soit autorisée à créer des bourses d'externes à la section des élèves agronomes de l'école normale de Cluny.

Création de laboratoires d'essais.

La Société, considérant qu'il importe de doter la France d'un genre d'établissements très nombreux en d'autres pays, et destinés à fournir aux agriculteurs les renseignements nécessaires à la bonne conduite de l'industrie agricole, par l'ana-

2*

lyse scientifique des eaux, des terres, des fumiers, des amendements, des engrais industriels et des plantes;

Emet le vœu:

1° Qu'un laboratoire d'essais soit fondé dans chacun des arrondissements de France, par l'autorisation donnée aux professeurs de chimie des 320 lycées, colléges et écoles normales, de faire, moyennant rétribution, dans les laboratoires scolaires des villes, des départements et de l'Etat, toutes les analyses qui leur seront demandées par les agriculteurs;

2° Qu'une instruction rédigée par le ministère de l'agriculture sur l'utilité pour les agriculteurs de se rendre ainsi un compte exact de l'état du sol qu'ils cultivent et de la nature des engrais qu'ils y mettent, soit adressée aux instituteurs des communes rurales pour être lus par eux dans les cours d'adultes.

Bibliothèques agricoles dans les campagnes.

La Société, considérant qu'il est nécessaire de fortifier et d'étendre l'enseignement oral de l'agriculture par l'enseignement écrit, les leçons de la chaire par celles du livre;

Emet le vœu:

Que des livres sur chacune des questions de l'industrie agricole, et d'autres sur l'ensemble des cultures propres à chacune des régions agronomiques de la France, soient placés dans les bibliothèques des écoles publiques rurales, et qu'un concours soit ouvert pour ceux de ces ouvrages qui manqueraient en librairie.

Conférences et cercles agricoles.

La Société, considérant qu'il importe de vulgariser de plus en plus les notions les plus utiles à l'agriculture, émet le vœu que le gouvernement et les conseils généraux continuent à encourager les agriculteurs qui, par des leçons ou des conférences, contribuent à répandre l'instruction agricole dans les campagnes.

Elle demande que le nombre des professeurs nomades d'agriculture soit encore augmenté.

La Société des Agriculteurs de France, appréciant toute l'utilité des conférences agricoles, décernera des médailles dans sa session de 1873, aux personnes qui auront obtenu le meilleur résultat par ce mode d'enseignement.

Pour avoir droit aux récompenses de la Société, les conférences devront avoir été faites sur plusieurs points du département.

Question des engrais.

La Société émet les vœux qui suivent :

1° Que la Société des Agriculteurs de France, usant de ses rapports avec les sociétés d'agriculture et comices agricoles, par ses conseils, ses exemples, et même des récompenses, provoque et encourage le meilleur aménagement et emploi du fumier, ainsi que l'utilisation de la totalité du purin et autres déchets utiles des fermes et des communes ;

2° Que directement et par l'intermédiaire des sociétés et comices, elle cherche et encourage à recueillir et utiliser les engrais humains dans les différents centres de population et même dans les fermes ;

Qu'elle attire également l'attention générale sur l'intérêt qu'il y aurait à ne négliger aucun des débris animaux terrestres ou marins ;

3° Que relativement aux fraudes et falsifications des engrais, considérant qu'elles atteignent plus particulièrement les petites exploitations, la Société des Agriculteurs étudie les meilleurs moyens de défendre leurs intérêts ;

4° Enfin que, pour faciliter l'étude et la solution de ces questions, la Société institue une commission permanente de quinze membres nommés par le conseil.

Concours régionaux.

PROGRAMME.

PRIX D'HONNEUR.

Le ministre de l'agriculture et du commerce,

Vu la décision ministérielle, en date du 9 janvier 1869, modifiant l'institution de la prime d'honneur agricole et créant, indépendamment de la coupe d'honneur, plusieurs catégories de prix culturaux établis suivant les divers modes d'exploitation du sol le plus généralement en usage ;

Dans le but d'encourager tous les efforts qui tendent au progrè relatif de la culture ;

Arrête :

Art. 1er. L'institution de la prime d'honneur est établie ainsi qu'suit, pour 1873, 1874 et 1875.

1° — *Prix culturaux.*

1ʳᵉ catégorie. — Propriétaires exploitant leurs domaines directement, ou par régisseurs et maîtres-valets :
Un objet d'art de 500 fr. et une somme de 2,000 fr.
Une somme de 500 fr., 3 médailles d'argent et 3 médailles de bronze, aux divers agents de l'exploitation.

2ᵉ catégorie. — Fermiers à prix d'argent ou à redevances en natures fixes, remplaçant les prix de ferme ; cultivateurs-propriétaires tenant à ferme une partie de leurs terres en culture ; métayers isolés (domaines au-dessus de 20 hectares) :
Un objet d'art de 500 fr. et une somme de 2,000 fr.
Une somme de 500 fr., deux médailles de bronze, aux divers agents de l'exploitation.

3ᵉ catégorie. — Propriétaires exploitant plusieurs domaines par métayers :
Un objet d'art de 500 fr. au propriétaire et une somme de 2,000 fr. à répartir entre métayers.

4ᵉ catégorie. — Métayers isolés, se présentant avec l'assentiment de leurs propriétaires, ou petits cultivateurs, propriétaires ou fermiers de domaines au-dessus de cinq hectares et n'excédant pas vingt hectares :
Un objet d'art de 200 fr. et une somme de 600 fr.
Une somme de 200 fr., deux médailles d'argent et deux médailles de bronze, aux divers agents de l'exploitation.

2° — *Coupe d'honneur.*

Art. 2. — Une coupe d'honneur de la valeur de 3,500 fr. pourra être décernée à celui des lauréats des catégories ci-dessus, reconnu relativement supérieur, et ayant présenté, dans sa catégorie, le domaine qui aura réalisé les améliorations les plus utiles et les plus propres à être offertes comme exemple :
Dans le cas d'attribution de la coupe d'honneur, l'objet d'art spécial à la catégorie ne sera pas décerné.

Art. 3. Les médailles d'or et d'argent, dites de « spécialité, » continueront à être attribuées comme par le passé, pour des améliorations partielles déterminées.

Art. 4. Les dispositions en vigueur, depuis 1867 pour les directeurs des fermes-écoles, sont maintenues.
Deux médailles d'argent et trois médailles de bronze pourront être ajoutées à l'allocation de 500 fr. destinée aux divers agents de l'école et de l'exploitation.

Art. 5. — Les concours ci-dessus sont ouverts aux agriculteurs des départements ci-après désignés, savoir :

En 1873	1874	1875
Orne.	Manche.	Calvados.
Côtes-du-Nord	Loire-Inférieure.	Morbihan.
Ardèche.	Lozère.	Basses-Alpes.
Var.	Alpes-Maritimes.	Vaucluse.
Vendée.	Deux-Sèvres.	Charente-Inférieure.
Basses-Pyrénées.	Landes.	Ariège.
Indre-et-Loire.	Indre.	Loir-et-Cher.
Seine-et-Oise.	Aisne.	Somme.
Haute-Marne.	Yonne.	Aube.
Vosges.	Saône-et-Loire.	Ain.
Haute-Savoie.	Tarn.	Cantal.
Lot.		

Art. 6. — Les mémoires à fournir par les concurrents, ainsi que les plans, notes et autres documents à l'appui, devront être adressés à la préfecture du département où le concours aura lieu, au plus tard le 1er mai 1872, pour les concours de 1873, le 1er mars 1873, pour ceux de 1874, et à la même époque de cette dernière année pour les concours de 1875.

Les candidats devront indiquer la catégorie dans laquelle ils entendent concourir, et déclarer en même temps s'ils prennent part au concours de l'un des prix culturaux, ou bien s'ils se réservent seulement de disputer les médailles de spécialité.

Art. 7. — Dans le cas où le nombre de concurrents inscrits dans les diverses catégories serait trop considérable pour que le jury pût les visiter tous, une commission spéciale serait chargée de procéder aux éliminations jugées nécessaires.

De l'instruction primaire

AU POINT DE VUE AGRICOLE.

— Suite et fin.

Nous applaudissons donc, sans hésitation aucune, à tout ce qu'on prétend faire pour améliorer l'enseignement primaire au point de vue agricole : cela est bon en soi. Nous n'entendons pas restreindre le programme de cet enseignement; nous voudrions, au contraire, qu'on y ajoutât les notions élémentaires de botanique, de géologie, de physique, de chimie agricole, de physiologie animale. Non, encore une fois, nous ne repoussons pas l'instruction, et c'est une grande erreur de croire que les paysans y répugnent; tous ont un vif désir de voir leurs enfants plus instruits qu'ils ne le sont eux-mêmes : ce qu'ils redoutent, ce qui les empêche trop souvent d'envoyer leurs enfants à l'école, c'est la perte de temps, et, par conséquent, de travail et d'argent, c'est la crainte, trop bien fondée, de les voir prendre des habitudes d'oisiveté, mépriser leur profession et abandonner leur famille.

La réforme indispensable pour mettre l'instruction primaire en harmonie avec les besoins de l'agriculture, consiste donc :

1° A multiplier les écoles dans les campagnes, afin d'abréger la distance à parcourir ;

2° A réduire le travail scolaire à une seule classe par jour, afin de laisser l'enfant plus longtemps dans la famille ;

3° A organiser l'enseignement dans un esprit rigoureusement et exclusivement agricole, et à en écarter tout ce qui peut détourner les enfants de la profession de leurs pères.

Je n'ai pas besoin d'insister sur les avantages de la multiplication des écoles. Quant à la suppression d'une classe par jour, cette suppression ne diminuerait certainement pas le travail (1) *effectif ;* et quand bien même elle le diminuerait, on en serait quitte pour prolonger le temps pendant lequel les enfants fréquentent l'école, ce qui serait beaucoup moins onéreux pour les familles que l'état actuel des choses, et bien plus profitable pour l'instruction.

Si le travail scolaire était réduit à une seule classe par jour, si cette classe avait lieu dès le matin en hiver et au milieu du jour en été, le travail agricole bénéficierait du concours des enfants pendant les deux tiers de la journée et n'en serait privé qu'aux heures où il lui est le moins nécessaire (2). De cette façon, la famille n'aurait plus à se plaindre de la charge lourde que lui impose l'instruction de l'enfant. Ce dernier exercerait son corps en même temps qu'il cultiverait son esprit; il se nourrirait de science sans perdre son aptitude et son goût pour son état; il apprendrait l'art agricole en le pratiquant, ce qui est le seul moyen de l'apprendre, ce qui est le meilleur moyen pour tous les arts, même libéraux.

Nous ne demandons là rien autre chose que ce qui a été déjà fait pour l'industrie. Une loi réglemente le travail des enfants dans les manufactures de manière à concilier ce qui importe à la santé et à l'instruction des enfants avec les nécessités du travail industriel. Par quelle anomalie prétendrait-on que le travail agricole, le plus indispensable de tous, dût être sacrifié à des exigences scolaires dont le résultat le plus ncontestable est le déclassement pernicieux dont l'opinion publique est justement alarmée ?

Tel doit être l'enseignement agricole : enseignement pra-

---

(1) A la séance du Corps législatif du 13 juillet 1870, M. Jules Simon a cité le fait suivant :

« En Angleterre, un inspecteur des écoles et un inspecteur du travail des enfants dans les manufactures, ont divisé une école en deux fractions : dans l'une, les enfants travaillaient cinq heures, et dans l'autre deux heures par jour. Au bout d'un an, la division où l'on ne travaillait que deux heures était aussi avancée que l'autre. »

(2) C'est ainsi que cela a lieu dans la plupart des Etats d'Outre-Rhin : Les enfants les plus âgés viennent en classe le matin, et les plus jeunes le soir. Il est facile de comprendre l'avantage de ce partage des enfants.

tique donné dans la famille même ou dans la ferme ; enseignement théorique donné à l'école par les instituteurs ; surtout, éducation essentiellement morale, ayant pour but de
développer chez les enfants l'amour du travail agricole, de
le leur enseigner comme la plus noble des vocations, de
les y attacher par le raisonnement, par le devoir, par l'affection.

Jamais l'opinion publique ne s'est occupée de l'agriculture
autant qu'elle le fait ajourd'hui, et jamais nos mœurs n'ont
été moins agricoles. D'où vient cela ? C'est que les esprits
sont entraînés plutôt qu'il ne sont convaincus.

C'est une affaire de mode. Le vent est aux *bucoliques ;* on
joue à l'agriculture. On a une ménagerie agricole pour l'exhibition aux concours régionaux ; on s'amuse à produire d'é-
normes navets et d'impossibles carottes ; pour avoir essayé
les nouveautés végétales de son jardin, on se croit cultivateur,
on veut disserter sur toutes les questions agronomiques :

> Et dans son cabinet, assis au pied des hêtres,
> Faire dire aux échos des sottises champêtres.

Mais le *labeur* agricole, on le fuit ; l'œuvre agricole, on en
ignore les nécessités et les lois ; l'*absentéisme* stérilise un sol
que la seule présence du propriétaire féconderait. Aussi, tout
le bon vouloir qu'on témoigne pour l'agriculture n'a-t-il abouti
qu'à faire à son intention des choses éclatantes et non pas
des choses nécessaires : nous ne nous en occupons qu'en
amateurs.

On lit dans les fables de l'antiquité payenne qu'un géant,
fils de la Terre, combattant avec Hercule, était invincible tant
que ses pieds touchaient le sol, parce qu'il était sous la protection de sa mère. Hercule, s'en étant aperçu, l'enleva de
terre et réussit alors à l'étouffer.

Bons cultivateurs, cette allégorie vous regarde. Vous aussi,
vous faites une œuvre de géants, car, subvenant comme vous
le faites à la subsistance du monde, on peut bien dire que
vous en supportez tout l'énorme fardeau ; vous aussi vous
avez à combattre des ennemis de plus d'une sorte, et le plus
dangereux de tous, c'est le dégoût pour votre profession. Tout
conspire à vous en éloigner aujourd'hui : tout vous souffle la
convoitise des gains faciles, tout vous pousse vers le fonction-
narisme ou vers la domesticité ; tout le résultat de l'éducation

qu'on vous donne est résumé dans ces deux vers du poëte
que j'ai déjà cité :

> Et prenant désormais un emploi salutaire,
> Mets-toi chez un banquier ou bien chez un notaire.

Ah ! gardez-vous de céder à cette périlleuse tentation : res-
tez fidèles à cette noble vocation. Enfants de la terre, n'a-
bandonnez pas votre mère, attachez-vous-y par reconnaissance
et par affection. Soyez toujours, selon l'expression du poëte
Claudien, les *hommes d'une seule maison ;* que celle qui vous
a vus naître abrite encore vos cheveux blancs, votre vie sera
longue et heureuse à proportion de votre constance. Non,
n'abandonnez pas l'agriculture : là est votre force, là est votre
indépendance, là est votre honneur, là est votre bonheur.

Les Amendements,

D'APRÈS M. THOREL.

Amender une terre est la corriger de ses défauts.

Ainsi le sol argileux, c'est-à-dire trop compacte, sera
ameubli par une addition de terre sablonneuse ou de marne
calcaire.

Le sol trop siliceux sera amélioré avec la chaux, la marne
ou l'argile.

Le sol trop calcaire sera transformé avec l'argile et même
avec le sable siliceux.

Enfin, le sol où il n'y a pas assez d'humus aura besoin de
fumure ou de tourbe desséchée.

Les principaux amendements minéraux sont la chaux, la
marne et l'argile.

La chaux exerce une puissante influence sur les terrains
siliceux et argileux.

La chaux grasse est la meilleure, et voici comment il faut
l'employer :

Pour qu'elle puisse se diviser assez également, elle doit
être fraîchement cuite ou parfaitement préservée du contact
de l'air.

Sans ces précautions, elle se met en grumeaux, absorbe
moins bien l'acide carbonique, et conserve plus longtemps
son action corrosive qui peut brûler les racines des plantes.

On la met sur la terre, par un temps sec et à la fin de l'été, par petit tas d'environ 1 décalitre.

Délitée et en poudre, elle est étendue régulièrement, puis on laboure.

Il en faut de 3 à 5 hectolitres par hectare, selon la nature de la terre.

Plus celle-ci est forte et froide, plus elle en a besoin pour être assez ameublie.

On reconnaît les terres qui réclament le chaulage, aux plantes acides, et particulièrement à l'oseille sauvage qu'on y rencontre.

A défaut de chaux, on emploie la craie ou la pierre à plâtre délitée par la gelée et par la pluie.

La marne calcaire double au moins le produit des terres siliceuses.

La composition de la terre indique ce qu'il y faut en mettre, et elle est au moins inutile sur le sol contenant plus de 8 pour 100 de carbonate de chaux.

M. Puvis dit 3 *pour* 100; mais il me semble qu'une proportion un peu plus grande ne doit pas empêcher de marner.

Le meilleur est de ne répandre la marne, même pulvérulente, que six mois et même un an après son extraction.

On la met par petit tas; la gelée la fendille, et ensuite l'eau la divise.

La marne est composée de carbonate de chaux et d'argile.

Assez souvent l'argile y est remplacée en partie par la silice.

La marne argileuse est celle qui convient le plus aux terres sablonneuses.

La marne siliceuse est celle qui vaut le mieux pour les sols argileux.

Sèche, la marne argileuse est douce au toucher, et s'attache à la langue.

Dans le même état, la marne siliceuse est rude sous les doigts.

Quand la marne est délayée dans l'eau tiède, le sable se précipite immédiatement, et le précipité d'argile se forme lentement.

La bonne marne en roche est pesante et compacte, et se fendille assez promptement.

De 100 à 200 hectolitres d'argile brûlée par hectare remplacent jusqu'à un certain point la marne calcaire.

Généralement le plâtre produit des effets remarquables sur les prairies artificielles, quand sur les céréales, les plantes sarclées, les prairies naturelles elles-mêmes et les terres maigres ou appauvries, il a une action à peu près nulle.

Cela paraît donner raison aux agronomes d'après lesquels le plâtre n'agit qu'en apportant de la chaux dans le sol.

Pour les terres légères et calcaires, 100 kilogrammes par hectare suffisent.

Pour la terre grasse et forte, on peut aller à 300 kilogrammes.

On le sème par les matinées humides ou avant la pluie, quand les plantes ont acquis environ 10 centimètres de hauteur.

Il faut au moins 2 hectolitres de plâtre crû pour remplacer 1 hectolitre de plâtre cuit.

Mis sur les terres argileuses, et particulièrement sur les prés froids, le sel est bon, mais trop abondamment répandu, il nuit au développement des plantes.

La marne calcaire.

Tout sol où croissent spontanément le tussillage, le pas-d'âne, le mélampyre des prés, la ronce, etc., peut avoir pour sous-sol de la marne.

Peu de pays en sont dépourvus, et le moyen de trouver ce trésor agricole est de le chercher, à l'aide de la tarière de terre.

La marne est une argile calcaire qui, sur cent parties, peut en renfermer plus de 90 de calcaire.

On la reconnaît sous tous ses aspects, à ce qu'elle se délite assez facilement à l'air.

Elle est du plus favorable effet sur les engrais, sur le sol, sur l'humus et sur les plantes,

Elle décompose les fumiers enfouis par le labour.

Elle en rend soluble la plupart des sucs tannifères et humifères.

Elle introduit ces sucs dans la circulation végétale.

Elle fixe dans le sol, pour l'usage des plantes, les engrais des terres siliceuses, trop souvent entraînés par les pluies.

Elle change entièrement la nature de l'humus végétal, en le débarrassant de son acidité.

Elle procure au sol des éléments que celui-ci n'a pas en quantité suffisante ou qui lui manquent.

Parmi ces éléments, la chaux tient le premier rang, tant à cause de son abondance que de ses effets prodigieux sur la plupart des plantes.

Par conséquent, elle sauve, en l'enfouissant, la terre qui n'a pas de calcaire.

Elle sauve également celle dont le calcaire est descendu dans le sous-sol.

Disons, en passant, que l'élément calcaire est le seul qui se soustraie abondamment du sol, soit par les végétaux, soit par le charriage des pluies, soit par l'infiltration de ces molécules ténues dans le sol.

Ainsi des terrains qui, à une époque donnée, avaient assez de calcaire, s'en sont vus privés plus tard.

L'argile et la silice, au contraire, pourraient être appelées *éléments persistants*.

En effet, elles sont peu absorbées par les végétaux, et les agents atmosphériques n'ont pas une grande action sur elles.

Elles forment, au reste, le gros, le milieu du sol dont le calcaire peut être considéré comme l'essence et le condiment.

La marne est, par exemple, comme la chaux, la providence des sols argileux.

Elle les divise par la faculté qu'elle possède de s'exfolier.

Elles les assainit, les dessèche et les empêche de se mettre en mottes.

Elle en rend la culture plus facile.

Elle en augmente la chaleur.

Elle améliore jusqu'aux terres sèches et chaudes.

Elle rend les sols siliceux moins meubles, moins brûlants en été, et moins humides en hiver.

Elle les empêche de se raviner et de perdre leur humus.

Elle permet de travailler les terres compactes, peu de temps après la pluie.

Elle peut doubler le produit des récoltes.

Elle favorise surtout l'absorption par les feuilles, des gaz de l'atmosphère.

Elle stimule les légumineuses fourragères.

Elle est du même effet sur les récoltes sarclées qu'en même temps elle nettoie.

Elle fait beaucoup grainer les fèves et les pois.

Elle convient fort à l'orge, au maïs et au trèfle.

Elle change les sols à seigle en sols à froment.

Elle détruit la mousse des prés et toutes les plantes qui viennent d'elles-mêmes.

Elle donne aux fruits des arbres un parfum délicat.

Elle communique aux vins fins un excellent bouquet.

Elle est un précieux élément de formation des composts.

Elle désinfecte les étables et les vidanges.

Elle assainit les caves.

Employée sans le concours de l'engrais, elle laisse, au bout d'un certain nombre d'années, une terre très-difficile à remettre en bon état.

Avant de t'en servir, analyse-la, ou fais-la analyser.

Utilité de l'échenillage.

Les habitants de la campagne espèrent que l'année 1872 leur donnera de plantureuses récoltes. Mais toute médaille a son revers. Les insectes parasites vont bientôt exercer leurs ravages. Dans plusieurs cantons, ils commencent déjà.

Dans les environs de Paris, les chenilles commencent à ronger les bourgeons que la gelée n'a pas détruits. Il faut écheniller sans retard. Les petites poches blanches qui garnissent les arbres, les œufs aglutinés qui forment des anneaux autour des branches, doivent être recherchés avec soin et brûlés.

On croit que la gelée détruit les chenilles. C'est une erreur. On a vu ces insectes supporter des froids de 25 degrés. Les voyageurs qui ont parcouru la Russie pendant l'été savent que, dans les contrées les plus froides de l'empire russe, les papillons et les mouches foisonnent. Le nom même du pays l'indique : *Mouka, Mouska,* mouche, Moscovite, pays des mouches.

Les chenilles abondent en Sibérie, quoique le thermomètre y descende à 45 degrés et même plus bas.

Les insectes semblent avoir la prescience de l'avenir. Ils savent se garantir du froid, et certaines espèces proportionnent à la rigueur de l'hiver l'épaisseur de la bourse dans laquelle ils enveloppent leurs œufs, ou qu'ils préparent pour leurs larves.

Cette année, les bourses à chenilles sont d'une épaisseur

extraordinaire. Nous en avons trouvé de si fortes, qu'il nous a été impossible de les ouvrir avec les doigts. Il a fallu employer la serpette. Le tissu de ces poches, pleines d'œufs ou de larves, offrait la consistance du drap le plus solide.

Il faut poursuivre l'insecte sous toutes ses formes et en toute saison. L'échenillage est une opération importante, qui devrait durer toute l'année. Il faut détruire les œufs et les chenilles en janvier; il faut détruire les chenilles en février et en mars. Plus tard, on détruira facilement les chenilles fileuses et les chrysalides, qui se réunissent en masse à la naissance des branches.

N'oublions pas que les dégâts causés par les insectes s'élèvent en moyenne à 500 millions par an. En six années, ils nous enlèvent trois milliards, juste ce que nous devons encore à la Prusse. Les Prussiens s'en iront, il faut l'espérer, mais les chenilles ne s'en iront pas.

Le Cadastre.

Un grand travail se prépare. Des ordres viennent d'être donnés pour qu'à partir du 15 janvier 1872, il soit procédé à la révision du cadastre dans toute l'étendue du territoire.

Or, qu'est-ce que le cadastre ? Telle est la question que s'adresse plus d'une personne dans notre belle France, où la vulgarisation des notions administratives laisse beaucoup à désirer. C'est à cette question que nous allons essayer de répondre.

Sous le nom de cadastre, on comprend l'ensemble et le résultat d'opérations destinées à faciliter la répartition la plus équitable de l'impôt foncier. On conçoit que quiconque possède le plus petit lopin de terre ait de bonnes raisons pour ne point se désintéresser de ces opérations. Elles comprennent non-seulement la désignation et l'estimation de chaque parcelle de propriété territoriale, mais de plus l'inscription sur des registres spéciaux du résultat de ces travaux.

Voyons maintenant comment il y est procédé.

Avant 1789, le cadastre servait à établir, tant bien que mal, l'impôt appelé « la taille, » que fit disparaître la Révolution.

L'impôt foncier, taxe régulière, ayant été substitué à la taille, le cadastre, jusqu'en 1822, fut exclusivement dirigé par les soins du gouvernement ; à partir de cette époque, la direction en fut remise aux communes.

Mais l'opération a peu varié dans ses détails d'exécution matérielle.

Voici en quoi elle consiste :

Deux ans après, au moins, que la délimitation d'une commune a été régulièrement opérée, il est procédé : 1° à la triangulation des diverses propriétés qu'elle contient ; 2° à leur arpentation ; 3° à la levée des plans parcellaires, plans qui comprennent non-seulement chaque parcelle de terrain présentant une même nature de culture, mais encore les rues, places, chemins, rivières. On voit que rien n'échappe au cadastre, dont le réseau s'étend, ou plutôt devrait s'étendre partout. Car, à l'heure qu'il est, toute la France n'est pas encore cadastrée, quoiqu'il n'y ait pas de département où un arrondissement au moins qui n'ait été l'objet de ce travail.

Mais revenons aux opérations même du cadastre.

La triangulation, l'arpentage et la levée des plans terminés, on s'occupe de la classification des propriétés cadastrées, car on comprend que la surface seule ne peut constituer une base d'évaluation, et qu'il faut aussi tenir compte de la nature et de la qualité des produits de la terre à imposer. C'est là, à vrai dire, l'opération la plus délicate du cadastre. Cinq commissaires classificateurs, propriétaires et appartenant à la commune, sont délégués à cet effet par le Conseil municipal. C'est d'après leur travail que la cote foncière est établie.

Quant aux erreurs qui auraient pu se glisser dans les opérations par suite desquelles la répartition a lieu, la voie des réclamations est ouverte aux intéressés pendant six mois.

Passé ce délai, ils sont forclos. Ils ont bien encore le moyen de s'adresser directement au ministre des finances, mais il est peu d'exemples que ce recours soit admis.

Ces quelques explications, nous l'espérons, suffiront à donner une idée de l'institution et du mécanisme du cadastre, dont il n'est point inutile que chacun puisse se rendre compte, au moment même où il va être révisé.

Richesses agricoles de la France.

D'un relevé aussi exact que possible, il résulte que le capital représenté par le sol, le cheptel et l'outillage agricole de la France, se monte à plus de 150 milliards, et que les produits de terre sont de quarante fois supérieurs aux produits de l'industrie. Et, cependant, il y a encore d'immenses quantités de terres en friche, et les prairies irriguées sont cent fois moins nombreuses qu'elles pourraient l'être.

HORTICULTURE.

Calendrie horticole de la société d'h oticultue de Nantes.

FÉVRIER. — TRAVAUX GÉNÉRAUX. — On achève les travaux qui n'auraient pu être finis en janvier, tels que labours, défonçages et autres opérations ayant pour but de préparer les terres pour en tirer ensuite le meilleur parti possible. Dans beaucoup de localités, c'est presque toujours dans le courant de ce mois que l'on commence à bécher le jardin, s'il ne l'a pas été vers la fin de l'automne. S'il s'agit de terres argileuses, qui se pulvérisent facilement par l'effet des gelées, il importe beaucoup que le béchage soit terminé à cette époque, afin que le sol profite de l'influence des gelées de mars; si l'on néglige cette précaution, on aura bien de la peine à mettre cette terre dans un état d'ameublissement convenable, pendant toute la durée de l'été ; pour les sols de cette espèce, le plus sûr est de les préparer dès l'automne. Quant aux sols sur lesquels les gelées n'exercent que peu ou point d'action, et qui sont sujets à se battre et à former croûte par l'effet des grandes pluies, il vaut mieux différer jusqu'au mois de mars. En général, on ne doit pas perdre de vue, dans la culture des jardins, que l'ameublissement le plus complet du sol est une des conditions premières, tant pour assurer la germination des semences que pour procurer à toutes les plantes potagères une végétation riche et active : chacun devra donc étudier son terrain, afin de connaître les moyens les plus certains d'obtenir cet ameublissement.

Une remarque fort importante c'est que, dans la culture des jardins, le labour doit être profond de trente à trente-cinq centimètres au moins, car la beauté et la vigueur des légumes dépendent essentiellement de cette condition. Cette profondeur s'obtient à l'aide de bêches fortes et longues, en jetant loin devant soi la portion de terre que l'on enlève, afin que l'ouvrier ait toujours devant lui une *jauge* ou *rigole* large et profonde.

Ce mois est aussi l'époque de redresser les arbres, de les soutenir avec des tuteurs et des liens d'osier; de faire une revue dans les pleins-vents pour les débarrasser du bois mort, de la mousse et du gui, ces plantes parasites contrariant la végétation et dérangeant le cours de la sève.

On ne doit jamais couper ni tailler un arbre fruitier ou un arbrisseau d'agrément, sans ramasser quelques rameaux pour faire des greffes ou des boutures; il faut les étiqueter sur-le-champ, ou les ficher en terre au pied du sujet dont ils proviennent, pour ne pas s'exposer à commettre des erreurs.

ARBRES FRUITIERS. — On continue la plantation des arbres fruitiers; on peut, dans les sols légers, enterrer les cerisiers et les abricotiers en plein-vent plus profondément que les autres espèces, en tenant compte toutefois de l'affaissement que le sol éprouve quelque temps après la plantation. On termine la taille des arbres à fruits à pépins, et l'on commence celle du pêcher; après s'être débarrassé de ce soin pour l'abricotier, le prunier et le cerisier, si le temps n'a pas permis de s'en occuper dans le courant de janvier. Néanmoins, il est prudent parfois de retarder un peu la taille du pêcher, afin de ne pas hâter intempestivement sa floraison, et lorsque celle-ci se manifeste, on garantit les espaliers de la gelée avec des toiles ou des paillassons. Cette précaution, qu'on peut appliquer aussi aux abricotiers, est utile surtout au lever du soleil : ses rayons sont mortels pour la fleur qu'une gelée blanche a atteinte, même légèrement.

Le groseiller et la vigne se taillent également en février avant la montée de la sève. Les vignes qui n'auraient pas été taillées doivent l'être nécessairement avant la fin du mois. C'est l'instant de couper les boutures de vigne par tronçons de cinquante à soixante centimètres, que l'on réunit en petits fagots pour les mettre en jauge, au nord, où elles doivent rester jusqu'au mois de mars, époque à laquelle on les met en place. Si quelques arbres paraissent languissants, on bêche *très légèrement* autour de leur pied. Au lieu de se servir de la bêche, on fait, dans ce cas, usage de la fourche à trois dents, qui n'a pas l'inconvénient de couper et de soulever les racines des arbres.

On greffe, dans les pépinières, les arbres dont la végétation est hâtive.

Enfin, il faut s'empresser de mettre en place les boutures d'osier qui n'auraient pu être plantées dans la dernière quinzaine de janvier.

POTAGER. — Nous avons parlé des soins à prendre pour bêcher convenablement un jardin ; il nous reste à traiter de l'application du fumier. La division du terrain en carrés permet de le répartir également, en l'appliquant chaque année à des carrés différents. Les carrés qui viennent de recevoir le fumier devront toujours être destinés à la culture des choux, plantes très avides d'engrais ; les carottes, haricots et oignons s'accommodent mieux du terrain qui a été fumé l'année précédente ; enfin les pois, les aulx et les échalottes seront mieux placés dans les parties les plus anciennement fumées, pourvu que le terrain soit naturellement de première qualité.

Si le terrain que l'on convertit en jardin est un ancien pré, et s'il s'y est formé un gazon épais, on pourra souvent se dispenser d'y appliquer du fumier pendant un ou deux ans ; mais ensuite il faudra fumer très abondamment chaque année, au moins le tiers du terrain, si l'on veut obtenir une grande abondance de beaux légumes, et faire rapporter deux récoltes à une grande partie de l'étendue du potager ; si le sol est sablonneux ou n'est pas très fertile, il faudrait même fumer plus fréquemment que nous ne l'indiquons. Il est presque utile de faire observer que c'est toujours avant le bêchage qu'on dépose le fumier, et qu'on l'enterre par cette opération.

On continue les semis indiqués pour le mois de janvier, mais on peut tenter de les effectuer en terres plus fortes. Nous ajouterons encore les ciboules, les épinards, le cresson alénois, la sarriette, le persil, en n'oubliant pas le *persil frisé de Smith*, cultivé avec succès en Angleterre. On sème des aubergines, des tomates et du piment sur couches et sous châssis, pour les mettre en pleine terre, lorsque les gelées ne sont plus à craindre. On sème également et de la même manière, des choux-fleurs demi-durs : trois semaines après, on les repique sur une autre couche qu'il faut de même recouvrir de cloches ou abriter par des paillassons. Ce plant, définitivement mis en place en mars ou avril, selon sa force et l'état de la température, donne des produits en mai ou en juin.

Les semis de laitues se renouvellent tous les vingt-cinq à trente jours, jusque dans le mois d'août, avec la précaution de les faire au nord (au pied d'un mur depuis le commencement de mai), et de couvrir la terre d'une légère couche de fumier neuf, afin d'empêcher les plants de se *plomber* par la pluie et les arrosements.

On continue à semer les pois en pleine terre ; on en active la végétation avec des cendres, et on les garnit de rames. On doit donner la préférence au pois nain de Hollande, au pois Michaud hâtif ou à celui de Chantenay. On sépare les vieux pieds d'estragon pour en repiquer les éclats à bonne exposition.

On ne perdra pas de vue que si le temps était trop dur, il serait prudent de choisir encore les carrés du potager dont la terre est légère, et dont la position est la mieux abritée, pour opérer les semis des légumes qui gèlent facilement ; le pourpier est dans ce cas, aussi doit-on se borner à en répandre quelques graines sur le coin d'une couche pour le repiquer plus tard. Enfin il faut découvrir les artichauts, sans cependant les déchausser complètement ; il faut même prendre la précaution de les couvrir de paille chaque nuit, si le froid paraît intense.

Lorsque le temps est doux, on peut commencer à planter les jeunes fraisiers ; cette condition autorise à semer en pleine terre de nouvelles pommes de terre, et des oignons blancs, dans la dernière quinzaine du mois. Enfin on plante les topinambours.

PARTERRE. — On tond et on replante les bordures de buis, sauge, lavande, hysope, paquerette, mignardise, etc.; on sème en pleine terre et en place les pieds d'allouettes, pavots, giroflées de Mahon, thlaspi et réséda, si les semis d'automne n'ont pas réussi. On évitera de faire les ensemencements par un temps trop pluvieux, ou lorsque la terre est sursaturée d'eau. La gelée n'est pas moins inopportune pour cette opération. Il est très important de semer clair, si l'on veut obtenir des fleurs dans toute leur beauté, et cette condition ne saurait encore dispenser d'éclaircir les semis, car toutes ces plantes dégénèrent par le manque d'espace. Les pavots semés dans la première quinzaine de février donneront en juillet et en août une floraison magnifique. On sème également, mais sur couche, les espèces suivantes qui seraient trop tardives si on les mettait en pleine terre; savoir : quarantaines de diverses espèces, giroflées, amaranthe, cobéa, verveine, roses tremières de la Chine, et en général toutes les plantes annuelles dont on veut accélérer la floraison. Il est bon de recouvrir tous les semis de ce mois d'une petite couche de bon terreau, recouvert lui-même par une couche de sable, afin de les garantir de la gelée. Nous ferons remarquer que l'emploi du terreau n'a pas seulement pour objet de contribuer à préserver les semis de l'effet des gelées, mais qu'il est surtout utile pour favoriser la levée des semences délicates, et pour fournir aux jeunes plants les principes nutritifs qu'ils ne rencontreraient pas dans certaines natures de sol. Nous conseillons le *terreautage*, quelle que soit la saison, toutes les fois que l'on voudra assurer le développement des semences confiées au sol; par cette opération si facile, on empêchera la terre de se battre et de se durcir, en même temps qu'on la rendra plus apte à absorber les rayons calorifiques.

On donne de l'air, pendant quelques heures, aux plantes minces qu'on avait cru devoir empailler durant les froids les plus rigoureux. On découvre aussi les jacinthes et les tulipes pour éviter la pourriture; dès l'apparence d'un dégel, il est fort prudent de couvrir de sable les œillets de pleine terre.

On prépare les terres pour semer le gazon. On opère la seconde plantation des anémones et des renoncules, si la rigueur du temps n'a pas permis de l'effectuer dans le mois de janvier.

Les massifs et les haies doivent être taillés avec soin pour leur donner une forme gracieuse. A l'occasion des arbustes de décoration, nous devons faire observer que ceux qui fleurissent au printemps ne doivent être soumis à la taille qu'après leur défloraison : de ce nombre sont les lilas, les seringuas, les lauriers, les *ribes,* etc.

Le *weigelia rosea* est une acquisition précieuse, qui doit enrichir la collection de fleurs printannières de tous ceux qui admettront ce joli arbuste dans leurs massifs.

En ce mois on commence la taille des rosiers à feuilles caduques, en les coupant à deux ou trois yeux au-dessus de la naissance de chaque rameau à conserver. On supprime les rameaux trop rapprochés les uns des autres, de même que ceux qui se croisent ou qui pourraient faire confusion plus tard. Nous devons dire qu'un rosier doit toujours former un petit buisson, ou une tête gracieusement arrondie; il faut cependant excepter de cette règle les *pimprenelles*, qui ne donnent de fleurs qu'à l'extrémité des branches; il faut se contenter de les nettoyer de leur bois mort et des nids de chenilles

ORANGERIE ET SERRES. — Il faut leur donner de l'air au milieu du jour, lorsque le temps le permet. On doit enlever les feuilles mortes, faire la chasse aux insectes, et arroser modérément les plantes en fleurs.

Dans ce mois on multiplie, sous cloche et sur couche chaude, un assez grand nombre de plantes de serre, et même quelques-unes de pleine terre dont on veut devancer l'époque de la floraison.

VITICULTURE.

La méthode viticole de M. J. Guyot.

— Suite et fin. —

ENGRAIS. — Suivant M. Guyot, le fumier ne nuit pas à la qualité du vin.

Aussi remplit-il de terreau ou de compost le trou où il met le cep.

Il veut même que le terrain soit fumé tous les trois ans.

Plus les plants sont épais, plus ils demandent d'engrais.

Pourtant, ajoute-t-il, sur des terrains riches de sol et de nature, la vigne, surtout en cas d'espacement convenable de ceps, peut se passer d'amendements et d'engrais, pendant bien des années.

FAÇONS DE LA VIGNE. — Tout se réduit à ne souffrir autour de la vigne aucune végétation étrangère qui lui nuise.

Au besoin, binons six fois au lieu de trois.

C'est surtout dans les terrains légers que les cultures profondes ne sont pas nécessaires.

Pinçons, rognons, épamprons et accolons par un temps doux et couvert, plutôt humide que sec.

Les plaies se cicatrisent mieux sous cette température que sous un soleil ardent,

CRÉATION D'UN VIGNOBLE. — Les sols qui rendent le mieux la vigne lucrativement productive sont :

Ceux où l'eau n'est pas stagnante.

Ceux où les brouillards ne séjournent pas.

Ceux où la température amène le raisin à parfaite maturité.

Ceux qui, maigres, sont amendés ou engraissés.

Ceux qui, n'ayant jamais été cultivés, sont couverts d'une pelouse, de fougères, de bruyères, de genêts, de genévriers ou d'arbres résineux bien vigoureux.

Les expositions est, sud-est et sud sont les meilleures.

Les expositions nord-est et nord valent peu.

Les expositions nord-ouest, ouest et sud-ouest sont mauvaises.

Les routes établies en déblais sont un moyen d'assainissement.

Des chemins profonds préviennent jusqu'à un certain point la gelée et la coulure.

PLANTATION. — Défonçons et remuons le sol à au moins 50 centimètres de profondeur.

Que les lignes soient parallèles entre elles !

Qu'elles soient dans la direction du nord-sud !

Si nous suivons ce bon conseil, elles recevront l'insolation est et ouest.

Par suite, aux heures voisines de midi, le soleil échauffera, en la frappant, la terre nue qui les sépare.

Plantons au niveau d'un sol bien uni.

Par conséquent, point de fossés !

Des plantations en crossettes, en chapons et en plans racineux sont admises.

Sur le terrain défoncé, uni et roulé, faisons le trou.

Mettons-y soit deux crossettes ou deux chapons, soit un plan racineux.

Mais donnons la préférence aux crossettes.

Elles auront leurs deux yeux, l'un en terre et l'autre hors de terre.

Celles-ci, une fois en terre, remplissons le trou de terreau ou de compost.

Pour assujettir les deux sujets placés à deux extrémités du diamètre du trou, foulons la terre.

La plantation ainsi opérée, ravalons, au sécateur, les boutures sur l'œil le plus près de terre.

Recouvrons cet œil et le sarment qui le surmonte, de deux centimètres de terre très-légère.

Si le terrain est mauvais, donnons au pied, au moyen d'un encaissement, une plus grande quantité de terreau.

Les deux crossettes ayant réussi, arrachons-en une au printemps.

La Clef de la Science

Ou les phénomènes de tous les jours, expliqués par le docteur E.-C. Brewer, membre de l'université de Cambridge, du collège des précepteurs de Londres, etc., auteur de plusieurs ouvrages littéraires, historiques, scientifiques, mathématiques, etc.

•VENTS DE FRANCE.

Les vents de France sont-ils .RÉGULIERS ? — Non : néanmoins, à Paris, les vents du *sud-ouest* sont les plus communs en *hiver*. Au printemps, ceux d'*est* se font sentir, surtout pendant les mois de mars, d'avril, de mai et de juin. Pendant l'*été*, les vents soufflent principalement du *nord-est*; et, en *automne*, ceux du *sud* deviennent dominants, surtout en août et en octobre.

Pourquoi le LEVER *du soleil est-il souvent accompagné d'une* BRISE *fraîche pendant l'*ÉTÉ? — Parce que le soleil levant *contrarie* par sa chaleur le *rayonnement* de la terre, et en échauffe la surface.

Comment cette chaleur peut-elle produire une BRISE? — L'air le plus rapproché de la terre est bientôt échauffé par son *contact avec le sol;* il s'élève, et des couches d'air *plus froid* se précipitent dans le vide pour rétablir l'équilibre : c'est la brise matinale.

Pourquoi une BRISE *s'élève-t-elle au* COUCHER *du soleil pendant l'*ÉTÉ? — Parce que, au coucher du soleil, la terre perd sa chaleur par le rayonnement et l'*air se refroidit très rapidement ;* la condensation qui s'ensuit cause le mouvement de l'air qui se nomme la *brise du soir*.

*Pourquoi les vents d'*EST *sont-ils en général* FROIDS *et* SECS *à Paris?* — Parce qu'ils traversent les plaines *froides et marécageuses* du nord de l'Europe, et ne passent que sur une *petite étendue d'eau* avant d'arriver à cette ville.

En *hiver*, les vents d'est sont quelquefois humides à Paris, parce que le pays qu'ils traversent est humide et couvert de neige.

Pourquoi les vents du NORD *sont-ils* FROIDS *et* SECS *à Paris ?*
— Parce qu'ils viennent des régions polaires, en passant sur des *montagnes de neige* et les *mers de glace.*

Pourquoi les vents du SUD *sont-ils chauds en France ?* — Parce qu'ils traversent les *déserts* sablonneux de l'Afrique, qui les échauffent.

Pourquoi les vents du SUD *amènent-ils souvent la* PLUIE *?* — Parce qu'ils sont fort *échauffés* par les sables brûlants de l'Afrique et se chargent de beaucoup d'humidité en traversant la *Méditerranée;* par conséquent, lorsqu'ils arrivent à notre pays, *que est plus froid,* ils ne peuvent pas garder toute leur vapeur, et une portion en tombe sous forme de pluie.

*Pourquoi les vents d'*OUEST *sont-ils souvent* PLUVIEUX *en France ?* — Parce qu'ils traversent l'océan Atlantique et sont *chargés de vapeur;* par conséquent, s'ils se refroidissent seulement un peu, ils en abandonnent une portion.

En hiver, le vent d'ouest est souvent sec en France.

Pourquoi les vents de SUD-OUEST, *en France, amènent-ils souvent la* PLUIE *?* — Parce qu'ils viennent de la *zone torride* et se chargent de vapeur en traversant l'Océan; lorsqu'ils arrivent à notre pays, cette vapeur *se condense* et retombe sous forme de pluie.

Pourquoi les vents de NORD-EST *n'amènent-ils que rarement la* PLUIE *?* — Parce que, venant d'un climat plus *froid* que le nôtre, ils sont plus aptes à se charger de vapeurs lorsqu'ils arrivent en France; par conséquent, les vents de nord-est dessèchent l'air, dispersent les nuages et causent beaucoup d'évaporation.

Pourquoi les vents amènent-ils parfois la PLUIE *et parfois le* BEAU *temps ?* — Si le vent est plus *froid* que les nuages, il en *condense la vapeur en pluie;* au contraire, s'il est plus *chaud,* il *dissout* les nuages et les fait disparaître.

Pourquoi le CIEL *se trouble-t-il quelquefois* TOUT-A-COUP *pendant un beau jour ?* — Parce qu'un *changement soudain* dans la température a condensé en nuages les vapeurs aqueuses de l'air.

Pourquoi les nuages S'ÉVANOUISSENT-*ils parfois tout-à-coup ?* — Parce qu'un *vent sec* soufflant sur les nuages, en *absorbe l'humidité* et les enlève sous forme de vapeur invisible.

Pourquoi les vents de MARS *sont-ils* SECS *?* — Parce qu'ils soufflent en général de l'*est* et du *nord-est;* par conséquent, ils traversent le continent d'Europe et les eaux froides de la mer du Nord.

Quels SERVICES *nous rendent les vents de* MARS ? — Ils *dessèchent le sol*, saturé par le grand amas d'eau qui tombe en février ; ils brisent les mottes de terre dures, et rendent le sol propre à faire germer les semences qu'on lui confie.

Que signifie le proverbe : Mars vient comme un lion, mais part comme un agneau ? — La première partie de ce mois est, en général, remarquable par ses *vents violents*, qui sont nécessaires pour dessécher le sol ; mais, vers la dernière partie de mars, l'eau évaporée retombe sous la forme d'ondées fertilisantes, et *adoucit la violence des vents.*

De là le proverbe : *Petite pluie abat grand vent ;* et les vers du poëte latin :

Imbre cadunt tenui rapidissima flamina venti.

Pourquoi un vieux proverbe français dit-il: Mars hâleux (sec), marie la fille du laboureux ? — Parce qu'un mois de mars *sec* est *favorable à l'agriculture,* tandis que la semence se pourrit s'il pleut beaucoup.

Pourquoi le proverbe dit-il :

Mars poudreux, avril pluvieux,
Mai joli, gai et venteux,
Présagent un an plantureux (abondant)?

— Parce qu'un mois de mars sec *empêche la semence de périr ;* — les pluies d'avril fournissent aux jeunes gerbes l'*alimentation,* — et la chaleur d'un beau mois de mai est favorable aux *boutons et aux bourgeons.*

Pourquoi le proverbe dit-il :

Bourgeon qui pousse en avril
Met peu de vin en baril ?

— Si le printemps est très chaud, les bourgeons poussent rapidement, et les gelées, qui arrivent souvent pendant les nuits, *brûlent les jeunes germes* et détruisent les fleurs et les fruits de l'été.

Pourquoi le proverbe dit-il : Avril froid pain et vin donne ? — Parce que la végétation est si *tardive,* quand le printemps est froid, que les gelées qui arrivent pendant les nuits ne *font aucun tort* aux plantes.

Niort.— Typographie de L. FAVRE.

Chronique agricole.

La grande préoccupation du cultivateur, en ce moment, c'est l'état des récoltes en terre. Disons de suite que les nouvelles agricoles qui nous arrivent des divers points de la France sont excellentes.

Les blés sont magnifiques, les prairies artificielles sont en pleine végétation.

Dans les vignobles, on termine la taille, et dans les pays maraîchers les cultivateurs font les semences printanières.

On espère que les neiges qui ont couvert une grande partie de la France dans le courant de décembre et de janvier, auront fait périr bon nombre d'insectes, ces ennemis de l'agriculture, qui se moquent des laboureurs et ne redoutent que la neige et les froids sibériens.

Les insectes qu'on a trop longtemps traités avec dédain jouent un rôle immense dans l'œuvre de transformation de la nature. Ces êtres, qui souvent échappent à la vue, sont, par leur nombre, les ennemis les plus redoutables des cultivateurs. Leur prodigieuse fécondité ne peut être combattue que par les oiseaux, ces précieux auxiliaires de l'homme des champs. Aussi, protégeons-les, au lieu de leur déclarer une guerre acharnée. Voici le moment où ils vont faire leur couvée ; empêchons qu'on ne détruise leurs nids.

Nous devons reconnaître que tous les insectes ne sont pas nuisibles ; il en est qui sont de la plus grande utilité pour l'homme. Par qui remplacerions-nous les abeilles et les vers à soie ? Il faut donc préconiser les meilleures méthodes pour propager les insectes utiles. La *Société centrale d'Apiculture* de Paris a eu l'heureuse idée d'organiser une exposition des insectes utiles et des insectes nuisibles, qui aura lieu à Paris, du 18 août au 8 septembre 1872.

Le programme de l'exposition comprend quatre divisions. La première embrasse tous les insectes utiles, rangés en six classes. Chaque espèce, autant qu'il est possible, doit être présentée à ces divers états d'œuf, de larve, de chrysalide et d'insecte parfait. Lorsqu'elle est malade, on devra exposer des sujets ayant la maladie à ses différentes périodes. Il en sera de même des produits que l'on en retire ; on devra les

exhiber à leurs divers degrés de transformation. Chaque
série d'insectes devra être accompagnée des végétaux dont
elle se nourrit. Les mémoires, monographies et autres documents imprimés ou manuscrits relatifs à chaque espèce
figureront également à l'exposition, quand bien même ils ne
seraient point accompagnés de collections. En outre, les
concurrents sont invités à joindre à leurs échantillons une
note sur leurs méthodes d'éducation, en indiquant le prix de
revient de leurs produits et les prix auxquels le commerce
les achète. On indiquera aussi les dommages causés par les
maladies. Les pertes que la sériciculture seule éprouve par
suite de la gattine s'élèvent, depuis 1848, à plus de 60 millions par année.

La seconde division est consacrée aux insectes nuisibles,
qui forment huit classes.

Les six premières classes de la seconde division embrassent
tous les végétaux employés dans nos cultures, y compris les
arbres fruitiers et forestiers. Enfin la septième classe est
spéciale aux insectes qui attaquent les bois employés dans
les constructions ; la huitième, aux insectes des truffes et des
autres champignons ; la neuvième, aux insectes destructeurs
des matières organiques sèches, les crins, plumes, laines,
etc., et la dixième, aux parasites de l'homme et des animaux
domestiques.

Les pertes que les insectes nuisibles causent à l'agriculture chaque année se chiffrent par des centaines de millions.
Il nous suffira de rappeler la *cécidomye* et l'*alucite* pour les
céréales, le *phylloxera*, la *pyrale* et l'*eumolpe* pour la vigne, le
dacus pour l'olivier, etc.

La troisième division comprend les insectes carnassiers,
qui font une guerre sans relâche aux innombrables pucerons, papillons, etc. Il ne fallait point omettre les petits
mammifères, tels que la taupe et le hérisson qui se nourrissent d'insectes et qui deviennent ainsi nos auxiliaires, de
même que les oiseaux insectivores qui nous apportent leur
précieux concours. Ces raisons justifient pleinement la
troisième division du programme.

Enfin, deux divisions établies en dehors de l'insectologie,
comprennent, l'une l'escargotage et les dégâts causés par les
limaces et les *limaçons* ; l'autre la pisciculture fluviale artificielle.

Nous engageons nos lecteurs à prêter leur concours à cette

exposition insectologique, appelée à rendre de si grands services à l'agriculture, à l'horticulture et à la viticulture. Les communications et les envois doivent être faits au secrétariat de la Société centrale d'Agriculture, rue Monge, 59, à Paris.

Les expositions concernant les produits de la terre, ne suffisent pas seules pour répandre les connaissances agricoles et horticoles. Il faut aussi les conférences et les cours publics d'économie rurale. La ville de Nantes peut être donnée en exemple, sous ce rapport. Depuis le commencement de cette année, M. Jules Vidal fait des conférences sur l'industrie agricole, qui sont très suivies. Voici le programme des matières qu'il se propose de traiter cette année:

« Des connaissances que nécessite l'industrie agricole au « double point de vue de l'acquisition du domaine et du faire « valoir.

« Estimation basée sur l'état physique, économique et « industriel du pays.

« Influence du cultivateur choisi et du mode de culture « adopté sur l'amélioration de la propriété. — Conditions « indispensables.

« Avantages des débouchés faciles et des voies de commu-« nications bien entretenues. — Questions légales. »

Plusieurs autres villes ont des cours publics d'économie rurale. Nous serions heureux de voir ce mode d'enseignement si puissant se généraliser et s'étendre à la science horticole et viticole.

L'almanach, ce petit livre qui se vend chaque année à des millions d'exemplaires, peut devenir aussi le propagateur d'excellentes idées. On sait le succès obtenu par l'Almanach de Jacques Bujault. Cet habile agriculteur n'a pas voulu que son œuvre s'éteignît avec lui. Par un testament, il a fondé un prix donné au concours, pour la continuation de son almanach. Le prix de cette année est de 1,800 francs.

Cet almanach est destiné à faire suite aux œuvres de *Jacques Bujault*, le célèbre laboureur de Châloue, qui avait pour but, dans ses publications populaires, d'enseigner en même temps à ses nombreux lecteurs l'*Agriculture et la Morale*.

Les manuscrits, contenant environ 35,000 lettres, devront être adressés le 30 juin 1872, au plus tard, au président de la Société centrale d'agriculture du département des Deux-Sèvres, à Niort.

Le Philloxera continue à inquiéter vivement les viticulteurs. Plusieurs propriétaires, qui, à la suite des gelées de 1870 et de 1871, avaient arraché leurs vignes, hésitent à les replanter; mais par quelle culture remplacer la vigne, qui donne des produits si rémunérateurs? C'est là une question à laquelle il n'est pas possible de répondre d'une manière générale, parce que chaque région possède sa culture particulière. La betterave, le colza, pour le Nord et l'Ouest; l'olivier, la garance, pour le Midi. Chaque propriétaire, qui a l'intention de renoncer à la culture de la vigne, doit examiner quelles sont les plantes productives qui rapportent le plus dans sa région. Lui-même doit rester seul juge de sa détermination. Nous engageons les propriétaires de vignes à ne pas se hâter et à attendre avant d'adopter une si grave résolution. La science a réussi à combattre l'oïdium; nous espérons qu'elle triomphera du phylloxera, ce maudit petit insecte, qui ne peut se jouer toujours de nos efforts; elle parviendra à l'atteindre et à le détruire.

Le typhus des bêtes bovines est en voie de décroissance. Des mesures énergiques sont prises sur tous les points où se montre la terrible maladie. L'*Indépendance belge* avait annoncé que du 21 octobre au 20 décembre, 31,000 animaux avaient succombé, en France, à la peste bovine. Une note du *Journal Officiel* rectifie ces chiffres exagérés et constate que, dans cette période, il n'y a eu de morts que 480 animaux, et d'abattus que 4,804. C'est encore beaucoup trop, mais bien moins que le chiffre donné par la feuille belge.

Des mesures de désinfection sont prescrites aux compagnies de chemins de fer qui transportent des animaux. Chaque wagon, après le débarquement des bestiaux, doit être immédiatement nettoyé et lavé avec un mélange d'eau, d'acide phénique et de chlorure de chaux.

C'est à l'administration supérieure à veiller à la stricte exécution de ces mesures préservatrices. L'Autriche est parvenue, à l'aide de ce moyen, à se débarrasser du typhus. Faisons comme elle.

Les tribunaux se montrent disposés à réprimer sévèrement les infractions aux lois et règlements de police sanitaire contre la peste bovine.

Dans le département de la Marne, un cultivateur de la commune de Loivre a été condamné, par le tribunal correctionnel de Reims, pour introduction d'une bête atteinte de la peste bovine, à 200 francs d'amende et à 1,000 francs de dommages-intérêts envers l'État.

Dans le département de l'Oise, un marchand de vaches, prévenu d'avoir introduit la peste bovine dans le pays de Bray, a été condamné, par le tribunal correctionnel de Beauvais, à un mois de prison et à 200 francs d'amende; en outre, à payer toutes les indemnités réclamées jusqu'à ce jour, et celles qui pourront être réclamées ultérieurement!

Nous nous empressons de donner de la publicité à ces jugements, qui mettront un frein à la cupidité. Les tribunaux doivent se montrer rigoureux contre des faits aussi dangereux, qui peuvent ruiner des millions de cultivateurs.

Au moment où nous mettons sous presse, nous lisons dans quelques journaux qu'il est question de supprimer la subvention de 1,500,000 fr. donnée aux congrès régionaux. Nous espérons que cette nouvelle ne se confirmera pas.

L'éducation complémentaire du fils du laboureur.

Quand ton fils a bien appris à lire, à écrire et à calculer, ne le regarde pas comme suffisamment instruit, et surtout ne songe à le mettre ni au collège, ni au lycée où il pourrait prendre en dégoût ta noble profession.

Si ta fortune le permet, fais-le initier aux principes fondamentaux de l'économie et de l'hygiène.

Fais-lui enseigner la manière d'écrire sa pensée sans trop de fautes de langue, et surtout sans trop de mots.

Fais-le rendre apte à mesurer et à dessiner surfaces et volumes.

Fais-lui montrer un peu de mécanique.

Fais-lui inspirer le goût d'une lecture qui puisse lui apprendre le plus possible d'agronomie, de législation agricole et de morale.

Si tu suis ces conseils, je te réponds de lui.

Il trouvera la vie rurale bien préférable à la vie citadine.

Observateur intelligent et laborieux, il t'étonnera par la portée de ses aperçus.

Réunis, vous pourrez ce que vous voudrez.

Vous ferez du domaine, dont la fertilité aura été au moins doublée, une terre modèle.

Que dis-je ? Le laboureur et sa compagne seront sûrs de s'éteindre entre les bras d'enfants qui seront leur orgueil.

L'éducation complémentaire de la fille du laboureur.

Ménagère rurale, n'oublie jamais que la jeune fille mal élevée est le présent le plus funeste à faire à celui qui, trompé par l'apparence, désire s'unir à elle.

En parlant de la femme on dit : *le beau sexe*.

Que ne dit-on : *le bon sexe !* s'écriait un époux dont la compagne était Satan sous des traits d'ange !

Ainsi édifiée, écoute et suis quelques conseils.

Quand tu as retiré ta fille de l'école, ne laisse pas à la paresse le temps de lui donner de mauvaises pensées.

Fais-toi aider par elle à la cuisine, à l'étable, dans les champs et au jardin.

Dresse-la au lessivage, à la couture et au repassage du linge.

Comme fileuse, qu'elle te vaille !

Comme ménagère, qu'elle te remplace près des petits enfants et des servantes !

Comme chrétienne qu'elle t'imite !

Si tu le peux, charge une bonne institutrice de bien lui faire exprimer ses idées par écrit.

Que les éléments du grand art de bien conduire une ferme lui soient enseignés !

Qu'au besoin elle tienne le livre de comptes !

Que ses lectures soient à la fois morales et instructives !

Premières notions d'agriculture.

Viens à moi sans crainte, petit enfant !

Ce n'est pas par cœur que tu étudieras l'agriculture, cette bonne nourrice du genre humain.

Je veux te faire aimer la terre, car elle fait aimer Dieu.

C'est en t'amusant que je te montrerai un peu de labour.

Je te lirai chaque précepte.

Je te l'expliquerai, mot par mot, jusqu'à ce que tu le comprennes.

En effet, ce qui n'est ni expliqué, ni compris, ne profite pas, lors même qu'on peut le réciter par cœur.

Quand tu l'auras compris, tu le liras.

Quand tu l'auras lu, tu me l'expliqueras.

L'agriculture, comme tu le vois, n'est pas la mer à boire.

Au reste, si tu profites bien, je te mènerai à la campagne.

Là, quel bonheur !

En vérité, c'est une heureuse idée que celle de faire la connaissance des plantes dont le laboureur couvre les champs.

On ne peut se lasser de les examiner.

Les tissus qui les composent sont si fins !

Leur verdure est si tendre et si belle !

Leurs fleurs sont de couleurs si variées, si douces ou si éclatantes !

Elles exhalent un parfum si suave !

Leurs graines fournissent une nourriture si délicate, si délicieuse ou si substancielle !

Décidément, elles sont l'ouvrage de Dieu.

Tout autant que les mondes, elles célèbrent sa gloire.

Si le temps n'est pas beau, nous entrerons dans une ferme.

Là, tu sauras avec étonnement que le fumier, qu'auparavant tu méprisais, est un trésor.

Devant de grandes jattes de lait, tu comprendras que la vache soit chère au laboureur.

La toison du mouton t'indiquera d'où vient le drap.

Nous verrons, au poulailler, ce qu'il faut aux oiseaux dont la chair est si délicate, dont les œufs sont si bons, et dont la plume est si utile.

Nous examinerons, pièce par pièce, les instruments.

Ils en vaudront la peine, car ils rendent le sol moins dur, l'unissent, peignent les récoltes, battent le grain, arrachent les racines, coupent l'herbe et scient les moissons.

Enfin, au grenier, nous étudierons la manière de pourvoir d'un peu d'air, et de débarrasser des insectes qui les dévorent, les tas de blé, qui, réduits en farine, puis mis en pâte à cuir au four, deviennent notre pain quotidien.

Que de choses nous apprendrons avec attrait, en quelques heures !

Combien tu seras fier du gros bagage de connaissances que tu rapporteras à la maison !

Et ton père et ta mère, seront-ils heureux !

Car, vois-tu ? mon enfant, rester, de sa faute, sans instruction, est être sûr de peu valoir quand on est grand.

L'agriculture. — L'agriculture est l'art de bien cultiver la terre avec profit.

L'exploitation. — L'exploitation se compose du terrain à cultiver et des bâtiments.

L'outillage. — L'outillage est la collection de tous les instruments dont on a besoin dans l'exploitation.

Le bétail. — Le bétail est représenté par des bêtes de trait, de lait, de graisse et de laine.

Le personnel. — Le personnel est formé de tous les travailleurs de l'exploitation.

Le capital. — Le capital est destiné à solder les dépenses à faire jusqu'à la vente des produits.

L'atmosphère. — L'atmosphère est l'air sans lequel les êtres et les végétaux ne pourraient vivre.

Les gaz. — Les gaz sont des fluides de l'air qui fécondent la terre et qui nourrissent les plantes par leurs parties extérieures.

Le climat. — Le climat est l'état habituellement chaud ou froid d'un pays.

Les saisons. — Les saisons sont les quatre parties de l'année appelées : *printemps, été, automne et hiver.*

L'eau. — L'eau est un corps liquide qui tire son origine de l'atmosphère.

Elle est tantôt favorable et tantôt nuisible à la végétation.

Les plantes. — Les plantes tirent par leurs tiges, et surtout par leurs feuilles, leur nourriture des gaz de l'atmosphère.

Elles la tirent aussi de la terre par leurs racines.

Les substances qui forment le plus généralement la terre arable. — Voici les substances qui forment le plus généralement la couche de terre arable :

Les terres charriées par les eaux, des débris pulvérisés de roches, des dépôts d'anciennes mers, et le résultat de la décomposition de plantes ou d'animaux.

Le sol. — Le sol est la couche de terre labourable.

C'est l'espèce de terre qui fait le bon ou le mauvais sol.

Le sous-sol. — Le sous-sol est le support du sol.

Il est, selon sa composition, bon ou mauvais pour le sol.

Les amendements. — Les amendements sont des opérations ou des matières qui corrigent ou stimulent le sol.

On amende un sol, en lui ôtant son trop d'humidité, de sécheresse ou de consistance.

On l'amende aussi, en lui incorporant, à l'aide de chaux ou de sable, par exemple, les matières qui lui manquent.

Les engrais. — Les engrais sont des ordures en décomposition, telles que le fumier, ou des matières telles que la cendre.

Ils ont pour effet de féconder la terre.

Sans engrais, point de belles récoltes.

La préparation des terres. — Préparer une terre est la rendre favorable à la germination, à la croissance et à la fructification des plantes.

On prépare une terre, en la labourant, en l'assainissant, en l'amendant, en la fumant et en la nettoyant.

Les semailles. — Semer est répandre, puis enfouir une graine, pour qu'il en sorte une plante qui en produira beaucoup d'autres.

Il y a plusieurs manières de semer, et la meilleure est celle qui procure les plus belles récoltes.

Les plantations. — Planter, quand il ne s'agit pas d'arbres, est mettre en terre, à la main, un végétal.

Le repiquage. — Repiquer une plante est la transporter d'un terrain sur un autre.

C'est, en même temps, en mettre la racine en terre, à l'aide d'un instrument appelé : plantoir.

Les cultures d'entretien. — Entretenir les plantes cultivées est en faciliter la croissance, en égratignant la superficie du sol avec la houe, la binette ou la herse.

C'est tasser avec le rouleau la terre où elles végètent.

C'est entourer de terre le collet du végétal.

C'est sarcler ou éclaircir.

C'est enfin arroser le sol trop sec ou en supprimer l'eau nuisible.

Les cultures spéciales. — — Les cultures spéciales sont celles qui ne sont ni fourragères, ni industrielles.

Elles comprennent principalement :

Le froment, le seigle, l'orge, l'avoine, le sarrazin et le maïs.

La pomme de terre, le topinambour, la betterave, la rave, le navet, le panais, la carotte et le chou.

8*

A chaque plante son climat, son sol, son exposition, sa fumure, son amendement et sa culture d'entretien.

Les plantes fourragères. — Les plantes fourragères sont celles qui, vertes ou sèches, servent de nourriture aux animaux.

Sans plantes fourragères, point de bétail et presque point de grain.

Le pré naturel. — Le pré naturel est le terrain qui produit le foin, à l'aide ou non de l'arrosage.

Le pré artificiel. — Le pré artificiel est le terrain couvert, pour plusieurs années, de trèfle, de sainfoin ou de luzerne.

Le pré irrigué. — Le pré irrigué est celui sur lequel on fait, de temps en temps, pénétrer une bonne eau.

Les plantes industrielles. — Les plantes industrielles sont celles qui, comme le colza, la navette, le chanvre et le lin, fournissent à l'industrie ses matières premières.

Les maladies des plantes. — Les maladies des plantes sont causées par un temps défavorable, par les matières qui manquent ou qui abondent trop dans la terre, ou par l'incurie du laboureur.

Les ennemis des plantes. — Les ennemis des plantes sont des végétaux qui vivent à leurs dépens ou qui les étouffent.

Ils sont aussi des insectes et des animaux qui coupent, rongent ou dévorent leurs racines, leurs tiges, leurs fleurs, leurs graines ou leurs fruits.

L'alternance des cultures. — Alterner les cultures est remplacer les plantes qui ont épuisé ou sali la terre, par des plantes qui feront le contraire.

Les travaux de récolte. — Récolter et moissonner les grains.
C'est faucher et faner les plantes fourragères.
C'est arracher ou couper les autres plantes.

La conservation des produits. — Conserver les produits est bien les loger et les ranger.
C'est les nettoyer, les aérer et les garantir contre tout accident.

Les animaux en général. — Les animaux, je l'ai déjà dit, fournissent travail, viande, suif et laine, et, en un mot, le bénéfice le plus net du laboureur.

Les animaux en particulier. — Les animaux sont principalement :
Le cheval, bête de trait et de selle ;
Le bœuf, bête de labour et de boucherie ;

La vache, bête de labour, de boucherie et de lait ;

Le mouton, bête de laine, de boucherie et quelquefois de lait ;

Le porc, bête de boucherie.

Les indispositions, les maladies et les blessures des animaux. — Les animaux sont, comme nous, exposés aux indispositions, maladies et blessures.

Leur meilleur médecin et chirurgien est le vétérinaire.

S'il n'est pas là, on leur administre les soins qu'il est possible de leur donner, sans risquer d'aggraver leur état.

La laiterie. — La laiterie est le lieu salubre et propre où l'on met le lait.

La fromagerie. — La fromagerie est le lieu salubre et propre de fabrication du fromage.

Les oiseaux de basse-cour. — Les oiseaux de basse-cour sont principalement :

La poule, dont les œufs sont si bons ;

Le dindon, qui a une chair aimée du gastronome ;

L'oie, qui joint, à une bonne chair et à une bonne plume, un foie et une graisse très estimés ;

Le canard, qui se recommande par sa chair, son foie et sa plume ;

Le pigeon, qui a une bonne chair.

Les indispositions et les maladies de la volaille. — Comme les animaux, la volaille est exposée à de nombreuses indispositions et maladies.

Avec un peu d'intelligence et d'adresse, le laboureur peut être son médecin.

La volaille, bien abreuvée, bien logée et sagement nourrie, est rarement malade.

La Fosse à Fumier.

La plupart des cultivateurs se préoccupent bien plus de la production que de la conservation du fumier.

Cependant, en la matière, conserver est produire.

N'est-il pas, en effet, de la dernière évidence que si, par des soins convenables, on parvient à prévenir la perte de la moitié ou du quart des agents fertilisants sortis des étables, on augmente, dans les mêmes proportions, au point de vue de l'économie des engrais, les animaux de vente, et, en d'autres termes, on obtient plus de fumier de la même quantité de fourrage ?

En France, la négligence apportée dans la conservation des engrais occasionne des pertes considérables.

Ainsi, dans la plupart des villages, le fumier amoncelé dans les cours et dans les rues reste exposé à la pluie déversée par les toits, ou bien est jeté dans des trous d'une capacité insuffisante.

En vérité, on dirait qu'on se propose uniquement de le laver, pour le priver de presque tous ses principes immédiatement assimilables.

Ce n'est pas seulement chez le paysan pauvre que se produit cet état de choses, d'autant plus fâcheux, qu'en faisant diminuer la fertilité du sol, il infecte la rue, l'habitation elle-même, les puits et les abreuvoirs.

D'importants domaines, ne laissant rien à désirer sous les autres rapports, manquent encore des dispositions nécessaires pour empêcher la déperdition du purin, et assurer au fumier l'humidité indispensable à une bonne confection.

Bien des opinions ont été émises sur la manière la plus avantageuse de conserver le fumier.

On a proposé de l'entasser dans une excavation, de le placer sur un terrain plus ou moins incliné, ou de l'accumuler dans l'étable, du côté opposé à celui où se trouvent les animaux.

Les inconvénients de ce dernier système sautent aux yeux, et il vaut mieux entasser le fumier dans la cour de la ferme, sous les conditions ci-après de disposition.

L'éloignement des étables sera peu considérable.

Le purin sera rassemblé dans un réservoir étendu, afin qu'on puisse, à volonté, le verser sur la masse du fumier.

On éloignera du dépôt les eaux courantes extérieures.

L'emplacement sera assez étendu pour qu'on ne soit pas obligé d'entasser les matières sur une trop grande hauteur.

Enfin, les abords et l'intérieur du dépôt seront accessibles aux voitures.

Dans certaines localités, on sort les litières mouillées, à l'aide d'un crochet en fer avec lequel on forme, par torsion, une sorte de corde qu'on traîne au lieu de dépôt.

C'est une manœuvre défectueuse, en ce qu'elle occasionne

des pertes et de la malpropreté, comme en ce qu'elle ne permet ni de répartir uniformément, ni d'étaler convenablement
les matières.

Il vaut mieux effectuer le transport sur une brouette basse
et sans parois.

Dans ce cas, les litières mouillées seront réparties uniformément sur le dépôt.

Bien tassées, elles ne doivent pas être accumulées sur une
épaisseur de beaucoup plus de 2 mètres.

Passé cette limite, le chargement des voitures et le placement des matières apportées de l'étable seraient trop difficiles.

Les litières une fois imprégnées d'excréments et imbibées
d'urine, sont amoncelées dans la fosse.

Alors, la fermentation putride se manifeste ; la température s'élève, et il se dégage des gaz et des vapeurs qui en-
traîneraient des principes utiles, si l'on ne modérait pas l'action chimique.

C'est à quoi l'on parvient, en entretenant la masse dans un
état convenable d'humidité, soit avec le purin assemblé dans
le bas de la fosse, soit, si le purinier est vide, avec une eau
chargée, s'il est possible, de matières fertilisantes.

Les litières, chaque jour amenées et étalées sur la surface
du dépôt, modèrent aussi la chaleur développée par la putréfaction.

En même temps, elles font l'office d'un condensateur où
s'arrêtent les principes volatils dont il importe de prévenir la
déperdition.

Mais s'il convient de contenir la fermentation dans de certaines limites, il est imprudent de l'arrêter complétement.

Que dis-je ? il faut l'activer quand elle vient à se ralentir,
comme cela arrive en été, alors, que, par l'effet d'une forte
insolation, les litières nouvellement amenées se dessèchent.

Les matières deviennent alors trop accessibles à l'air, et il
se forme des vides où, plus tard, apparaissent de nombreuses
moisissures nommées *le blanc*.

En pareille circonstance, et quand la paille de litière pré-
domine à l'excès, une bonne eau doit être ajoutée au purin
qui ne suffit pas.

Les substances qu'il importe le plus de conserver dans les
fumiers sont solubles, et, en raison même de leur solubilité,
l'eau tend à les dissoudre et à les entraîner.

C'est dire que la fosse à fumier ne peut se passer d'être étanchée.

Mais ce n'est pas assez encore.

Dans les conditions les plus ordinaires, la perte des matières utiles des déjections commence dans les étables à sol perméable.

Là, malgré son abondance, la litière ne s'empare pas tout aussitôt de la totalité des urines, trop vite et trop abondamment déversées sur une surface trop limitée.

Aussi, les trois litres de liquide émis, en moins d'une minute, par une vache traversent-ils la paille, s'étendent-ils sur le sol, et ne sont-ils absorbés qu'autant que, dans leur parcours, ils trouvent assez de litière.

L'urine, quand elle ne pénètre pas le terrain, coule au dehors et forme, en s'altérant, le liquide brun foncé qu'on remarque dans les égoûts des fermes mal tenues.

Le plancher inférieur des étables doit donc être imperméable et en communication, au moyen de caniveaux souterrains, avec le dépôt du fumier.

Quant à ce qui concerne les fosses, on doit distinguer en elles l'aire où les matières sont placées, de la purinière établie en contre bas du sol, dans laquelle vont se réunir les urines que la litière n'a pas retenues et celles qu'elle laisse égoutter.

Pour ne pas diminuer l'étendue du champ de dépôt, ce réservoir à purin est clos par des madriers suffisamment rapprochés pour retenir les matières molles, sans cependant s'opposer au passage des liquides.

On y puise, à l'aide d'une pompe, le purin dont on humecte le fumier quand il le faut.

C'est là qu'est retenue l'eau des pluies continues ou des orages, souvent reçue en grande quantité par le fumier.

C'est surtout dans ces circonstances que l'on comprend assez l'utilité d'un réservoir d'une capacité telle qu'il puisse recevoir et contenir en réserve la lessive du fumier.

Le réservoir à purin est donc alimenté à la fois par les urines venant des étables et par la pluie, et c'est seulement quand il est à sec qu'on recourt, pour l'arrosage, à de l'eau puisée à une autre source.

Ces données, presque toutes empruntées par M. Marchand, du comice agricole d'Amiens, à M. Boussingault, prouvent que ce chimiste agronome regarde comme un avantage, pour les fumiers, la pluie dont l'excès peut être utilisé quand il cesse de pleuvoir.

C'est à tort, suivant lui, qu'on abrite le fumier, et il y a là une dépense à la fois considérable et nuisible.

La pluie qui lui fait du tort est, non celle qui lui arrive directement, mais celle que les couvertures des bâtiments et la pente du terrain versent dans la fosse avec trop d'abondance, car une fois entrées dans le fumier, les eaux ne doivent en sortir qu'à la volonté du cultivateur.

Des aliments du bétail,

Leurs qualités, les préparations qu'on peut leur faire subir pour les rendre plus nutritifs

En général, tous les aliments, graines, fourrages, plantes-racines et tubercules que l'on distribue aux animaux doivent être de bonne qualité,

L'avoine, pour être bonne, doit être pesante quand on la prend en main, avoir une écorce mince, lisse et non ridée, un grain épais s'échappant facilement des doigts. Elle doit y laisser un goût agréable et, jetée dans l'eau, il faut qu'elle soit assez pesante pour aller au fond.

On doit rejeter l'avoine altérée ou moisie, l'avoine rouillée et celle qui a une odeur de bateau ; cette dernière peut provoquer une affection des reins et de la vessie, amener le dégoût et une abondante émission d'urine. L'avoine altérée produit sur le tube digestif un effet irritant et, à la longue, produit la morve et le farcin chez le cheval.

L'expérience a prouvé, malgré un préjugé généralement répandu, que *l'avoine nouvelle* n'est pas plus malsaine que la vieille ; seulement, à poids égal, elle est moins nutritive, parce qu'elle contient encore plus d'eau. Si l'avoine nouvelle semble quelquefois produire des accidents, c'est qu'au moment où l'on est ordinairement forcé d'en nourrir les chevaux, ceux-ci ont l'estomac affaibli par suite de l'usage du vert auquel ils ont été soumis pendant tout l'été, et que cet organe n'a pas la force de digérer la quantité de graine qu'il reçoit tout à coup et souvent en grande quantité, à cause des forts travaux auxquels il est soumis.

On remédie à l'effet nuisible de *l'avoine altérée* en y ajoutant une dose de quinze grammes de sel de cuisine par ration.

L'orge est un aliment très-substantiel et nullement échauffant, qui peut avantageusement remplacer l'avoine. On doit avoir la précaution de la faire tremper cinq ou six heures avant chaque repas, ou bien la faire moudre ou concasser, pour en faciliter la mastication.

Les autres graines qui peuvent être mélangées à l'avoine et qu'on peut, au besoin, lui substituer sont : les *féveroles*, les *fèves*, les *vesces*, *l'épeautre*, le *maïs*, le *sarrazin*, le *froment* et le *seigle*. Ces graines, étant en général plus nutritives que l'avoine, seront données en plus petite quantité, ayant soin de les laisser tremper pendant quelque temps ou de les faire moudre ou concasser au préalable.

Le *son* du froment est le seul dont on fait usage ; il est nutritif, lorsqu'il est bien farineux ; lorsque cette qualité lui manque, il ne constitue qu'un aliment de peu de valeur.

Le bon **son** doit être farineux, inodore et fraîchement bluté.

Le *foin* doit être composé d'une herbe fine, bien récoltée avant la maturité de la graine, d'une couleur verdâtre, d'une odeur aromatique, d'un goût sucré. Le *foin grossier*, à tiges épaisses et à feuilles larges, est toujours de mauvaise qualité.

Le *foin cassant* provient de plantes fauchées trop tard ou bien a été battu par la pluie pendant le fanage. Il est aussi de mauvaise qualité et doit être rejeté de même que le foin *vasé*, *moisi* ou *rouillé* (c'est-à-dire recouvert d'une poussière rouge jaunâtre), ce foin pouvant causer des inflammations intestinales et des colliques.

La *paille* doit avoir une couleur jaune doré brillante, avoir une odeur agréable, un goût sucré. La paille moisie ou rouillée sera également écartée.

On remédie aux effets nuisibles de la *paille* et du *foin avariés* ou *rouillés* en les faisant bien battre et secouer et arroser avec de l'eau salée.

Tous les fourrages obtenus des prairies artificielles, tels que le *trèfle* séché, la *luzerne*, le *sainfoin*, remplacent habituellement le foin, comme les *pailles de seigle*, *d'orge*, *d'avoine*, de *fèves*, de *pois*, de *haricots* peuvent tenir lieu de paille. Les *fourrages* peuvent aussi se distribuer à l'état vert, et dans ce cas on les distribue à l'écurie, ou à l'étable, ou en liberté. On les nourrit à l'étable lorsque les plantes commencent à fleurir pour la vache et lorsqu'elles sont en pleine floraison pour les chevaux.

Les *plantes racines* et les *tubercules* dont on nourrit les animaux en hiver, telles que carottes, betteraves, navets, rutabagas, pommes de terre, doivent, en général, être bien conservées, bien nettoyées et lavées ; on aura soin d'en enlever toutes les parties qui pourraient être pourries, et de les réduire en morceaux en les faisant passer au coupe racine.

L'eau que l'on donne à boire aux animaux doit être fraîche, limpide, sans odeur ni saveur désagréable.

La *meilleure eau* est celle qui contient le plus de principes dissolvants. On la reconnaît à ce qu'elle dissout complètement le savon et cuit facilement les légumes secs.

On ne fera jamais boire aux animaux une *eau croupissante*, contenant des matières animales en décomposition, ni une eau trop froide et trop crue, qui provoque souvent des colliques.

On peut corriger les effets de *l'eau trop crue* ou *trop froide*, en y ajoutant une poignée de *son* ou de *farine* et en l'agitant pendant quelque temps avec de la paille ou avec la main.

Le *seau* dans lequel on fait boire sera toujours propre.

Afin de rendre les aliments plus nutritifs, plus facilement absorbables et d'une administration plus facile, on leur fait subir différentes préparations :

On fait concasser, c'est-à-dire moudre grossièrement les féverolles, les pois, les vesces, l'orge, le seigle et le sarrazin ; on peut aussi les réduire en farine, c'est-à-dire concasser plus finement, et dans ce cas, on peut leur faire subir la panification.

Le *pain* ne doit jamais être donné tout frais, il est indigeste ; moisi, il cause des colliques mortelles. On peut hacher le foin, la paille, les fourrages secs et les fourrages verts, et couper les racines et les tubercules. Cette opération s'exécute facilement aujourd'hui à l'aide des hache-paille mécanique et des coupe-racines perfectionnés.

Les fourrages ainsi coupés et mélangés, humectés, avec de l'eau farineuse, forment une excellente nourriture pour les animaux. On fait aussi subir la *macération* aux substances sèches et dures, telles que graines et pailles coupées de féveroles, etc. On y ajoute un liquide farineux légèrement salé. Par cette opération, ces substances se ramollissent, deviennent sapides et sont recherchées par les animaux.

La cuisson à la vapeur ou à l'eau ramollit et liquéfie également les substances dures et difficiles à mastiquer ; elle augmente leur valeur nutritive. Les aliments cuits augmentent le rendement en lait chez les vaches laitières.

La *fermentation*, dit M. Magne, en changeant la composition des corps, en modifie les propriétés physiques : elle ramollit, liquéfie même des substances dures, donne à des matières inodores, fades, insipides ou farineuses, une odeur agréable et une saveur acidulée ou sucrée, transforme des corps insalubres, peu nutritifs en sucre et en principes alcooliques qui augmentent l'appétit et facilitent la digestion. Elle augmente la valeur nutritive de certaines substances et détruit les propriétés nuisibles de quelques autres.

Pour que la fermentation puisse s'établir dans un mélange de fourrage haché, il faut y ajouter une quantité d'eau convenable, ni trop ni trop peu. On le tasse dans une cuve, on le couvre et on le place dans un lieu ayant une température d'environ **30** degrés.

Si l'on soumet à la fermentation des plantes-racines contenant beaucoup d'eau, telles que les betteraves, il n'est pas nécessaire d'ajouter de l'eau au mélange que l'on veut soumettre à cette opération. La germination rend les graines molles, faciles à mâcher et à digérer ; elle rend salubre la fécule, les huiles grasses et le gluten ; quand elle s'exerce sur l'orge, elle tranforme l'hordéine en sucre, et ce grain germé est plus nutritif que celui qui est à l'état naturel.

Pour provoquer la *germination*, il suffit d'humecter les graines et de les placer dans un vase ou en couches épaisses dans un air chaud. On doit arrêter l'opération dès que le germe apparaît, et on ne prépare ainsi que la quantité des graines qui peut se consommer en un jour,

M. FOLLEN.
(*Journal de la Société centrale d'agriculture de Belgique.*)

L'Hygiène dans ses rapports avec l'Agriculture et l'Horticulture,
par M. le Docteur Rattier.

LA FERME, L'ÉTABLISSEMENT HORTICOLE ET LEURS DIVERS AMÉNAGEMENTS AU POINT DE VUE SANITAIRE.

La ferme. — Sous ce nom, plus usuellement appliqué dans le nord de la France, vous devez comprendre les divers bâtiments et dépendances accommodés aux besoins de l'exploitation agricole, ce qu'on nomme chez nous métairie, bien de campagne. Différentes causes peuvent influer sur la formation d'un semblable établissement : les unes proviennent de la volonté de l'agriculteur, les autres sont impératives.

Le défrichement d'une terre inculte, plus ou moins accidentée, relativement à la constitution, l'exposition, la configuration du sol, les cours d'eau, certains voisinages exigent des indications hygiéniques spéciales. Un changement de culture, général ou partiel, le choix d'un centre d'exploitation, son aménagement ou bien les modifications, les réformes nécessaires, lorsqu'il s'agit d'un établissement plus ou moins bien organisé, n'offrent pas moins matière à l'intervention de la science, sous peine de dangers réels ou de cruelles déceptions.

Dans le département de Tarn-et-Garonne, le sol est presque partout soumis à la culture, et nous n'aurons probablement jamais à subir les terribles épidémies qui se sont montrées à la suite du défrichement des terres vierges. Nous n'avons pas à redouter les exhalaisons délétères de grands marais, de vastes sols marécageux, tantôt recouverts par des eaux croupissantes, tantôt progressivement desséchés, conditions les plus favorables à la décomposition des matières putrescibles qui recouvrent leur fond vaseux. Grâce au progrès de l'agriculture locale, nous sommes à l'abri des miasmes paludéens.

Mais il ne s'agit pas toujours de ces terribles épidémies, de ces fièvres pestilentielles qui déciment rapidement les populations ; l'ouverture de la tranchée pour l'établissement d'un canal, les grands travaux de terrassement nécessaires à l'installation de nos chemins de fer, ont bien souvent, dans certaines localités voisines, exercé une déplorable influence sur la santé publique. Le nombre comparatif des cas de maladie s'est accru dans une notable proportion, et leur gravité, leur persistance ont parfaitement indiqué l'action morbifique spéciale à laquelle on devrait nécessairement attribuer l'élévation insolite du chiffre des décès.

Du reste, que le défrichement soit considérable ou restreint, il faut se prémunir contre un danger trop souvent constaté. Mais quel est-il ? On doit bien l'avouer, la science ne l'a pas encore dit d'une manière rigoureusement démonstrative.

On a expliqué, dans les conférences de chimie agricole, quelle est la composition normale de l'air atmosphérique. Une différence proportionnelle des principes constituants, l'intervention de gaz spéciaux, la dissolution, la suspension dans l'air de matières putrides, de ferments, de substances vénéneuses, telles sont les modifications dites miasmatiques. Des effets connus, souvent caractéristiques, indiquent bien la diversité des causes; mais leur nature n'est qu'exceptionnellement apparente. On sait que l'air, chargé d'une plus ou moins grande quantité d'eau à l'état de division ou de vapeur, est dit plus ou moins humide. Un équilibre de température de l'air et des corps avec lesquels il est en contact, dissimule son humidité ; mais si vous faites intervenir un corps à température plus basse que celle de l'air ambiant, comme une bouteille remplie de glace ou simplement sortant d'une cave pendant l'été, une quantité d'eau d'autant plus grande que l'air est plus humide, vient se condenser à la surface.

Le refroidissement de l'air produit des effets semblables : l'humidité, les vapeurs qu'il tenait en suspension se condensent. Telle est la cause des brouillards ou brumes qui souvent apparaissent, pendant les soirées fraîches, sur les rivières, les terres humides.

Ces brumes plus ou moins chargées de matières odorantes, inertes ou nuisibles, tombent sur le sol qu'elles mouillent et constituent la rosée.

L'homme qui, pendant la journée, la soirée ou la nuit, s'expose au contact de semblables émanations, doit subir des influences différant suivant le cas.

L'air humide mouille les vêtements, et la transpiration du corps a d'autant plus de difficulté à s'évaporer, que l'atmosphère est déjà plus chargée de vapeur d'eau.

Si l'on passe alors du soleil à l'ombre ou dans un lieu comparativement frais, on s'expose aux accidents variés qui résultent d'un refroidissement plus ou moins subit.

Lorsque ce refroidissement se produit avec une certaine régularité, à la même heure, comme cela arrive souvent le soir, on voit bientôt apparaître des fièvres à paroxysme également régulier.

Ces fièvres sont d'autant plus graves, que l'organisme humain a été plus profondément altéré par l'intensité, la persistance de la cause, ou bien en raison de la puissance délétère des miasmes qui sont venus ajouter une déplorable complication.

L'air simplement humide est toujours respirable; mais il peut être dangereux à respirer, en raison de la proportion des matières vénéneuses ou même inertes qui l'altèrent par leur présence.

Dans les défrichements partiels ou généraux, on amène à la surface du sol, on expose à l'action de l'air, du soleil, de la lumière, des substances plus ou moins altérées ou altérables dont les émanations, mêlées à l'air, exercent presque toujours une action dangereuse sur l'homme. Le travail des terres marécageuses, l'appropriation à la culture d'un fond vaseux, après déssèchement, offrent un danger proportionnel suivant les mêmes considérations.

Les prescriptions de l'hygiène ont ici toute opportunité d'intervenir; il s'agit de conserver la santé, la vie de l'agriculteur qui, par nécessité ou dans l'espoir de constituer une culture spécialement avantageuse, affronte des dangers trop souvent imprévus.

Parfois, les accidents sont prompts à se produire; souvent aussi, c'est seulement alors que l'organisme, lentement envahi par un mal décevant, est profondément altéré, qu'éclatent tout-à-coup des affections rapidement mortelles.

Que faire en pareil cas? Quelles sont les indications de l'hygiène?

Avant de commencer les travaux, étudiez la configuration, l'exposition des terres à défricher, surtout celles des parties marécageuses couvertes d'eau temporairement ou d'une manière permanente. Cela fait, il faut savoir quelle est la direction, la fréquence, l'intensité habituelle du vent, des courants d'air; leur influence locale au point de vue des saisons, leur pureté relative.

L'étude des pentes indiquera la direction des tranchées propres à dessécher le sol ou bien à conduire les eaux, à les réunir en lieu convenable pour les besoins de l'exploitation agricole.

Cela fait, on ne doit, autant que possible, admettre, parmi les ouvriers, que des hommes forts et vigoureux, dont la santé offre moins de prise aux influences malsaines. Leur nombre également peut donner un contingent dè forces qui, permettant plus de rapidité dans l'exécution du travail, exposera

moins longtemps à l'action des causes morbifiques. Les vêtements de laine, particulièrement la flanelle sur la peau,
protègent contre le frais humide, épongent la sueur et s'opposent à son évaporation rapide qui occasionnerait un refroidissement dangereux. L'usage des sabots ou d'une bonne
chaussure doit être recommandé contre le froid aux pieds,
le danger des écorchures qu'ils peuvent aisément subir, s'ils
sont nus, enfin, pour se mettre à l'abri des piqûres des insectes, des morsures des animaux venimeux.

Il est inutile d'ajouter que la nourriture de l'ouvrier doit
être essentiellement réconfortante ; l'usage du vin aux repas,
et pendant le travail une boisson tonique, comme l'infusion
de gentiane alcoolisée, le café ; telles sont les indications
hygiéniques que les circonstances exigent d'une manière plus
ou moins impérieuse, mais qu'en tout cas il serait imprudent
de négliger.

Rarement l'agriculteur est le maître de choisir l'époque de
l'année qui conviendrait le mieux pour l'exécution du travail,
et les exigences locales offrent souvent à cet égard de différences essentielles.

Quoi qu'il en soit, à part ce qui a trait au froid, à l'humidité,
l'expérience a prouvé que les miasmes n'agissent pas avec la
même intensité à toutes les heures du jour. Au moment de
la plus forte chaleur, entraînés rapidement vers la partie
supérieure de l'atmosphère, leurs effets sont presque nuls ;
mais à mesure que le soleil baisse vers l'horizon, surtout si les
soirées sont fraîches, ils descendent avec les vapeurs aqueuses
qui doivent former la rosée, et constituent pour l'homme un
foyer périodique d'émanations délétères.

On aura d'autant moins de danger à craindre, que la saison
favorisera moins un semblable état de choses.

En général, les travaux doivent marcher tête au vent, afin
que les émanations miasmatiques ne soient pas rabattues sur
les ouvriers, et mieux vaut progresser vers le nord ou vers
l'est que dans toute autre direction.

Au point de vue du choix de l'instrument, de l'outil, il est
presque toujours imposé par la nature du sol, la spécialité
du travail ; mais on doit comprendre que le plus avantageux
serait celui qui obligerait moins à se courber vers la terre, à
respirer de plus près les miasmes qu'elle exhale.

Il ne faut pas camper sur le champ du travail. L'on doit

faire de son mieux pour que le logement des ouvriers ne se trouve pas sous le vent des travaux.

(Extrait des travaux de la Société d'horticulture de Tarn-et-Garonne).

L'amélioration du pain bis.

Beaucoup de cultivateurs mangent aujourd'hui du pain bis, par suite du déficit qu'a présenté la dernière récolte du blé ; nous croyons utile de publier la recette suivante, due aux recherches du célèbre chimiste Liébig :

Employez de l'eau de chaux pure, pour faire la pâte.

Pour 100 kilogrammes de farine, prenez 27 litres d'eau de chaux.

Cette quantité de liquide ne pouvant suffire pour faire la pâte, ajoutez-y la proportion nécessaire d'eau pure.

Le pain préparé de cette manière, dit Jules Liébig, perd complétement son acidité.

En raison de cette circonstance, et pour lui donner un goût agréable, augmentez un peu la dose de sel.

Quant à la quantité de chaux ainsi introduite dans le pain, elle est insignifiante.

En effet, 1 kilogramme de chaux suffit pour préparer plus de 600 litres d'eau de chaux.

Si donc on calcule, d'après cette donnée, la quantité de chaux contenue dans le pain, on trouve qu'elle ne dépasse pas celle que la famille des légumineuses rend normalement.

Le pain en devient même plus nutritif, car si la farine des céréales ne constitue pas un aliment complet, cela tient à ce qu'elle ne renferme pas une quantité de chaux suffisante pour la nutrition des os.

HORTICULTURE.

Calendrier horticole de la société d'horticulture de Nantes.

MARS. — TRAVAUX GÉNÉRAUX. — Les travaux de ce mois sont importants. On se hâte de finir les labours, on enterre les engrais, on termine les bordures et l'on découvre les plantes qu'on avait buttées pour les garantir de la gelée.

On surveille les couches et châssis, qu'on doit avoir soin de couvrir de paillassons lorsque les nuits sont froides. Il est également prudent dans ce mois, où le soleil a déjà de la force, et dont les rayons sont même parfois si brûlants, de donner un peu d'ombre aux plantes sous châssis, afin de les préserver des dangers qu'elles courent en passant subitement du froid au chaud.

ARBRES FRUITIERS. — Les retardataires achèvent la taille de tous les arbres fruitiers, si ce n'est cependant pour quelques rares sujets d'une croissance trop vigoureuse, que l'on veut affaiblir par des amputations faites dans le moment où la sève est en activité. Quant aux plantations, on peut les continuer jusque vers le 20, et même, dans un cas de force majeure qui ne permettrait pas de prendre possession d'un terrain ou de lui confier les arbres avant le mois d'avril ou de mai, on peut tenir ceux-ci en jauge, les relever tous les huit ou dix jours, les replacer immédiatement, et ainsi de suite jusqu'au moment de les mettre en place ; c'est le moyen de retarder la végétation, et de ne pas perdre une année. L'opération de la greffe peut aussi se prolonger jusqu'à la fin du mois. On rabat les framboisiers et on en courbe les branches au moment où la sève commence à monter, afin d'obtenir une récolte plus abondante.

La vigne se plante, se provigne et se greffe également dans ce mois. C'est aussi l'époque convenable pour opérer la transplantation des jeunes arbres et arbustes obtenus des semis.

Enfin il ne faut pas oublier qu'il est avantageux de bécher *superficiellement* le pied des arbres, et d'y répandre un bon paillis, ou mieux encore une couche de terreau bien consommé.

POTAGER. — En ce mois, on renouvelle les semis recommandés précédemment, mais avec moins de précaution par rapport au froid, qui s'adoucit de jour en jour ; ces nouveaux semis assureront une succession de produits alimentaires dont les jardiniers les plus diligents trouveront facilement à se défaire.

Indépendamment des semis déjà faits, et dont nous conseillons le renouvellement, nous ajouterons qu'il est temps de semer sur couche les melons du pays, dits *de Doulon,* et de confier à la terre les graines de navets, de salsifis, de pa-

nais, de scorsonères, de betteraves, de lentilles, d'ail, d'échalottes, d'oseille et d'asperges, dont les griffes se plantent également dans le courant du même mois ; il en est de même de
l'oseille, dont le vieux plant se sépare et se transplante en mars.

Il est bien essentiel d'éviter de faire les ensemencements
par un temps trop pluvieux, ou lorsque la terre est trop
mouillée ; la gelée, on le conçoit, n'est pas moins à redouter
pour cette opération.

C'est le temps de débutter les artichauts et de déchausser
ceux que l'on veut dédrageonner pour former de nouveaux
carrés ; on ne laisse que deux ou trois drageons à chaque
pied, et l'on plante, en terre forte, ceux qui ont été détachés.

On doit mettre en place les porte-graines de toute espèce
de légumes, de même que les jeunes plants obtenus de semis
et ceux qui proviennent de boutures.

On a soin de veiller aux couches et de ménager leur chaleur.

Ce que nous venons de dire suffit pour démontrer que
mars est l'époque des grandes semailles dans le potager ;
aussi la majeure partie du terrain se trouve-t-elle alors occupée, car on ne laisse guère vides que les portions destinées
à recevoir les haricots et les plants de choux.

C'est ordinairement dans le courant de ce mois, et au plus
tard dans le suivant, que l'on peut acheter sur les marchés
de Nantes du plant d'*oignons de Niort*, si recherché par beaucoup de personnes.

Le mois de mars convient parfaitement pour la création des
cressonnières. On sait que le cresson de fontaine se sème de
préférence sur le bord des eaux de source peu profondes. On
le sème aussi en pleine terre, dans de petites fosses, à demi-
ombre, dont on garnit le fond avec du marc d'étang ; on laisse
un rebord de dix centimètres pour recevoir l'eau des arrosements, qu'on renouvelle soir et matin. Les semences de cette
plante étant très fines, il devient inutile de les couvrir : elles
s'enterrent assez d'elles-mêmes ; néanmoins on peut garnir les
semis d'un lit très léger de mousse ou de paille, qu'on entretient humides par des arrosements modérés et fréquents.

PARTERRE. — On taille les rosiers à feuillage persistant ; on
sépare les racines des plantes vivaces, qui peuvent se multiplier de cette manière, telles que les phlox, asters, etc., et on
les plante à demeure. La multiplication de ces végétaux doit se
faire au printemps plutôt qu'à l'automne ; car, pendant l'hi-

ver, la plaie causée par la séparation ne se cicatrise point : elle occasionne souvent la pourriture qui fait périr les plantes. On sème en terrine les œillets et les dahlias ; en pleine terre, les pois de senteur ; en bordures ou en touffes, diverses fleurs annuelles, déjà indiquées au mois précédent, et que la rigueur de la saison n'aurait pas permis de confier à la terre ; on peut y joindre les graines d'autres plantes dont les fleurs produisent toujours un bon effet dans les jardins, telles que zinnia, arabette du Caucase, tagètes ou œillets d'Inde, coréopsis, mufliers, lupins, nigelle, soucis de choix, seneçon élégant, belles-de-nuit, belles-de-jour, lavatère, crépide, œillets-de-poète, roses d'Inde, malope, balsamine, reines-Marguerites, etc. Nous ferons observer que ces semis ne réussissent pas toujours et qu'il est prudent d'en faire un second *sur couche*, pour parer aux insuccès du premier.

On plante en pots, sur couche et sous châssis, les oignons de tubéreuse que la Provence nous expédie tous les ans. On enterre les dahlias sur couche ou dans le sable, pour les faire pousser et pouvoir séparer les yeux avec plus de facilité et de chance de succès. Si l'on veut multiplier les dahlias, il faut le faire depuis le mois de mars jusqu'au mois de mai ; plus tard, ils sont sujets à ne pas fleurir la même année. C'est le moment de planter les dernières griffes d'anémones et de renoncules.

On rétablit les gazons dans ce mois, lorsque cela n'a point eu lieu en septembre, ce qui cependant eût été préférable ; dans tous les cas, il faut toujours semer en terre bien préparée, et recouvrir la graine de trois à quatre centimètres de bon terreau, après quoi il est utile de passer le rouleau. Enfin on ratisse fréquemment les allées, pour qu'elles soient toujours propres et unies : c'est au reste un soin qui trouve son application pendant toute l'année.

ORANGERIE ET SERRES. — Les recommandations faites en février pour les plantes de serre-chaude doivent se renouveler en mars, et même encore en avril : ces plantes exigent les mêmes soins pendant tout ce temps. On arrose modérément les camélias. La greffe en serre tempérée des végétaux à feuilles persistantes, doit s'exécuter dans le courant de ce mois. Enfin les plantes languissantes doivent être l'objet de soins tout particuliers : on établit pour elles une *infirmerie*, où l'horticulteur instruit les soumet à un régime à l'aide duquel il parvient ordinairement à les rappeler à la santé.

VITICULTURE.

L'espacement des ceps de vigne.

Un grand abus, dans certaines contrées viticoles, est le mauvais espacement des ceps, nous dit M. Jouffroy, de Moiron (Jura).

Tel laboureur espace bien le maïs, dans son champ, qui, dans sa vigne, met les ceps les uns sur les autres, pour ainsi dire.

Le malheureux pense que plus il provignera, plus il récoltera.

Il plante avec si peu d'observation des distances, que les ceps ressemblent à un semis à la volée, et que souvent vingt centimètres à peine les sépare les uns des autres.

C'est à désespérer la terre qui, là où les choses se passent ainsi, voit à peine un rayon de soleil.

Malheureusement, l'existence de l'abus se trouve consacrée par les baux qui stipulent, pour le preneur, l'obligation de faire ainsi.

C'est, en viticulture, un crime.

La vigne, sous le climat où je me place, voulant du soleil et du sec, il importe, au plut haut degré, de lui procurer tout le calorique possible.

L'arbre qui nuit à la vigne par son ombrage, et par une absorption considérable des gaz atmosphériques, doit être proscrit.

A plus forte raison les ceps souffrent à l'excès de se trouver trop rapprochés les uns des autres.

Il en est, à leur égard, de l'air et de la terre, comme de la nourrice qui, au lieu d'un enfant, en aurait deux à allaiter.

En effet, c'est principalement de l'air que les feuilles tirent leurs principes alimentaires.

Comme elles couvrent à peu près la terre, elles interceptent l'effet du rayonnement solaire.

De son côté, privé de calorique, le sol reste longtemps humide après les pluies.

Les gaz terrestres éprouvent de la difficulté à se combiner avec ceux de l'athmosphère.

Partant, les ceps ombragés restent trop tendres, les pampres trop poreux, l'œil moins aouté, et le fruit peu sucré, sans compter que, moins aisément cultivées, les racines s'enchevètrent.

La preuve de ceci est qu'il y a une grande différence d'état entre les ceps contigus à un champ cultivé, et ceux qui sont groupés à l'intérieur de la vigne.

Les bois et les fruits des premiers sont deux fois plus vigoureux que ceux des seconds.

Depuis que la main-d'œuvre est à un prix si élevé, il est une règle à observer, c'est de planter les vignes en lignes, de manière à pouvoir les labourer à la charrue.

Destruction du Phylloxéra et du puceron Lanigère.

M. Bossin, propriétaire-cultivateur à Hanneucourt, par Mantes (Seine-et-Oise), a trouvé le moyen de détruire le puceron lanigère qui cause tant de mal aux pommiers. Il pense, et peut-être a-t-il raison, que ce procédé très simple pourrait être appliqué à la destruction du *Phylloxera vastatrix*.

Voici ce procédé :

Vers la fin de novembre ou dans le courant de décembre, c'est-à-dire aussitôt après la chute des feuilles, j'ouvre à la bêche ou à la pioche, une petite tranchée circulaire autour de l'arbre attaqué par le puceron lanigère; je donne à cette tranchée une largeur de $0^m.25$ à $0^m.30$, selon la force du pommier, et une profondeur de $0^m.15$ à $0^m.20$, je place au fond une couche de charbon de bois pilé ou pulvérisé, de l'épaisseur de $0^m.08$ à $0^m.10$ que je recouvre ensuite avec la même terre, ou avec celle du sol pris à côté. Par pure précaution, je fais dissoudre dans

    10 litres d'eau de puits ou de fontaine,

    2 kilogr. de guano du Pérou,

    1 kilogr. de chaux vive,

    100 grammes de soufre en poudre.

Le mélange, après avoir été fortement agité et bien malaxé, est étendu sur la tige, les branches et les jeunes rameaux des pommiers attaqués au moyen d'une forte brosse semblable à celles dont se servent les peintres, pour jeter les plafonds; puis d'une autre plus faible, qui me permet de tourner autour des boutons à fleur sans les détacher, et de descendre jusqu'aux plus petites bifurcations ; je répète ordinairement, en laissant au moins huit jours d'intervalle, deux fois cette dernière opération, qui ne tarde pas à présenter un enduit assez épais et assez durable, sur les parties ainsi badigeonnées avec ma composition. L'été suivant, aucun puceron ne sort de sa retraite, et de cette manière, je préserve mes arbres de ces insectes laineux, et cela depuis plus de quinze ans. Lorsqu'il en reparaît parfois sur mes pommiers, ils viennent de chez mes voisins ; mais au moyen de mon traitement, que je leur fais subir en temps opportun, je parviens aisément à m'en débarraser de nouveau et complétement.

Des deux opérations, faites simultanément, sur mes pommiers, dans le but d'atteindre l'insecte et ses œufs, l'une, celle du charbon de bois pilé m'inspire la plus grande confiance pour la destruction du puceron lanigère ; le *Phylloxera* ayant à peu près les mêmes habitudes de retraite en terre, pendant l'hiver ; j'ai la certitude, — et c'est là toutefois une hypothèse, — que si ce procédé était employé dans les vignobles envahis par ce nouveau fléau, on obtiendrait le même succès ; il est encore temps de l'essayer et de le mettre en pratique, en ouvrant des tranchées circulaires, telles que je les ai décrites et en plaçant au fond de chacune, un lit de charbon, qui soit presque en contact direct avec les racines des vignes attaquées du *Phylloxera* ; quant à la végétation, elle n'en sera que plus belle, si j'en juge d'après celles des pommiers traités de la même manière dans le jardin de mon modeste domaine d'Hanneucourt.

. . . .

Daignez, etc. BOSSIN,

propriétaire-cultivateur, à Hanneucourt,
par Mantes (Seine-et-Oise).

Ce procédé, comme nos lecteurs le voient, est d'une application facile.

———

La Clef de la Science

Ou les phénomènes de tous les jours, expliqués par le docteur
E.-C. Brewer, membre de l'université de Cambridge, du
collége des précepteurs de Londres, etc., auteur de plusieurs
ouvrages littéraires, historiques, scientifiques, mathéma-
tiques, etc.

LA PLUIE.

Qu'est-ce que la PLUIE? — La pluie n'est que la *liquéfaction des nuages*, c'est-à-dire la transformation des vésicules en *gouttes*, qui tombent par leur propre poids.

Mentionnez les CAUSES *principales qui favorisent la formation de la pluie?* — 1° L'accumulation de la vapeur vésiculaire; — 2° l'agitation produite par des courants d'air de directions différentes; — 3° l'arrivée d'un vent humide; — 4° un changement dans la température de l'air; — 5° la condition électrique de l'air.

Pourquoi tombe-t-il quelquefois une plus grande quantité de pluie sur les MONTAGNES *que dans les plaines?* — Parce que: 1° les gouttes, pendant leur chute, s'évaporent quelquefois; et, quoique certaines gouttes puissent tomber sur les hautes montagnes, il n'en arrive pas jusqu'aux vallées; — 2° l'air qui rencontre les versants des montagnes est quelquefois *dévié par leur plan incliné;* et, se trouvant en contact avec l'air froid des régions supérieures, il est *condensé,* et abandonne une partie de sa vapeur qui tombe sous forme de pluie.

Pourquoi la pluie tombe-t-elle quelquefois en MOINS *grande abondance sur les* MONTAGNES *que dans les vallées?* — Parce que, quand l'air est *chargé de vapeur,* les gouttes de pluie la condensent autour d'elles et se grossissent de plus en plus en tombant.

Pourquoi les gouttes de pluie sont-elles beaucoup plus GROSSES *dans certains temps que dans certains autres?* — Parce que: 1° l'air est quelquefois chargé de vapeur, et alors les gouttes de pluie se grossissent en tombant; — 2° le vent réunit ensemble quelquefois une ou deux gouttes.

Plus les vapeurs vésiculaires se condensent *vite* en pluie, plus les gouttes d'eau qui tombent sont *grosses.* Les gouttes qui tombent des nuages *rapprochés de la terre* sont en général les plus grosses, parce que ces nuages sont les plus chargés de vapeur.

Pourquoi la pluie tombe-t-elle sous forme de GOUTTES ? — Parce que les vésicules d'eau, *se réunissant* soit dans les nuages, soit pendant leur chute, se convertissent en *gouttes solides.*

Pourquoi le froid de la NUIT *ne condense-t-il pas toujours en* PLUIE *les vésicules des nuages* ? — Parce que l'air n'est pas toujours *voisin du point de saturation;* il peut tenir alors en dissolution toute la vapeur dont il est chargé, quoique la température s'en abaisse.

Pourquoi un nuage donne-t-il quelquefois un PEU *de pluie, qui* CESSE *bientôt après* ? — Parce qu'un *courant d'air froid a passé sur le nuage* et en a refroidi ou agité les vésicules, qui alors sont tombées en pluie.

La pluie ne tombe-t-elle pas PÉRIODIQUEMENT *dans certains pays* ? — Oui; la saison des pluies coïncide, pour les pays *tropicaux,* avec la présence du *soleil au zénith.* A mesure qu'on s'éloigne de l'équateur, disparaît l'alternative régulière de la saison sèche et de la saison pluvieuse.

Dans quelles parties du globe la plus grande quantité d'eau tombe-t-elle en PLUIE ? — Dans les pays tropicaux et dans les pays voisins des tropiques. La quantité d'eau qui y tombe, pendant la *courte saison des pluies,* est très supérieure à celle qui tombe chez nous pendant *toute l'année.*

Quelle quantité de pluie tombe-t-il en FRANCE *pendant toute l'année* ? — La quantité moyenne d'eau qui tombe annuellement sur la *côte* de France est de 67 centimètres cubes; à Paris, de 50; à Lyon, de 89.

Quel VENT *amène le plus souvent la pluie en* FRANCE ? — Le vent du *sud-ouest,* puis le vent *d'ouest;* le vent de nord-est est le *moins* pluvieux.

Les JOURS *de* PLUIE *à Paris sont-ils plus fréquents ou moins fréquents que les* BEAUX JOURS ? — Les jours de pluie en France sont *moins* fréquents que les beaux jours. Le nombre moyen des jours de *pluie* est de 147, et celui des *beaux* jours de 218.

Comment peut-on MESURER *la quantité de pluie qui tombe dans le cours d'une année* ? — En la recevant dans un vase qu'on appelle *pluviomètre* ou *udomètre,* qui est un cylindre à double fond; la partie supérieure remplit la fonction d'un *entonnoir,* et la partie inférieure d'un *réservoir;* un tube latéral donne la hauteur de l'eau.

*Dans quelle partie de l'*ANNÉE *tombe-t-il en France le plus de* *pluie?* — Dans l'*automne*, puis en *été;* le printemps est la saison la *moins* pluvieuse.

Si nous exprimons par cent la quantité totale de pluie qui tombe dans le cours d'une année, nous aurons pour chaque saison les proportions suivantes:

Pour l'automne . . . . 30 ⎫
— l'été . . . . 33 ⎬ 100
— l'hiver . . . . 23 ⎪
— le printemps . . . . 14 ⎭

Dans quelle partie du JOUR *pleut-il le plus en France?* — Entre le coucher et le lever du soleil; parce que la température de l'air *s'abaisse* après le coucher du soleil, et s'élève après le lever de cet astre.

Pourquoi pleut-il plus en AUTOMNE *qu'au printemps?* — Parce que la température de l'air, et conséquemment le pouvoir de retenir en dissolution sa vapeur, s'abaisse de plus en plus après l'été.

*En quoi les pluies d'*AUTOMNE *sont-elles avantageuses?* — En ce qu'elles accélèrent la *putréfaction des feuilles* qui sont tombées, et de cette manière servent à fertiliser le sol.

Pourquoi le proverbe dit-il: Avril pleut aux hommes, mai aux bêtes? — Parce que la pluie d'avril est propice aux *grains* qui servent à la nourriture des *hommes;* celle de mai donne les *fourrages* qui servent à l'alimentation des *bestiaux.*

Pourquoi pleut-il PLUS *de septembre à mars que de mars à septembre?* — Parce que la *température de l'air diminue* de plus en plus après l'été, et par conséquent aussi sa capacité pour tenir en suspension les vapeurs aqueuses, dont la surabondance retombe en pluie.

Pourquoi pleut-il MOINS *de mars à septembre que de septembre à mars?* — Parce que la *température de l'air augmente* chaque jour après l'hiver; par conséquent, sa capacité pour les vapeurs aqueuses augmente aussi, et il ne tombe qu'un peu de pluie.

A part l'humidité, quelles sont les AUTRES *propriétés fertilisantes de l'eau?* Elle renferme un peu d'*acide carbonique* et contient aussi de l'*ammoniaque* en dissolution. Ce sont ces substances qui rendent l'eau de pluie plus fertilisante que l'eau de pompe.

Niort. — Typographie de L. FAVRE.

Chronique agricole.

La douceur de la température des premiers jours du mois de mars avait activé le développement de la végétation, de manière à inquiéter les gens prévoyants. Comme on le sait par expérience, mieux vaut du froid en février et mars, qu'un soleil printanier, car l'hiver ne perd jamais ses droits. Lorsqu'il les reprend d'une manière tardive, il cause beaucoup de mal, surtout aux jardins et aux vignes. Nous venons de faire encore l'expérience de cette observation.

Dans les derniers jours de mars, nous avons eu un brusque retour de l'hiver. Un vent glacial a soufflé sur nos campagnes; plusieurs départements ont été couverts de neige et la glace s'est montrée jusque dans le Midi.

Les contrées montagneuses des Vosges, du Forez, des Cévennes, ont eu leurs hauteurs couronnées de neige, comme au mois de janvier. La température s'est abaissée de 1 à 2 degrés au-dessous de zéro. Pour les plantes en terre, même pour les jeunes pousses de luzerne, qui, en général, sont frileuses, le mal n'a pas été redoutable; mais il en a été autrement pour les arbres fruitiers qui ont été surpris en pleine floraison, ou au moment où la fleur tombe après la formation du fruit. Il y a des contrées où les cultivateurs sont fort inquiets sur la récolte de ces arbres.

Malheureusement, l'arboriculture de plein vent n'a pas de préservatif à sa disposition contre ces intempéries. On emploie bien des toiles tendues en parapluie sur des cercles au-dessus des pyramides dans les jardins. On peut surtout préserver les espaliers appuyés aux murs en tendant au-devant des chaperons, des paillassons larges de 40 centimètres en forme d'auvent; c'est le système usité aux environs de Paris. Mais les arbres fruitiers des vergers en plein vent sont exposés aux risques de ces intempéries.

Heureusement que cette froide température n'a pas eu une longue durée. Depuis quelques jours, nous avons un magnifique et véritable soleil de printemps, mais nous ne sommes pas encore sauvés, et il faut souhaiter que la végétation ne reprenne une marche trop rapide.

Les nouvelles qui nous parviennent des divers points de la France nous informent que si les arbres fruitiers ont eu à souffrir des derniers froids, il n'en a pas été ainsi des récoltes de toute nature sur lesquelles le froid n'a exercé aucune fâcheuse influence.

Voici, d'après les correspondances agricoles, les nouvelles des récoltes en terre :

Dans le Nord, les blés ont la plus belle apparence, les colzas sont très-beaux et il y a déjà autant d'herbes dans les pâturages qu'on en a ordinairement au 20 avril.

Dans les Vosges, les céréales d'hiver se trouvent dans d'excellentes conditions ; malgré les froids de décembre et de janvier, les espérances ne sont pas déçues ; quelques arbres seulement et quantité de vignes sont gelés.

En Alsace, les champs emblavés en automne sont magnifiques.

Dans le Loir-et-Cher, toutes les récoltes sont belles ; les luzernes sont déjà bien parties, trop tôt peut-être, s'il survient des gelées tardives. Les abricotiers et les pêchers commencent à fleurir. Les poiriers sont très avancés.

Dans la Dordogne, les seigles-fourrages, farouchs, trèfles, luzernes, sainfoins, couvrent le sol d'un vert plein d'espérances. Les froments, affranchis du froid, talent d'une façon convenable, et si la vigne ne donnait à la taille de cruelles déceptions, on n'aurait qu'à se louer de l'avenir.

En Vendée, la gelée n'a fait de mal qu'aux luzernes, mais les prairies naturelles ont un bel aspect ; les blés d'hiver se développent bien et les colzas fleurissent.

Les blés offrent partout une apparence splendide. Aussi, la hausse qui avait commencé à s'opérer sur les céréales a été complétement enrayée. Le déficit de la dernière récolte a été beaucoup exagéré. Au lieu de s'élever à 30 ou 35 millions d'hectolitres, il a été d'environ 20 à 25 millions, chiffre déjà très considérable. Or, ce déficit s'est trouvé à peu près comblé, 1° par l'importance des arrivages, dont le chiffre total était, fin mars, de 15 millions d'hectolitres ; 2° par la grande consommation dans les campagnes de seigle et d'orges, et enfin par les excédants des récoltes de 1869 et de 1870, demeurés immobilisés dans les greniers des cultivateurs, pendant toute la durée de la guerre. Il paraît aujourd'hui certain que la France possède assez de ressources pour attendre les blés de la future récolte. En présence de cette situation, rien ne justifierait le retour des prix élevés de ces derniers temps ; on aura certainement des fluctuations de hausse ou de baisse par l'action souvent prédominante de la spéculation, mais un mouvement très accentué vers la hausse paraît d'autant moins probable que les apparences de la récolte ne laissent nulle part rien à désirer.

On annonce que la campagne sucrière de 1872-73 se présente dans des conditions exceptionnelles. On peut s'attendre à une quantité de sucre qui ne pourra être au-dessous de 350 à 450 millions de kilog.

Par ordre du ministre du commerce, on a affiché dans tous les marchés de France, la liste des vices rédhibitoires dont l'existence est une cause de nullité pour la vente d'un animal domestique. Nous croyons utile d'extraire de l'affiche en question la liste des défauts et maladies qualifiés vices rédhibitoires :

Cheval, mulet, âne. — Epilepsie ou mal caduc, fluxion périodique des yeux, maladies de poitrine, courbature invétérée, farcin, morve, immobilité, pousse, cornage chronique, tic sans usure des dents, hernies inguinales intermittentes, boiteries intermittentes.

Espèce bovine. — Phthisie pulmonaire ou pommelière, épilepsie ou mal caduc, suites de la non délivrance, renversement du vagin ou de l'utérus.

Espèce ovine. — Clavelée, sang de rate. La première de ces maladies, reconnue chez un seul animal, entraîne la rédhibition de tout le troupeau. La seconde n'entraîne la rédhibition qu'autant que, dans le délai de garantie, la perte constatée s'élève au moins au quinzième des animaux achetés.

Plusieurs concours d'animaux gras ont eu lieu le mois dernier. Tous ont été remarquables par la quantité et la beauté des animaux qui ont été présentés dans ces concours. Ne pouvant parler de toutes ces solennités, nous citerons seulement celle de Bordeaux, dont M. Petit-Laffite, professeur d'agriculture du département de la Gironde, rend compte en ces termes :

« Aucune des belles races de l'espèce bovine que comprend le vaste rayon d'approvisionnement de la ville de Bordeaux n'a manqué à l'appel qui lui a été fait; toutes ont compté des représentants dignes de leur ancienne réputation et de leurs récents progrès. La garonnaise, la bazadaise, la limousine, la landaise, etc. On a vu également ce que peuvent ajouter aux produits de ces races, dans l'alimentation publique, les génisses et vaches préparées pour ce genre d'emploi, et avec tous les soins et toutes les conditions que comporte cette préparation.

« Les bandes de bœufs ont été relativement nombreuses, et l'on a pu tirer de leur choix et de l'état de leurs sujets, cette indication précieuse que des efforts, d'abord tentés sur des individus isolés, se généralisent et tendent à passer dans la pratique ordinaire. Là serait effectivement le signe d'un progrès réel et fécond, non-seulement pour la spécialité de l'élevage et de l'engraissement, mais pour le système agricole tout entier.

« Les primes accordées à l'engraissement précoce, considérées comme témoignage du degré d'aptitude de nos différentes races bovines pour l'alimentation publique, ont, cette année encore, placé en première ligne la belle race garonnaise ; cette race, dont les sujets, bien peu connus hors de notre rayon, avaient mérité, de la part des appréciateurs, lors des premiers grands concours de Poissy, la qualification de *durhams du Midi*.

« L'espèce bovine a aussi maintenu ses avantages déjà acquis. De précieuses qualités ont été son partage, à cette dernière exhibition, dans les nombreuses races, sous-races et croisements qu'elle admet. Il est regrettable cependant que, dans cette lutte où l'on n'est jugé ni à la taille ni au poids, la petite race landaise, la seule qui nous appartienne, ait fait défaut. Là aussi, les concours de boucherie avaient provoqué et maintenu des améliorations notables qui se sont conservées, nous en avons la confiance, mais qu'il eût été heureux, encore une fois, de pouvoir constater.

« L'espèce porcine n'a heureusement offert aucune de ces lacunes. Elle s'est montrée avec toutes ses races et croisements, témoignant, de part et d'autre, de ses efforts et de ses succès constants en matières de progrès ; témoignant de toutes les ressources qu'elle peut offrir à l'alimentation publique. »

C'est vers l'agriculture que tous les efforts doivent se porter. Elle est la véritable richesse de la France. Aussi devons-nous souhaiter que l'enseignement agricole se répande partout et pénètre dans toutes les écoles. Le ministre vient de décider qu'un enseignement supérieur agricole, serait organisé à l'école centrale des arts et manufactures ; mais il y a encore plus à faire, c'est d'organiser, partout, l'enseignement agricole primaire.

Le Seigle.

Le seigle est le froment du pauvre et des pauvres terres.

Il vient bien sur des terres médiocres et sur des sols soit calcaires, soit sablonneux, où le blé croît chétif.

Il couvre utilement les terrains crayeux ou marneux de peu de valeur.

Quoique peu difficile, il ne se plaît nulle part mieux que sur le sol riche.

Il ne réussit pas sur la terre tenace.

Il ne veut pas de celle qui est humide.

Sur certains sols, il est mal remplacé par le trèfle.

Il ne craint pas un froid intense.

En revanche, dans les premiers moments de la germination, il redoute la sécheresse extrême.

Il aime les amendements et la fumure réclamés par le blé.

Si tu le veux beau, cultive-le comme le froment.

Ameublis par le labour la terre qui le recevra.

Après le dernier labour, laisse à la terre le temps de se rasseoir.

Plus encore que le blé, rigole-le.

Fais-lui grand bien, en automne, en le roulant, et, au pritemps, en le hersant.

Crains pour lui les limaces qu'il attire.

Crains aussi l'ergot et le charbon, et par suite, prépare sa semence comme celle du blé.

Inquiète-toi peu des mauvaises herbes contre lesquelles il se défend avec succès, à cause de la rapidité de sa croissance.

Plus il sera de variété tardive, plus il sera productif.

Il mûrira quinze jours avant le blé.

Récolte-le mûr, en ce qu'il ne se perfectionne pas en moyettes.

La pluie, quand il est en javelles, lui fait grand tort.

En effet, mouillée, la javelle sèche difficilement.

Hâte-toi donc de l'engranger.

Dans la ferme, loge-le bien et soigne-le bien.

Il est, avec le blé, l'orge et l'avoine, un des meilleurs fourrages verts.

Les applications de sa paille sont nombreuses.

Son pain vient après celui de blé.

Il se transforme en gruau.

Il est la base d'une excellente bière.

Par la distillation, il donne, comme le blé, beaucoup d'eau-de-vie.

Il nourrit et engraisse la volaille.

Sème-le en automne, avant le froment.

Réserve plus de semence à la terre pauvre qu'à la bonne.

La raison en est que, dans toute mauvaise terre, beaucoup de graines ne germent pas.

Répand le grain à la volée, et, en quelque sorte, dans la poussière.

BIBLIOTHÈQUE NATIONALE IMPRIMÉS

Il en faut de 150 à 250 litres à chaque hectare.

Après le coup de herse, roule.

Si tu veux l'empêcher de pourrir, ne l'enterre pas trop profondément.

Le seigle de printemps se cultive principalement, soit dans les pays montagneux, soit dans les lieux où des causes particulières empêchent les semailles d'automne.

Recherches expérimentales sur le développement du blé.

M. Isidore Pierre, professeur de chimie à la Faculté de Caen, a présenté à l'Académie des sciences de Paris, un mémoire pour expliquer ses études sur le développement du blé et la répartition de tous les éléments qui le constituent aux différentes époques de sa formation.

M. Isidore Pierre lui-même portait la parole et concluait ainsi :

« S'il n'est pas rigoureusement vrai de dire, avec M. Mathieu de Dombasle, que le blé n'emprunte plus rien au sol après sa fécondation, il résulte de mes expériences que, plusieurs semaines avant sa complète maturité, la plante cesse d'éprouver un accroissement de poids sensible.

« De toutes les parties de la plante, l'épi seul paraît alors faire exception, et augmenter de poids aux dépens de toutes les parties de la plante.

« Le poids total de l'*azote* contenu dans la récolte complète, le poids total des *matières organiques*, celui des *alcalis*, de la *chaux*, de la *magnésie*, cessent également de croître un mois environ avant la maturité du blé.

« Le poids total de l'*acide phosphorique* paraît seul faire exception, puisqu'il a encore éprouvé, pendant les dernières semaines, un accroissement de plus de 20 pour 100 dont l'épi seul a profité.

« Enfin, il semble résulter encore de mes expériences, qu'après la floraison, le blé peut contenir déjà la presque totalité des principes minéraux qui lui sont nécessaires, l'*acide phosphorique excepté* ; par conséquent, c'est surtout avant cette phase de son développement qu'il doit puiser les principes qui entrent dans la composition de son organisme et que le sol peut lui fournir.

« J'ai essayé, au commencement de mon mémoire, de donner une idée de la fertilité du champ sur lequel j'ai opéré, afin qu'il soit possible d'apprécier, dans des études ultérieures, le degré d'influence que la fertilité du sol peut exercer sur les résultats obtenus.

« Pendant la dernière quinzaine de son développement, le grain du blé peut encore s'assimiler une quantité très-notable d'azote, d'acide phosphorique et d'alcali ; mais la quantité de magnésie contenue dans la récolte ne paraît plus augmenter.

« Les nœuds des tiges du blé contiennent à poids égal, les deux cinquièmes à peine de la silice qu'on a trouvée dans la partie inférieure des tiges (nœuds compris) ; le tiers de la proportion de silice contenue dans la partie supérieure des tiges ; moins de la sixième partie de ce qu'en fournirait un poids égal de feuilles. J'y ai trouvé quatre fois autant de *potasse* qu'on en trouverait dans un poids égal de celle de l'autre partie de la plante qui en contient le plus. »

Isidore PIERRE.

Les cultures fourragères, en général.

Point de fourrages, de bétail, de fumier, de grains et de racines sans prairies.

Qui ne fait pas de prairies ruine la terre et se ruine.

Un pré rapporte plus qu'un blé.

Qui a foin a pain.

C'est le mauvais fermier qui achète du fourrage.

Aie la moitié de tes terres en prés.

La prairie naturelle est constituée par un engazonnement spontané et à peu près permanent.

La prairie artificielle est créée par la main d'homme.

Rarement elle se compose de plus d'une à trois espèces de plantes.

On la rompt au bout d'un certain nombre d'années.

Le motif est qu'elle ne donne plus de produits assez abondants.

Les plantes qui servent le plus ordinairement de base à la prairie artificielle sont :

Le trèfle, le sainfoin, la luzerne, la lupuline et le ray-grass.

Sans la prairie artificielle, le laboureur qui a peu de prés naturels ne peut rien faire.

Compose le pré naturel de plantes mûrissant ensemble et ne s'étouffant pas.

Pour le rendre durable, multiplie les espèces de semences.

Presque toujours, prend soin d'y activer la végétation par des engrais solides ou liquides, par la marne ou par la cendre de tourbe.

Assainis-le.

Peigne-le avec la herse.

Irrigue en moment opportun.

La prairie artificielle coûte plus, mais produit plus que le pré naturel.

Sec, son fourrage vaut moins que celui du pré naturel, mais achève de remplir le fenil.

Au reste, elle permet de varier la nourriture des animaux.

En outre, elle te dispense en partie de la culture pénible, dispendieuse, et généralement épuisante des tubercules et des racines.

Le plâtrage et le cendrage doublent souvent ses produits.

Fais donc pousser le plus possible de brins d'herbe.

Comme à chaque plante des cultures spéciales ou des cultures industrielles, à chaque plante fourragère son climat, son amendement, sa fumure, son sol, et sa manière d'être fumée, entretenue, récoltée et conservée.

A un examinateur, demandant pour un élève durement interrogé, une botte de foin, celui-ci répondit : *Apportez-en une seconde pour Monsieur*.

A la place du juge qui s'était oublié, je me serais tiré d'un mauvais pas en acceptant la botte et en disant :

Tout l'heur et tout le malheur des bêtes de la ferme sont sous la paille qui lie tous ces brins d'herbe.

En effet, la flouve odorante aromatise tout ce qui la touche.

L'avoine blonde remet sur pied le bétail ou lui rend la gaieté.

L'épi de la crételle provoque la salivation.

Les épillets du dactyle pelotonné l'absorbent au contraire.

Raides au toucher, les feuilles laineuses de la fétuque raniment l'appétit.

Le thymoti-grass se reconnaît à la passion avec laquelle le cheval le trie.

Le pâturin est purgatif.

Vénéneuse quand elle est fraîche ou mangée abondamment, l'ivraie produit sur le bœuf l'effet de l'eau-de-vie sur l'homme.

Ainsi mangés, la phléole des prés et le trèfle rampant provoquent la fatale maladie appelée *tympanite*.

Secs, ils augmentent la sécrétion du lait, et procurent au beurre une fine et exquise odeur.

Mêlés en vert à la provende d'une couvée de dindonneaux, ces brins de cigue auraient empoisonné toute la jeune famille.

Malheur à l'herbivore qui broute la nielle mêlée aux plantes de la prairie!

Il gonfle d'une manière étrange; son œil s'injecte; une sorte de délire s'empare de lui; il pousse de lamentables mugissements, et il meurt.

La science, Messieurs, s'étend de ce qui nous semble néant, à Dieu, sa source.

Aussi, appliquant la définition de l'art de cultiver la terre, pouvons-nous dire au laboureur :

Tu n'entreras dans la voie du progrès agricole qu'en travaillant au progrès de ton esprit.

On n'améliore le sol qu'en s'améliorant soi-même.

Tant tu vaux, tant vaut la terre, et, au cas particulier, tant vaut la botte de foin.

Les esprits et les champs bien cultivés font les grands peuples.

Enfin, de tous les arts, le tien est celui dont l'horizon est le plus vaste.

L'examen des terres.

SELON M. THOREL.

Pour connaître les principaux éléments d'une terre, il suffit de pouvoir en extraire, par les moyens suivants, l'argile, la silice, le carbonate de chaux et le terreau.

Détermination de la quantité approximative d'eau. —Faire dessécher, dans un four chauffé pour cuire le pain, une petite quantité de terre passée dans un crible.

Peser avant la mise au four.

Peser après la mise au four.

La diminution de poids indiquera la quantité d'eau.

Détermination approximative de la quantité de calcaire. —

4*

Mettre, dans une fiole assez grande, 100 grammes de terre tamisée, desséchée et pesée comme il est dit plus haut.

Ajouter un verre d'eau.

Faire chauffer et même faire bouillir un peu le mélange.

Répandre petit à petit, en très-petite quantité, et en remuant la fiole, du fort vinaigre dans le mélange, tant que l'eau qu'on a soin de goûter, ne pique pas la langue.

Le vinaigre mélangé d'eau décompose le carbonate de chaux.

L'acide carbonique s'échappe de l'eau, sous forme de petites bulles, et il se forme de l'acétate de chaux qui reste dissous dans l'eau.

Pour cela, il ne faut pas trop de vinaigre, et si l'on en avait trop versé, il serait nécessaire de le neutraliser, en ajoutant de la terre desséchée et pesée.

On jette tout doucement l'eau déposée et éclaircie.

On renouvelle l'opération deux ou trois fois.

On fait sécher à nouveau la terre qui reste.

On pèse, et la différence de poids indique la quantité de carbonate de chaux.

Il est indispensable que le résidu soit séché au même degré qu'il l'a été la première fois, car autrement la différence serait trop forte ou trop faible.

On pourrait éviter la dessication du précipité qui n'est pas nécessaire pour l'opération subséquente, et, dans ce cas, il faudrait séparer la chaux, ce qui serait plus exact, car il serait facile d'en déterminer le poids.

Pour cela, verser dans l'eau mise de côté, une dissolution d'oxalate d'ammoniaque, sel formé d'acide oxalique ou d'acide de sucre, et d'ammoniaque ou alcali volatil, jusqu'a ce qu'elle ne trouble plus l'eau.

Laver, sécher et peser le précipité.

Sachant que l'oxalate de chaux est composé de 100 d'acide et de 60 de chaux, il sera facile d'en connaître le poids.

Ces manières de procéder, notons-le en passant, s'appliquent parfaitement à une marne dont on veut déterminer la richesse en calcaire.

Détermination approximative de la quantité de silice, d'argile et de terreau. — Délayer le premier précipité dans un litre d'eau tiède.

Le sable se précipite aussitôt au fond, tandis que l'argile

et le terreau restent quelque temps en suspension dans l'eau.

Mettre cette eau trouble de côté, et répéter l'opération jusqu'à ce que l'eau soit claire.

Sécher, toujours à la même température, la terre sablonneuse, et la peser.

Après un repos suffisant, les eaux troubles laisseront déposer l'argile et le terreau.

Pour séparer celui-ci de l'argile, chauffer fortement l'un et l'autre dans un creuset.

Composé de substances organiques, le terreau se volatilisera, et la différence de poids avant et après la calcination, indiquera la quantité de terreau.

Si, pour décomposer le carbonate de chaux, on employait l'acide acétique ou vinaigre radical, une petite quantité d'argile se dissoudrait.

Voilà pourquoi il faut simplement se servir de vinaigre ordinaire.

Quelques bonnes idées sur l'agriculture.

Dernièrement j'entendais dire à une personne qui déplore comme moi l'état de nos campagnes : « Le jour où nos populations auront pour l'agriculture le même enthousiasme qu'elles professent actuellement pour le commerce et l'industrie, la misère n'existera plus. » Non, la misère n'existera plus ; mais aujourd'hui, elle existe, et c'est précisément parce que ce jour semble de plus en plus éloigné, c'est précisément parce que nos populations oublient que l'agriculture seule procure cette aisance, souvent médiocre, à la vérité, mais tranquille et certaine, qu'elles se plongent aveuglément dans un avenir plein de misère et d'embarras.

Le trésor de la fable est toujours enfoui dans nos champs, chaque sillon que nous traçons, le découvre à nos yeux. Nous le trouvons plus ou moins abondant, selon que nous travaillons avec plus ou moins d'intelligence ; mais il existe partout, et il n'est personne ici-bas qui ne soit convié à en prendre part.

Notre sol est riche et susceptible de s'enrichir encore ; chaque ferme bien exploitée ne nous montre-t-elle pas les perfectionnements produisant d'immenses résultats, et conduisant l'homme qui sait en profiter, à une aisance et souvent même à une fortune certaines ?

Malheureusement le progrès agricole est bien lent à se généraliser ; on pourrait même dire qu'il ne se généralise pas du tout, et cela tient à l'absence totale d'instruction. On n'est avocat, notaire, qu'après de longues études, et nos jeunes agriculteurs se trouvent à seize ou dix-huit ans lancés dans leur carrière, sans connaître souvent les premières notions de leur état.

En agriculture, le père est le seul professeur de son fils, qui à son tour le deviendra du sien ; de sorte qu'il faut des circonstances providentielles, ou une intelligence d'élite, pour changer quelque chose à cette caduque manière de travailler. Oui, la plupart de nos cultivateurs croupissent dans une routine déplorable et fatale au pays, car c'est aussi de cet état de stagnation que naît le dégoût.

L'enseignement agricole est nécessaire, indispensable même, pour rendre à l'agriculture tout son éclat. A notre époque, il ne doit plus être permis d'être ignorant, et surtout en agriculture. Arrière donc tous ces vieux fatras d'idées, ces vieilles coutumes, sortes de maillots où l'art est étranglé. Que nos jeunes agriculteurs soient instruits; qu'ils acceptent une méthode, non plus parce qu'elle leur vient de leur grand'père, mais parce qu'ils l'ont étudiée, qu'ils peuvent l'expliquer et en prédire les résultats.

Pour en arriver là, il faudrait que tous nos instituteurs fussent tenus d'établir dans leurs écoles un cours d'agriculture qui serait suivi par tous leurs élèves à partir de l'âge de dix ans. Chaque année on ouvrirait au chef-lieu du département un concours pour choisir les élèves les plus capables, qui seraient placés dans un établissement agricole aux frais de l'Etat. Là, ces jeunes gens, qui devraient avoir au moins quatorze ans, recevraient une instruction spécialement agricole et pratique, et ne seraient renvoyés dans leurs familles qu'après trois années d'études.

Ce sont là, il est vrai, des sacrifices ; mais quand un édifice menace ruine, souvent des réparations ne suffisent pas: c'est une reconstruction qui devient nécessaire, et c'est ici le cas. Je suis convaincu qu'on ne rendra l'agriculture réellement et solidement florissante qu'en s'emparant des générations à venir et en les dirigeant vers ce but. Ces jeunes gens revenus dans leur pays, se trouvant à la tête de l'exploitation de la famille, ne travailleraient que d'après les excellents principes qu'ils auraient reçus et les imposeraient en quelque sorte moralement aux autres.

Les comices auront beau recommander les réformes

utiles ; elles ne seront accueillies que par quelques rares individus, jamais généralement. Depuis longtemps déjà on connaît les avantages des fosses à purin qui permettent de conserver et même d'augmenter la richesse des engrais naturels. Ces fosses sont vivement recommandées à nos cultivateurs, et pourtant on ne les rencontre que dans quelques exploitations modèles. Cela est très regrettable, car les frais d'établissement de ces fosses sont minimes et leurs résultats immenses. Il ne faut pas se dissimuler que nous marchons, et d'une manière très-rapide, à l'épuisement du sol. Les engrais de nos fermes sont insuffisants, pour conserver au sol sa force productive. Qu'est-donc alors, si nous ne lui rendons ces engrais, qu'appauvris et dépourvus d'une partie de leur force végétative ?

C'est là une question capitale pour l'agriculture, et, si nos fermiers la comprenaient, non-seulement ils ne perdraient pas la moindre parcelle de ces engrais, mais encore feraient-ils tout leur possible pour en augmenter la richesse et la quantité. C'est bien simple, bien clair, et pourtant on ne le fait pas ; pourquoi ? Parce que cela ne se faisait pas dans le vieux temps ; la routine ! Et c'est ainsi qu'on arrive à la ruine du sol.

Je le répète, il faut que l'enseignement agricole s'établisse sur une large échelle ; il faut que les progrès se généralisent. Nous ne repoussons pas les vieilles coutumes quand elles sont bonnes, mais elles doivent céder la place à des perfectionnements reconnus meilleurs. Il faut enfin que chaque cultivateur ne soit plus l'être abstrait qui se renferme dans sa routine, mais un homme intelligent, sans cesse à la recherche de tout ce qui peut faire la prospérité de son art et lui donner la place qu'il doit occuper dans notre pays.

J. DRIOTON,
Membre de l'Institut polytechnique.

Du bétail qu'il nous faut.

On posait un jour à Caton cette question : — Quelle est, en agriculture, la première condition pour obtenir des bénéfices certains ? — Du bétail bien administré, dit-il. La seconde condition ? — Du bétail médiocrement administré. Et la troisième ? — Du bétail même mal administré. Que voulait dire Caton par là ? — Que sans bétail l'agriculture n'est qu'une déception. L'expérience n'est-elle pas là pour confirmer cette opinion ?

Oui, la fertilité de la terre est bornée et sa culture pure et simple n'a pas de bénéfice réel à donner. Tous les agriculteurs expérimentés le savent. Aussi n'ont-ils pas la prétention de se tirer d'affaire par le labour. C'est le bétail qui leur offre une richesse indéfiniment extensible. Ils emploient avant tous leurs capitaux à la multiplication et à l'amélioration des races. Sans doute la terre en profite; c'est là une conséquence directe du système. Mais ce système, c'est de faire reposer l'agriculture sur la production du bétail. Or, il est évident que c'est le seul rationnel, le seul qui offre des garanties positives et solides, le seul qui permette au cultivateur de faire de sa profession une profession de sécurité et d'avenir. En effet, d'abord son bétail est pour lui un fonds qui fructifie chaque jour, qui chaque jour produit, ce qui, à un moment donné, lui verse invariablement ses rentes; ensuite ce bétail lui met sous la main, au plus bas prix possible, le fumier dont il a besoin pour entretenir ses terres en état de fertilité; enfin ce même bétail lui donne le moyen d'appliquer les meilleurs assolements, c'est-à-dire de retirer de la terre les produits les plus riches, et cela sans interruption aucune.

Cependant, et malgré les avantages incontestables et si précieux du système en question, la plupart des cultivateurs suivent une route toute contraire. Pour eux, le bétail n'est qu'un accessoire : c'est le labour qui est le fondement de l'agriculture, et dès lors toute leur attention se tourne vers le perfectionnement des instruments aratoires, comme vers le point principal, si ce n'est unique. — Mes amis, vous vous trompez et vous êtes les premières victimes de votre erreur. Si vous vous attendez à ce que le génie de l'industrie et de la mécanique arrache au sol d'abondantes récoltes, vous attendrez encore longtemps, soyez-en sûr. Mais pensez-y donc bien. Tous les beaux instruments, que vous ne vous procurez le plus souvent qu'en vous ruinant, mettront-ils dans vos champs les sucs nutritifs que vos graines demandent pour devenir moissons ? — Ils nettoient bien, ils ameublissent bien, ils préparent votre terre, je l'admets. Mais cela suffit-il ? Si, avec tout cela, votre terre n'est pas bien fumée, vous donnera-t-elle une vigoureuse et puissante végétation ? Et cependant voilà d'où dépend votre sort. Une bonne charrue, une bonne herse, un bon semoir, cela suffit. Croyez-moi donc, gardez vos anciens instruments, pourvu qu'ils soient bons, rachetez du bétail qui animera votre ferme, qui engraissera

votre terre et remplira votre bourse. Ainsi vous nourrirez
votre famille, vous ferez des économies, et vous proclamerez
très-haut avec moi que voilà bien la véritable agriculture et
qu'il n'y en a point d'autre.

Et de cette conduite vous ne serez pas les seuls à recueillir les avantages. Les résultats sociaux d'une telle amélioration seraient immenses. Le blé est presque notre unique nourriture, il en résulte que nous en mangeons beaucoup; aussi
les récoltes ne se proportionnent que difficilement aux besoins
de la population. Mais si la viande entrait pour une plus large
part dans notre alimentation, nous aurions moins besoin de
blé, et la production des céréales suffirait à la consommation.
Il est essentiel pour un peuple d'avoir plusieurs sortes de
nourritures, c'est une sauvegarde contre la famine. Le degré
de richesse ou de pauvreté d'un peuple s'apprécie par la
nature de la qualité des substances qui servent à son alimentation. Et comment nier que la viande ne soit, de toutes les
substances, la plus appropriée aux besoins de l'homme ? Ce
serait donc augmenter le bien-être de la France que d'y étendre la consommation de la viande, même aux dépens de celle
du blé. Mais avec plus de viande nous aurions aussi plus de
blé, car la multiplication du bétail a pour nécessaire conséquence la plus-value de la terre, sa fécondité plus grande,
plus active, mieux soutenue. Ainsi la France, qui ne produit
en moyenne que 13 hectolitres à l'hectare, pourrait, avec
l'augmentation du bétail, en produire 30 et même plus.

Et cela est facile à comprendre. Dans les fermes où le bétail
manque, le fumier manque aussi. Dès lors, tristes racines,
maigres légumineuses, blés à l'agonie. — Rien de plus naturel. La terre se lasse de porter des récoltes et finit par devenir stérile lorsqu'on ne lui rend pas l'humus que les plantes
ont absorbé pour leur nourriture. Et si on ne lui rend cet
humus qu'avec des mains avares, dans des proportions insuffisantes; la terre ne se lasse pas sans doute, elle ne devient
pas stérile, elle travaille encore, mais elle se fatigue en vain,
elle languit, dépérit et ne fournit que la misère.

Et voilà tout plein de vérité. En tiendra-t-on compte ? — Je
le désire, mais j'en doute. Ah! c'est que, voyez-vous, notre
époque a une singulière manière de concevoir le bien-être!
Elle n'est pas sage, notre époque, ses vues en économies sont
très courtes, et les hommes les plus compétents eux-mêmes
donnent dans des travers qui feraient rire s'ils ne faisaient

pitié. — En attendant, ce qu'il y a de sûr, c'est que le bétail nous manque et par suite les engrais. Voilà pour l'agriculture.

— Quant à la société, écoutez-la vous répéter sur tous les tons : Oui, la viande nous manque essentiellement. Le bœuf est un article d'alimentation qui devient de plus en plus rare. La vache même est un luxe inconnu aux paysans pauvres. Le taux en est également inabordable à la grande masse des travailleurs de nos villes. Le mouton ne figure que sur la table du riche. Le porc est hors de prix.

Telle est la situation. — Il n'y a pas de quoi rire.

Mais comment la changer? — les uns disent : en élevant un plus grand nombre de têtes de bétail. Les autres disent : en élevant des races précoces, c'est-à-dire qui donnent plus de viande à l'abattage et qui la donnent plus vite. — Moi je vous dis : l'un et l'autre. Il est évident, en effet, que dans l'état de détresse où nous sommes, ces deux moyens ne sauraient être séparés. Réunis, ils peuvent tout; séparés, le bienfait nous échappe encore. Et cela se conçoit. Car se borner à multiplier les têtes de bétail sans améliorer la race, n'est-ce pas se lancer dans une spéculation fausse et très onéreuse? Quel bénéfice peuvent donner à l'engraisseur, des bêtes qui exigent un aussi long temps que celles que nous possédons en général pour être bonnes à conduire à la boucherie? Il est visible qu'ici les frais mangent le profit. — D'un autre côté, élever des races précoces dans des proportions aussi restreintes que celles qui subsistent aujourd'hui, ce serait s'interdire tout succès un peu large, toute amélioration un peu sentie, et ce ne serait certainement pas résoudre le problème : « La viande à bon marché. » — L'Angleterre ne nourrit pour la boucherie que des races précoces. Mais elle en nourrit quatre fois plus que nous, et cependant sa population est loin d'atteindre le chiffre de la nôtre. Donc, pour arriver à un résultat satisfaisant, il faudrait tout à la fois et augmenter le bétail et ne nourrir que des races d'un facile et prompt engraissement.

Et en ceci l'intérêt de l'éleveur se confond avec l'intérêt du consommateur. L'expérience prouve en effet que les fortunes se font, non pas en vendant très-cher, à de longs intervalles, une petite quantité de marchandises, mais bien en vendant souvent, à bon marché, une grande quantité de produits. L'éleveur qui vendrait cinquante têtes de bétail dans son année gagnera plus en ne faisant qu'un petit bénéfice sur chacune que celui qui vendra deux ou trois animaux en s'efforçant d'en pousser le prix au-dessus de leur valeur.

A. Leroy.

Toute science est utile dans toute position sociale.

Toute science, cher laboureur, est utile à toute occupation matérielle ou intellectuelle, et en mépriser une est faire remarquer qu'on pourrait mieux valoir.

Appliquons le principe à ta profession où, au premier coup d'œil, il semble si facile d'exceller.

Hé bien! il n'est pas une connaissance qui ne lui soit, sinon indispensable, au moins essentiellement utile.

L'*arithmétique* est une condition de tenue régulière de tes comptes.

Elle te met, à chaque instant, à même de te rendre raison de l'état de tes affaires.

Elle prévient dans l'exploitation du sol, une cause capitale de ruine : le manque de comptabilité.

Avec la *géométrie*, tu arpentes tes champs, nivelle tes terres, et apprécie le coût de tes terrassements.

Grâce à son aide, tu détermines la capacité de tes récipients et le volume de tes masses de produits.

L'*algèbre* te fournit fréquemment des formules qui, dans les cas difficiles, t'épargnent des calculs d'une longueur excessive.

Le *dessin* te permet de dresser un plan de construction d'une maison ou d'une machine.

La *physique* te révèle que les courants électriques des nuages trouvent dans les corps élevés, dans les arbres, par exemple, des conducteurs vers le sol où tu auras placé des meules de céréales ou de fourrages.

La *chimie* t'entretient du besoin qu'a la terre d'être aérée par le labour et fécondée par les gaz de l'atmosphère.

Elle constate que ton eau est salubre ou insalubre.

Elle te montre des gîtes de substances minérales fertilisantes.

Elle s'oppose à l'évaporation de l'âme de tes fumiers : l'ammoniaque.

La *géologie* met sous tes yeux la stratification du globe.

Elle t'apprend comment se sont formées la montagne que tu gravis et la plaine que tu laboures.

La *minéralogie* se joint à la chimie et à la géologie pour t'indiquer les espèces de terres et leurs propriétés.

Elle te présente les compositions de sols les plus favorables à telle ou telle production.

La *géographie* t'offre le moyen de faire, par la pensée, le tour du monde.

Elle expose les usages et les découvertes agricoles des autres peuples.

L'*astronomie* te fait participer, par l'intelligence, aux grandes harmonies de la nature.

Que dis-je ? Elle fortifie en toi la foi religieuse.

En effet, c'est un être bien grand qui a fait les myriades de mondes dont l'astronome décrit la forme, calcule le volume et étudie les évolutions.

La *météorologie* explique les phénomènes qui se passent dans l'atmosphère.

Elle les annonce comme certains ou probables.

Or, en agriculture, les éventualités de vent, de pluie, d'orage, de grêle, de gelée et de neige sont grandement à considérer.

La *physiologie* t'initie aux mystères de la vie des animaux et des plantes.

L'*anatomie* te fait connaître la structure des êtres et des végétaux.

La *zoologie* s'occupe du règne animal dans ses espèces et dans les propriétés naturelles de celles-ci.

La *botanique* est la zoologie appliquée aux végétaux.

L'*hygiène* prévient les maladies de l'homme et des animaux.

La *médecine* et l'*art vétérinaire* les guérissent.

Le *droit* t'enseigne tout ce qu'il t'est permis ou défendu de faire sous la législation à laquelle ton pays est soumis.

L'*économie domestique* assure la bonne tenue de ta maison.

L'*économie agricole* te fait beaucoup gagner avec peu de dépenses.

L'*économie politique* se rend l'interprète de tes aspirations et de tes besoins.

L'*économie morale* fait l'honnête homme.

La *religion* purifie et élève l'âme.

Les *sciences grammaticales* et *philologiques* donnent de la correction au langage et au style.

Elles facilitent l'étude des langues.

Elles constituent de faciles moyens de puiser dans les livres le plus possible d'utiles données.

De beaux *vers* nous font l'effet de la douce musique qui charme jusqu'au troupeau.

Enfin, une *littérature* qui n'offre que de riantes, de nobles et de chastes images, repose, en faisant leurs délices, les esprits trop tendus par d'autres manières d'utiliser le temps.

Un préservatif des gelées du printemps.

Dans un opuscule, le savant auteur, M. le Dr Guyétant, à propos de la *lune rousse*, rappelle, après d'autres savants, qu'une fumée factice peut être un préservatif des désastres causés par les gelées.

Voici comment il s'exprime :

Les contemporains, dit-il, ne connaissent pas encore assez tout le fruit qu'ils peuvent déjà tirer des découvertes faites dans les sciences physiques pour améliorer leur sort, et dont l'agriculture en particulier devrait profiter depuis plusieurs années. Après Wels, Arago, etc., tous nos physiciens actuels connaissent bien les circonstances qui donnent lieu aux gelées désastreuses qui, dans notre climat, viennent fréquemment, pendant le cours des mois d'avril et de mai, détruire les espérances du cultivateur et surtout du vigneron, qui attribuent à la lune rousse cette funeste influence.

Ils ne savent pas encore comment les choses se passent, malgré le grand nombre de sociétés d'agriculture qui couvrent la France. Ils ignorent généralement qu'il ne tiendrait qu'à eux de soustraire leurs cultures à ces désastres presque annuels.

Comment se fait-il qu'on ne leur dise pas avec assurance que la transparence parfaite du ciel, qui fait briller d'un plus vif éclat la lune et les étoiles est la circonstance qui fait perdre à la terre le plus de chaleur, et qu'il suffit de troubler cette transparence de l'air pour prévenir l'effet de ce *rayonnement*, ainsi que le nomment les physiciens ?

Comme on ne pourrait pas abriter facilement avec des paillassons, des toiles ou d'autres abris, de vastes étendues de cultures, afin d'intercepter ce fâcheux *rayonnement*, quelques observateurs ont pensé, naturellement, que de la fumée, troublant pendant quelques heures la transparence de l'air, pourrait suffire pour empêcher la gelée des pousses nouvelles des plantes.

L'expérience a prouvé les bons effets de cette découverte ; mais l'immense majorité des viticulteurs l'ignore encore, ou n'en a entendu parler que vaguement.

Cependant ces gelées désastreuses, qui ne passent pas deux ou trois ans sans se faire sentir dans quelques parties de la France, enlèvent des centaines de millions aux contrées où l'on cultive la vigne, ainsi que les plantes oléagineuses et les noyers, et plongent dans la misère le cultivateur ignorant ou du moins indolent, qui pouvait sauver ces précieuses récoltes par quelques nuits de surveillance.

Serais-je assez heureux pour que ma voix rappelle l'importance du procédé que connaissaient déjà les anciens Péruviens, au témoignage de Garcilasso de la Vega, et à celui tout récent d'un de nos savants les plus distingués, M. Boussingault.

. . . .

D'après les admirables expériences de Wells, on a su qu'il suffisait de troubler la transparence de l'atmosphère pour s'opposer au rayonnement du calorique terrestre ; prévenir, par conséquent, les effets désastreux des gelées tardives, et sauver nos récoltes les plus précieuses.

Les cultivateurs français, au dix-neuvième siècle, resteraient-ils au-dessous des Péruviens du quatorzième ?

Nous engageons ceux qui liront ce conseil à le mettre en pratique et à le populariser. C'est un moyen excellent auquel nous accordons la plus grande confiance.

Les effets du mélange des fumiers de la ferme.

Il faut, à l'aide de l'engrais, restituer à la terre les sucs que la récolte lui a volés.

Or, ne fumer un champ qu'avec une seule espèce de fumier de ferme, avec du fumier de mouton, par exemple, n'est pas pouvoir atteindre le but.

Donc, mélanger les fumiers est une bonne chose.

En effet, c'est les mettre à même de se conserver, de s'améliorer et de se compléter les uns les autres.

Les exceptions à cette règle judicieuse sont rares.

HORTICULTURE.

Calendrier horticole de la société d'horticulture de Nantes.

AVRIL. — TRAVAUX GÉNÉRAUX. — Les semis faits précédemment, dans notre climat humide, ont toujours besoin d'être sarclés et éclaircis, dès les premiers jours du mois d'avril. On ne peut apporter trop de soins à opérer les sarclages, aussitôt que les mauvaises herbes se montrent dans les carrés et les plates-bandes ; car elles envahissent promptement le terrain, et rien ne nuit davantage à la végétation des plantes cultivées. Il est également très important, nous insistons de nouveau sur ce point, d'éclaircir les semis partout où ils se trouvent trop épais : c'est un travail auquel devront fréquemment se livrer les personnes peu expérimentées dans la culture jardinière, parce que, dans la crainte de ne pas mettre assez de semence, elles sèment ordinairement trop *dru*, ou répandent la graine avec inégalité, en sorte que, dans plusieurs parties, il est nécessaire de supprimer un grand nombre des plantes qui ont levé, et on ne peut le faire trop tôt pour assurer la réussite de ce qui restera. Les planches de carottes, d'oignons et de laitues réclament plus particulièrement ce soin : pour les carottes qui ne doivent s'arracher qu'à l'automne, de même que pour les oignons, on ne peut espérer de beaux produits qu'en espaçant les sujets : par chaque surface de trente-trois centimètres carrés, on ne doit pas laisser plus de trois à quatre plants de carottes ou d'oignons. On doit toujours, autant que possible, laisser en place les plus forts. Les semis de choux et de betteraves, en pépinière, doivent aussi être éclaircis avec soin ; autrement les plants s'étiolent et ne donnent que des produits très médiocres.

C'est toujours en avril que commence le travail des *arrosages* ; aussi le service de l'arrosoir ne devra pas être négligé toutes les fois que le sol commence à se dessécher, et il est indispensable qu'on ait dans le jardin même, ou à sa portée, un lieu où l'on puisse puiser l'eau commodément. Tant que les gelées blanches sont à craindre, c'est au milieu du jour que l'on doit procéder aux arrosements, parce que la gelée serait beaucoup plus destructive sur un terrain encore imprégné d'humidité à sa surface : plus tard, c'est dans la soirée qu'il faudra faire cette opération, parce que, dans les temps très chauds, l'effet des arrosages sera beaucoup plus durable lorsque la fraîcheur de la nuit favorisera leur action en retardant l'évaporation de l'eau.

Lorsqu'on arrose le pied des arbres et des arbustes, ce doit toujours être sur une couche superficielle de sable, de paille ou de terreau, destinée à empêcher le sol de se durcir et gercer, et aussi pour conserver plus longtemps l'humidité. Si ces arrosements ont lieu pendant la présence du soleil, on évitera de mouiller les feuilles.

Lorsqu'il s'agit de bassiner un semis, il est fort important de se servir d'un arrosoir muni d'une pomme percée de trous très petits, afin de répandre l'eau en pluie fine et légère, et de n'en mettre qu'autant que la terre l'absorbe ; on obtient ce résultat en passant plusieurs fois, et à des intervalles suffisants, sur le même semis : si l'eau ne s'infiltrait pas facilement, elle ferait mare à la surface, et les graines remonteraient.

En avril, les jardins doivent être en parfait état : les massifs, corbeilles, plates-bandes, entièrement labourés ; les arbres taillés, les allées ratissées, les plantes nettoyées et débarrassées de tous les fumiers, pailles et feuilles dont l'hiver avait obligé de les couvrir pour les préserver de ses effets désastreux.

ARBRES FRUITIERS. — Le jardin fruitier ne réclame que peu de soin dans le courant de ce mois. On ébourgeonne les arbres qui en ont besoin, ainsi que la vigne ; s'il est nécessaire d'arroser, on le fait, mais avec modération. Enfin, on fait des boutures et des couchages ou marcottes, et on vérifie si aucun nid de chenilles n'est échappé à l'échenillage d'hiver, ce qu'on reconnaît à l'altération des jeunes feuilles ; au reste, c'est l'époque où l'on doit redoubler de soins ou de surveillance, pour détruire les insectes et les animaux nuisibles de toutes espèces ; car alors ils exercent les plus grands ravages sur les feuilles et les pousses naissantes des végétaux : les chenilles, des petits vers de toutes les couleurs se répandent partout, dévorant les feuilles et les fleurs, ou les enroulant autour d'eux pour s'en faire un abri. C'est le soir et de grand matin qu'il faut faire la chasse aux limaçons, surtout lorsque le temps est humide.

Les hannetons dévorent les feuilles pendant les quelques semaines de leur existence, en attendant que leurs larves exercent sur les racines des ravages beaucoup plus grands. On doit, chaque matin, leur faire la chasse en secouant les arbres et en les ramassant pour les détruire. A ce moment de la journée, ils sont engourdis et plus faciles à saisir.

ARBRES VERTS. — On plante dans ce mois les pins, les sapins, les ifs, les mélèzes, les cèdres, les épicéas, les thuyas, les magnolias et généralement tous les arbres verts, surtout les arbres résineux qui prospèrent davantage lorsqu'ils ont été plantés en saison convenable. Nous ferons une exception pour les lauriers ; ces derniers réussissent mieux lorsqu'ils ont été plantés en septembre ou en octobre.

POTAGER. — On peut encore faire dans ce mois presque toutes les semailles indiquées pour le mois précédent. On plantera quelques nouvelles planches de pois, et on sèmera des laitues et des radis pour succéder, dans la consommation, aux produits des premiers semis. Pour les laitues en particulier, on devra continuer d'en semer tous les quinze jours jusqu'en juillet, afin de ne point manquer d'un mets si salubre et qui plaît généralement. Le pourpier peut, en ce mois, être confié à la pleine terre ; il en est ainsi de la roquette, que l'on mange aussi en salade.

On achèvera la plantation des pommes de terre, et on n'attendra pas la fin du mois pour semer des haricots. On continue de planter des melons en tranchées sous panneaux, et on en sème d'autres pour être plantés sur couche et sous cloche ; on taille et on tapisse les melons sous châssis. On retourne les vieilles couches à laitues, à mesure qu'elles se vident, et on y replante des melons à cloche.

M. Lemartinel, habile jardinier, à Louviers (Eure), a eu l'heureuse idée de cultiver les melons *par boutures*. Les résultats ont été si satisfaisants, qu'en homme de progrès, il a cru devoir les livrer à la publicité. Les boutures ont été prises sur des pieds de première saison, de l'espèce dite *prescote*, fond blanc, et plantées sur couche sourde de soixante-six centimètres de large, élevée en dos d'âne, et sous cloches. Les melons provenus de ces boutures étaient parfaitement mûrs au bout de quatre-vingt-dix jours, et leur qualité ne cédait en rien à celle des melons de semis, cultivés sous châssis, par la méthode ordinaire. M. Lemartinel a répété ses expériences à diverses époques, afin d'obtenir une succession non interrompue de fruits, et toujours ceux-ci se sont trouvés extrêmement bons. Les avantages de ce mode de culture sont incontestables : outre que la maturité des melons est plus précoce, ces fruits nouent près des pieds qui donnent peu de feuilles, de sorte que les plantes sont en- tièrement abritées pendant longtemps par les cloches, ce qui les préservent des accidents atmosphériques. M. Lemartinel conseille, pour la première saison, de bouturer les extrémités des pieds, munis seulement d'une feuille entière et prise au- dessus de la deuxième, excepté toujours les cotylédons. Quinze jours suffisent pour les enraciner. Ces boutures don- nent aussi vite que les pieds-mères.

Au reste, il est temps de semer sur couches toutes les cu- curbitacées qui, plus tard, seront plantées en pleine terre, telles que les différents potirons, giraumons, courges, cale- basses, concombres, etc. La culture de ces végétaux est facile, et se fait en plein champ en beaucoup de localités : sur le littoral du Morbihan, les citrouilles se sèment, croissent et mûrissent sur ces énormes tas de fumier q ıe les paysans sont dans la bonne habitude d'élever au coin de chaque pièce de terre.

On plante en cotière les tomates et les aubergines élevées sur couche ; enfin, on met en pleine terre tous les légumes qui se cultivent depuis le printemps jusqu'à l'entrée de l'hiver.

Il n'y a plus de fortes gelées à redouter dans le mois d'avril ; mais il faut se tenir en garde contre les petites gelée tardives qui sont souvent fatales aux primeuristes trop confiants. Nous savons, par expérience, que, sous notre climat, ces gelées sont à craindre jusqu'au 24 mai ; il est donc prudent, comme le dit quelque part M. Naudin, de prendre ses précautions, en calculant toujours sur les pires éventualités.

A mesure que le froid diminue, la sécheresse augmente ordinairement : il faut veiller à ce que chaque légume ne manque pas de l'humidité qui lui est nécessaire. Enfin, il faut qu'à la fin de ce mois on ne voie plus aucune partie nue dans un jardin potager.

PARTERRE. — C'est le moment de renouveler le sable des allées, si cela n'a déjà été fait : le sable ne se dépose et ne s'étend qu'après avoir arrosé et ratissé soigneusement les lieux qui doivent le recevoir.

C'est aussi l'époque convenable pour planter les arbres verts et résineux, et même pour mettre leur semence en terre.

On sème les haricots d'Espagne, capucines, ipomées, lupins et généralement les graines de plantes annuelles qu'on n'a pas semées dans le mois précédent en pleine-terre ou sur couche.

Enfin, on termine les semailles de toutes les fleurs d'automne, la division et la mise en place d'un grand nombre de plantes vivaces, comme chrysanthènes, coquelourdes, lychnis, asters, verges-d'or, centaurées, phlox, œillets-de-poète, et généralement toutes les plantes à touffes dont la végétation n'est pas assez avancée pour qu'on ne puisse les séparer soit avec la main, soit avec un outil tranchant. La reprise de ces végétaux exige des arrosements répétés.

On multiplie, par drageons enracinés, les oreilles-d'ours et les primevères ; et enfin, on met dans le parterre les héliotropes, pétunias et verveines, autant que posible en terre légère, recouverte d'une couche de sable fin.

Nous devons faire remarquer que tous les travaux de labour et de nettoyage doivent être entièrement terminés avant la fin de ce mois.

ORANGERIE ET SERRES. — L'état de la température permet de cesser le feu de l'orangerie et de la serre tempérée ; ordinairement, à cette époque, la serre chaude ne se chauffe que la nuit.

On peut sortir de l'orangerie et de la serre les plantes les moins délicates ; mais il faut rentrer le soir celles qui pourraient souffrir du froid pendant la nuit. Les châssis de l'orangerie se lèvent tous les matins et se replacent le soir ; quant à ceux de la serre tempérée, il est bon de ne les ouvrir que pendant les plus belles heures de la journée.

On greffe par approche, et on multiplie de boutures et de marcottes les plantes exotiques qui n'auraient pu être soumises plus tôt à ces opérations. Lorsque l'on fait des boutures, il est bien essentiel de choisir de petites branches dont la pousse soit *mûre*, c'est-à-dire soit bien aoûtée : si les branches étaient trop herbacées, elles pourriraient; si elles étaient trop vieilles, elles seraient trop dures et ne reprendraient pas.

Nouveau procédé de végétation.

Signalons un nouveau procédé de végétation hâtive qui vient d'être appliqué, avec le plus grand succès, par un horticulteur de Châtillon. Jusqu'à ce jour, pour obtenir toutes sortes de primeurs, on chauffait les serres en les tenant constamment dans une température égale à celle du printemps ou de l'été, selon la nature et le degré de maturité de ces primeurs. Notre horticulteur joint au chauffage de l'air intérieur de la serre le chauffage de la terre elle-même, c'est-à-dire des terreaux sur lesquels poussent les plantes.

Pour cela, il a établi à une profondeur relative des tuyaux à travers lesquels circulent constamment de la vapeur qui pénètre dans l'intérieur du terroir au moyen de bouches de dégagement placées de distance en distance. Ces tuyaux sont à 5 et 10 centimètres de profondeur, à côté des plates-bandes des fraisiers, des fleurs et des graminées; à 15 ou 20 centimètres sur les terroirs où poussent les artichauts et les asperges, et à 25 centimètres environ pour les arbres à fruits. La terre chauffée de la sorte artificiellement produit des légumes et des fruits maraîchers avec une économie de moitié de temps qu'avec le chauffage seul de l'intérieur des serres.

Ainsi on peut voir chez cet horticulteur des fraises qui ont fleuri, formé leurs fruits et mûri en quinze jours, des violettes qui ont développé leur fleur en dix jours, des asperges et des artichauts qui ont poussé et ont été cueillis dans l'espace de trente-cinq jours; enfin il n'a fallu qu'un mois et demi à des cerisiers nains pour bourgeonner, fleurir et amener les fruits à leur pleine maturité. Ce procédé merveilleux de hâtive végétation est nouveau sans doute par son application à la culture maraîchère. Mais il est imité de la nature. On sait que dans plusieurs thermales, et notamment dans celle d'Aix (Ariége), les jardins qui avoisinent les sources ou qui sont placés au-dessus, produisent des primeurs en hiver, leurs terrains étant chauffés par la vapeur de l'eau, dont la chaleur s'élève jusqu'à 80°.

La vérité sur le crapaud.

Le crapaud est inoffensif à l'égard de l'homme.

Il s'apprivoise facilement.

Il est faux qu'il amène, par la fascination, le petit oiseau à venir se placer sous des dents dont sa mâchoire est dépourvue.

Il se nourrit exclusivement d'insectes, vers, limaces, etc.

En Angleterre, si ce n'est aux environs de Paris, on l'achète pour le préposer à la garde des légumes.

Il est sans propriétés venimeuses.

Sa longévité a été énormément exagérée.

Il n'y a pas de pluies de crapauds.

Destruction des loches.

Les loches qui détruisent les blés sortent de terre à l'entrée de la nuit, pour n'y rentrer qu'à l'aurore. Quand un champ de blé est infecté de loches, le moyen le plus simple de se débarrasser de ces destructeurs, consiste à répandre à la volée, et un peu avant le jour, de la poussière de chaux hydraulique. À peine les loches ont-elles ressenti l'action de la chaux qu'elles se replient sur elles-mêmes, se recoquevillent et meurent.

VITICULTURE.

La méthode viticole de M. Trouillet.

Le Journal d'Agriculture de la Côte-d'Or décrit ainsi, en substance, la méthode viticole de M. Trouillet :

Pour les plantations en pépinière ou en place, M. Trouillet admet la crossette et le chapon.

Il propose toutefois la crossette.

Il donne aux sujets une longueur d'environ 30 centimètres.

Il les dispose de telle manière qu'il y ait, à la base, un nœud.

Toute la moelle supérieure du même nœud ne doit pas avoir été attaquée.

Le sarment, travaillé de cette manière, est mis en terre, à une profondeur de 12 à 15 centimètres.

Il est coupé au-dessus du sol, à 3 ou 4 yeux, et buté de telle manière qu'il ne sorte qu'un œil de terre.

Quand il a été ainsi planté, il pousse dans ce nœud et au-dessus, nombre de racines.

On taille à deux yeux les coursons du bois de l'année.

Opérant à l'automne, on a soin de laisser au-dessus du deuxième œil, tout un mérithalle ou entre-nœud.

En d'autres termes, on taille immédiatement au-dessous du troisième œil.

Ce long bois sans l'œil empêche la vigne de pleurer au printemps.

Il l'empêche aussi d'être exposée à la gelée.

Dès l'apparition des grappes, on pince chaque pousse à une feuille ou à deux feuilles au-dessus de la dernière grappe.

Dans ce pincement, on n'enlève qu'une faible partie de l'extrémité de la pousse, grosse comme un grain de blé.

On conserve surtout la petite et tendre feuille située tout près et au-dessous du pincement.

En effet, son rôle est d'attirer et de maintenir, au grand profit des grappes, la sève dans les pousses de l'année qui portent celles-ci.

Cela fait, on laisse la vigne pousser à volonté jusqu'au moment de l'apparition de la fleur.

Alors, on ébourgeonne ou épampre.

L'opération consiste à abattre les pousses inutiles qui fourmillent sur le cep.

En y procédant, on conserve les pousses pourvues de grappes bien formées.

La précaution est rendue nécessaire par ce fait que ces espèces de faux-bourgeons, auxquels le pincement doit aussi être appliqué, sont souvent celles où se trouvent les plus beaux raisins.

Quinze jours après l'ébourgeonnement, on pince les entre-cœurs, c'est-à-dire les sous-œils.

Ces faux-bourgeons sont les ramifications qui se sont développées à l'aisselle des feuilles de la pousse de l'année.

Ce pincement se fait à quatre ou cinq feuilles, ou mieux dans la partie herbacée de ces sous-œils.

On pince également le sommet du sous-œil qui s'est développé à l'extrémité du sarment de l'année, à l'endroit de la première opération.

C'est une opération qui fait grossir le raisin.

La raison en est qu'elle provoque l'affluence de la sève qui, par suite de la disparition, sous le deuxième pincement, des rameaux qui l'absorbaient, se trouve en excès.

Après ce deuxième pincement, qu'en doit quelquefois suivre un troisième de même nature, si la vigne est très-vigoureuse, il ne reste plus rien à faire jusqu'à ce que le raisin commence à mûrir.

Alors, on coupe tous les faux-bourgeons qui avoisinent la grappe en ne leur laissant qu'une feuille, à l'exception d'un ou de deux par le haut qu'il ne faut pas arrêter pour continuer l'aspiration de la sève.

L'opération procure de l'air aux raisins.

Elle fait tourner à leur profit une nouvelle et grande quantité de sève.

Elle hâte leur maturité.

Elle leur donne une qualité supérieure.

M. Trouillet taille la vigne en gobelet.

Il ne se sert pas d'échalas.

Seulement dans les première, deuxième et troisième années, les pousses trop vigoureuses sont soutenues par des tuteurs jusqu'à ce qu'elles soient assez fortes.

Il espace les ceps à au moins un mètre en tous sens, et d'ailleurs plus ou moins, suivant la puissance du sol.

Sa méthode, on le voit, est simple et puissante comme la nature.

La Clef de la Science

Ou les phénomènes de tous les jours, expliqués par le docteur E.-C. Brewer, membre de l'université de Cambridge, du collége des précepteurs de Londres, etc. auteur de plusieurs ouvrages littéraires, historiques, scientifiques, mathématiques, etc.

LA PLUIE.

Pourquoi une ondée sert-elle à PURIFIER *l'atmosphère?* — Parce que : 1° l'eau *dissout les exhalaisons* délétères qui s'élèvent dans l'air; — 2° l'ondée *mélange* l'air des régions supérieures et celui des couches inférieures; — 3° elle *lave la surface de la terre*, et entraîne les contenus stagnants des égouts, des conduits, des fosses, etc.

Pourquoi les NUAGES TOMBENT-*ils par un temps pluvieux?*
— Parce que : 1° leur *vapeur abondante* les rend pesants ; —
2° la *densité de l'air est diminuée.*

Comment peut-on savoir que la densité de l'air DIMINUE *par
un temps pluvieux?* — Parce que le mercure du baromètre,
qui s'élève en proportion de la densité de l'air, *baisse* quand
le temps est pluvieux.

Pourquoi une ÉPONGE GROSSIT-*elle lorsqu'elle est saturée
d'eau?* — Parce que les molécules d'eau pénètrent dans les
pores de l'éponge par l'*attraction capillaire,* et en écartent les
parties les unes des autres, ce qui en fait augmenter considérablement le volume.

Pourquoi les CHANDELLES *et les lampes* CRACHENT-*elles quelquefois quand la pluie est proche?* — Parce que la chaleur de
la flamme convertit brusquement *en vapeur l'humidité de l'air*
qui pénètre entre les filaments de la mèche et produit de
petites crépitations.

Pourquoi les PORTES *se* GONFLENT-*elles pendant un temps
pluvieux?* — Parce que l'humidité de l'air, pénétrant *dans
les pores du bois,* en écarte les fibrilles les unes des autres, et
augmente ainsi les dimensions des portes au point que quelquefois elles ne peuvent plus se fermer.

Pourquoi les PORTES *se* RETIRENT-*elles dans un temps sec?* —
Parce que l'humidité du bois *s'évapore ;* les pores se resserrent, et alors le volume de la porte diminue.

*Pourquoi l'*AIR *est-il rempli d'*ODEURS *désagréables à l'approche de la pluie?* — Parce que l'humidité de l'air arrête les
parties volatiles qui s'échappent des fumiers, des égouts, des
fosses, etc., et les empêche de s'élever dans les régions supérieures de l'atmosphère.

Pourquoi les fleurs ont-elles une odeur plus FORTE *et plus*
DOUCE *à l'approche de la pluie?* — Parce que : 1° l'humidité
de l'air arrête les parties volatiles et odorantes des fleurs, qui
se répandent dans les couches inférieures ; — 2° certaines
huiles essentielles, qui produisent l'odeur des plantes, demandent la présence d'une *grande quantité d'humidité* pour
se développer parfaitement.

Pourquoi les CHEVAUX *et certains autres animaux allongent-ils le cou, et* ASPIRENT-*ils l'air par leurs naseaux à l'approche
de la pluie?* — Parce qu'ils prennent plaisir à respirer le
parfum *des plantes et du foin.*

Pourquoi les HIRONDELLES *volent-elles fort* BAS *quand la pluie approche?* — Parce que les insectes, qu'elles recherchent pour leur nourriture, sont descendus *des régions froides de l'air supérieur* dans l'air plus chaud *voisin de la terre*.

Pourquoi les INSECTES *se tiennent ils par un mauvais temps dans les régions* INFÉRIEURES *de l'air?* — Parce que les régions supérieures de l'air sont trop *froides; et*, comme ces insectes aiment la chaleur, ils volent vers le sol, où l'air est *plus chaud*.

Le proverbe dit: Une pie au printemps amène mauvais temps. — *Expliquez-en la raison.* — Quand le temps est froid et pluvieux, des deux pies *une seule* quitte le nid pour aller *chercher la pâture*, tandis que l'autre reste avec les œufs ou la couvée; au contraire, pendant un beau temps, quand les œufs ou la couvée ne peuvent pas *souffrir du froid*, les deux pies sortent ensemble.

Pourquoi la FUMÉE TOMBE-*t-elle à l'approche de la pluie?* — Parce que: 1° *l'air est moins dense*, et ne peut pas élever la fumée comme l'air sec; — 2° *l'humidité* de l'air se mêle avec la fumée et la rend plus *pesante*.

Quelle est la cause des pluies de CENDRES? — La pluie, en traversant les couches atmosphériques, entraîne dans sa chute la *fumée de quelque volcan* et d'autres poussières minérales fines et noires qui s'élèvent dans l'air et noircissent les gouttes d'eau qui tombent.

Quelle est la cause des pluies de SANG? — Ce phénomène est dû: 1° quelquefois à des *poussières minérales* fines et rougeâtres suspendues dans l'air ou au *pollen rouge* des plantes en fleur; — 2° quelquefois à des essaims de *petits insectes rouges* que la pluie tombante entraîne vers la terre.

La couleur rouge du *sel de roche* est due à certains infusoires qui se nomment MONAS DUNALII.

Quelle est la cause des pluies de SOUFRE? — Le *pollen jaune* des plantes en fleur que la pluie entraîne dans sa chute. Par exemple: lorsqu'une pluie se manifeste pendant la floraison des *pins* et autres arbres résineux, on remarque sur l'eau, dans le voisinage des forêts, *une poudre jaune* ressemblant à du soufre.

La couleur des pluies est souvent produite par de petits champignons et des lichens.
Le *pollen* est la poussière fécondante des plantes.

Quelle est la cause des pluies de manne, de PIERRES, *de graines, etc.?* — 1° La violence du *vent*, qui balaye la surface de la terre, emporte quelquefois à de grandes hauteurs des substances diverses qui retombent ensuite avec les eaux du ciel; — 2° quelquefois les *volcans* lancent de leur cratère à une grande hauteur des pierres, de la poussière, des cendres, etc., qui retombent sur la terre.

La pluie de manne qui est tombée en Perse, non loin du mont Ararat, en avril 1827, n'était qu'une chute de petits lichens.

Quelle est la cause des pluies de GRENOUILLES *et de poissons ?* — La puissance du *vent* emporte quelquefois à de grandes hauteurs ces animaux, qui, lorsque le vent s'abaisse, retombent par leur propre poids.

Nécrologie.

On annonce la mort de M. le docteur Jules Guyot, célèbre viticulteur, qui a succombé au château de Savigny (Côte-d'Or).

Le docteur Jules Guyot s'était attaché à vulgariser les meilleures méthodes de culture de la vigne.

Peste bovine.

La peste bovine n'a pas complétement disparu. On signale des cas dans le Nord, la Somme et la Seine-Inférieure. Dans ce dernier département, il y a eu, en peu de jours, vingt victimes à la ferme de Bréauté. Le fléau a cessé ses ravages dans les autres localités où il s'était montré.

Destruction des insectes.

Dans une lettre anonyme écrite au président de la Société d'Agriculture de France, on trouve une recette facile à expérimenter, pour la destruction des insectes.

Elle consiste en 100 grammes d'aloès du commerce et 10 grammes de savon noir pour 20 litres d'eau, ou pour 10 litres lorsque les insectes sont très tenaces. On jette l'aloès et le savon noir dans l'eau bouillante, et l'on agite le tout fortement. On projette ce liquide au moyen d'une seringue de jardinier.

Cette composition est, comme on le voit, peu coûteuse, puisqu'elle revient seulement à 1 fr. 50 c. ou 2 fr. le kilogramme.

Niort. — Typographie de L. Favre.

Avis à nos Abonnés.

Nous avons une bonne et excellente nouvelle à annoncer à nos abonnés, qui nous ont donné de si vives preuves de l'intérêt qu'ils portent à notre modeste publication agricole. M. Defranoux, qui a longtemps présidé la Société d'émulation des Vosges, et qui, pendant deux ans, a dirigé le journal *la Ferme*, a bien voulu nous offrir une collaboration des plus actives. Nous l'avons acceptée avec le plus grand empressement, car nous sommes certains du succès, avec un collaborateur aussi expérimenté et aussi dévoué aux progrès de l'agriculture.

Voici les encouragements que ce savant et consciencieux agriculteur nous a adressés :

« Je désire autant que vous la prospérité de votre publication :

« C'est parce que je trouve votre chronique agricole excellente ;

« C'est parce que la *Clef de la science* me plaît infiniment ;

« C'est parce que les articles sont très bien choisis ;

« C'est parce que vous procédez, dans votre publication, à peu près de la même manière que je procédais dans mes deux années d'attache à la *Ferme* ;

« C'est parce que je pressens qu'en continuant la marche suivie jusqu'à présent, vous verrez les abonnés affluer ;

« C'est parce que j'ai remarqué, avec un grand plaisir, que chacun de vos numéros contient plus de faits que n'en renferment cent pages de tout autre journal agricole. »

Nous reproduisons ces lignes parce que nous savons que nos lecteurs comprendront très bien le sentiment qui nous porte à les livrer à la publicité. Nous tenons à montrer que les publications agricoles vraiment utiles trouvent le plus chaleureux accueil en France. Disons que nous avons été profondément touchés en recevant de nombreuses adhésions de nos frères d'Alsace et de Lorraine.

Merci aux amis de l'agriculture qui, dès notre premier appel, nous ont adressé leurs souscriptions. A peine avions-nous quelques livraisons de parues, que nous comptions déjà plus de mille abonnés.

Succès oblige ; aussi, avec les sympathies que nous rencontrons de toutes parts, et avec des collaborateurs comme M. Defranoux, ferons-nous les plus énergiques efforts pour rendre notre publication utile et intéressante.

Outre les nombreux articles de M. Defranoux, que nous publions dans cette livraison de mai, nous avons reçu de cet habile agronome les manuscrits des traités suivants, que nous ferons paraître dans nos prochaines livraisons :

L'Ecole DU VIGNERON ET DE L'HORTICULTEUR, en ce qui concerne la culture, la multiplication et la transplantation de la vigne.

Eléments DE PHYSIOLOGIE VÉGÉTALE ET DE BOTANIQUE ÉLÉMENTAIRE.

Eléments DE PHYSIQUE ET DE CHIMIE ET DE MINÉRALOGIE agricoles et horticoles.

Ces traités sont clairs, nets et précis. Ils rentrent parfaitement dans le programme de notre journal, qui est d'instruire en intéressant et en évitant de fatiguer l'esprit des lecteurs.

Chronique agricole.

Nous n'avons pas toujours eu une température printannière depuis que l'almanach nous a annoncé que nous étions entrés dans cette saison, qui se présente toujours à l'imagination sous les traits d'une ravissante jeune fille couronnée de roses et des riches fleurs de nos parterres. Hélas! c'est un épais et moelleux manteau qu'il faut lui jeter sur ses épaules nues, bleuies par le givre et le froid. Mais aujourd'hui, la lune rousse s'est voilée la face, et le cultivateur n'a plus à redouter les effets de ses rayons sur les minces et délicates pousses de ses récoltes. Les nuits sont maintenant moins froides et ne déposent plus sur les plantes cette glaciale rosée que les premiers rayons du soleil rendent si nuisibles aux végétaux.

Les nouvelles qui nous parviennent de divers points de la France sont unanimes pour assurer que les récoltes offrent un aspect magnifique et qu'on a l'espoir d'un rendement très supérieur à une année moyenne. Les blés en terre ont une splendide apparence, et les fourrages sont d'une extrême abondance. La végétation est partout en avance.

Dieu recommence à bénir la France. On sait qu'une bonne récolte représente, dans le budget général du

ays, une augmentation de 12 à 1,500 millions. Voilà nos
ines d'or, que personne ne pourra nous ravir.

Malgré les riches promesses des récoltes en terre, la hausse
r les céréales et les farines a fait de nouveaux progrès
puis une huitaine de jours.

En décembre et janvier dernier, on a exagéré la hausse
au commencement d'avril, on a, sans motif, exagéré la
isse. Aujourd'hui, les éventualités atmosphériques aux-
elles la récolte demeure exposée imposent une grande ré-
ve, et ce n'est pas la diminution plus ou moins grande du
ck des farines à Paris qui doit être le motif d'une hausse
gérée. L'Angleterre n'attend que le moment de retrouver
France l'écoulement d'une portion des quantités de blés
t elle s'était si surabondamment précautionnée en au-
ne dernier, en vue de nos besoins. D'un autre côté, les
erves de la culture sont encore considérables. Aussitôt
les éventualités atmosphériques de mai et du commen-
ent de juin seront passées, les offres deviendront consi-
ables. Si on exagère en ce moment la hausse, nous aurons
une baisse qui jettera encore une fois le trouble dans
onde commercial et amènera des pertes comme celles de
dernier. En présence de ces éventualités, on comprend
serve que le commerce sérieux met dans ses opérations.
récolte future se présente, dans les vignobles, à peu
partout très favorablement, et chaque jour qui s'écoule
ne la fatale influence des gelées printannières.
espère avoir trouvé un moyen infaillible de détruire le
le *philloxera*. Il s'agit simplement de déchausser la
e, de répandre un demi-kilogramme environ de suie,
recouvre d'une légère couche de terre, de façon à
un vide autour de chaque pied de vigne.
bénédiction que le Ciel étend sur les récoltes dispose
ltivateurs à prendre part aux concours régionaux qui
voir lieu prochainement. Par une sage prévoyance, les
ux ne seront pas admis aux quatre concours qui se
nt dans les circonscriptions visitées par le typhus.
i la liste de ces concours :

ie. — *Concours internationaux d'instruments et concours
régionaux de produits agricoles.*

NÇON. — Du samedi 5 au dimanche 16 juin, pour la
comprenant les départements de l'Aube, de la Côte-

d'Or, du Doubs, de la Marne, de la Haute-Marne, de la Haute-Saône et de l'Yonne.

LE MANS. — Du samedi 15 au dimanche 23 juin, pour la région comprenant les départements du Calvados, de l'Eure, d'Eure-et-Loir, de la Manche, de l'Orne, de la Sarthe et de la Seine-Inférieure.

MELUN. — Du samedi 6 au dimanche 14 juillet, pour la région comprenant les départements de l'Aisne, du Nord, de l'Oise, du Pas-de-Calais, de la Seine, de Seine-et-Marne, de Seine-et-Oise et de la Somme.

BAR-LE-DUC. — Du samedi 20 au dimanche 28 juillet, pour la région comprenant les départements des Ardennes, de Meurthe-et-Moselle, de la Meuse et des Vosges.

2ᵉ Série. — Concours régionaux d'animaux reproducteurs, d'instruments et de produits agricoles.

PÉRIGUEUX. — Du samedi 24 août au dimanche 1ᵉʳ septembre, pour la région comprenant les départements de la Charente, de la Charente-Inférieure, de la Dordogne, de la Gironde, des Deux-Sèvres, de la Vendée, de la Vienne et de la Haute-Vienne.

RENNES. — Du samedi 31 août au dimanche 8 septembre, pour la région comprenant les départements des Côtes-du-Nord, du Finistère, d'Ille-et-Vilaine, de la Loire-Inférieure, de Maine-et-Loire, de la Mayenne et du Morbihan.

En raison de l'état sanitaire du bétail, le département de la Sarthe est admis, par exception, et pour cette année, à concourir dans cette région.

TULLE. — Du samedi 31 août au dimanche 8 septembre, pour la région comprenant les départements de l'Aveyron, du Cantal, de la Corrèze, de la Creuse, du Lot, du Puy-de-Dôme et du Tarn.

AUCH. — Du samedi 7 au dimanche 15 septembre, pour la région comprenant les départements de l'Ariége, de la Haute-Garonne, du Gers, des Landes, de Lot-et-Garonne, des Basses-Pyrénées, des Hautes-Pyrénées et de Tarn-et-Garonne.

GRENOBLE. — Du samedi 7 au dimanche 15 septembre, pour la région comprenant les départements des Basses-Alpes, des Hautes-Alpes, de l'Ardèche, de la Drôme, de l'Isère, de la Haute-Loire et de la Lozère.

NEVERS. — Du samedi 7 au dimanche 15 septembre, pour la région comprenant les départements de l'Allier, du Cher, de l'Indre, d'Indre-et-Loire, de Loir-et-Cher, du Loiret et de la Nièvre.

SAINT-ETIENNE. — Du samedi 7 au dimanche 15 septembre, pour la région comprenant les départements de l'Ain, du Jura, de la Loire, du Rhône, de Saône-et-Loire, de la Savoie et de la Haute-Savoie.

En raison de l'état sanitaire du bétail, les départements de la Côte-d'Or et du Doubs sont admis, par exception et pour cette année, à concourir dans cette région.

NÎMES — Du samedi 21 au dimanche 29 septembre, pour la région comprenant les départements des Alpes-Maritimes, de l'Aude, des Bouches-du-Rhône, de la Corse, du Gard, de l'Hérault, des Pyrénées-Orientales, du Var et de Vaucluse.

Le rétablissement des concours régionaux est un grand événement agricole que nous signalons avec joie. Ces luttes pacifiques ne sont organisées que pour le bonheur de l'homme. Elles ont pour devises : Honneur à l'agriculture ; récompense au travail. Contribuons de toutes nos forces à donner de l'importance et de l'éclat à ces fêtes du travail, qui enrichissent les hommes et les unissent, au lieu de les ruiner et de les diviser.

Le mois dernier, une société qui a rendu de grands services pour l'élève du cheval, a ouvert un concours hippique, au palais de l'Industrie, à Paris. Le but de la *société hippique* est l'amélioration du cheval de demi-sang, des *hacks*, des *steppers* et des grands carrossiers. Elle s'attache surtout à perfectionner le cheval attelé, dressé sous le harnais. Voici le programme de cette société :

« Perfectionnez le dressage de vos chevaux ; vingt fois sous « le harnais remettez vos élèves, dressez-les, redressez-les « sans cesse ; puis amenez-les dans le manége du palais de « l'Industrie, afin de bien faire comprendre aux amateurs de « coursiers de luxe que le temps est passé d'aller en Angle- « terre acheter des chevaux français. »

Comme toutes les institutions utiles, cette société a eu à combattre beaucoup de préventions. Sa persévérance l'a fait triompher de tous les obstacles, et le concours de 1872 vient d'affirmer son existence, de la manière la plus brillante.

Soixante-seize exposants, venus de 23 départements, ont présenté 455 chevaux.

Les départements qui en ont fourni le plus grand nombre sont : le Calvados, l'Orne, la Manche et le Pas-de-Calais. Le Midi s'est abstenu, sauf les Hautes-Pyrénées, les Basses-Pyrénées, le Gers et l'Aveyron, qui n'ont envoyé qu'un petit nombre de sujets.

Le nombre des sujets de 5 à 6 ans, qui n'était, en 1866, que de 106, s'est élevé cette année à 269; celui des poulains de 4 ans, qui dépassait autrefois le chiffre des autres catégories, est descendu à 186.

La majeure partie des plus beaux chevaux de ce concours avaient été soustraits aux réquisitions prussiennes, par leurs propriétaires, qui les avaient envoyés dans le Midi, pendant la guerre. Ils méritaient bien cette attention.

Ainsi, la paire de chevaux alezans, Trip et Agenda, présentée par M. Martial, a été vendue quatorze mille francs à M. de Soubeyran; une autre paire de chevaux bais, appartenant à M. Chaniot, a été payée treize mille francs par M. Cottès, banquier italien.

Mirliflor et Victorieux, exposés par M. Marx, sont devenus la propriété du comte de Damas au prix de onze mille francs.

Nous citons encore parmi les beaux chevaux : Ramsay, à M. Moïse aîné, et Jean-Bart, au comte Legonidec. On a demandé quinze mille francs de ce dernier.

Comme nos lecteurs le voient, ce ne sont pas là des chevaux d'omnibus, à laisser traîner dans des écuries, à la merci du premier occupant.

Au moment où ce concours avait lieu, une touchante solennité réunissait les membres de la société d'acclimatation de Paris.

L'assistance était nombreuse. On remarquait MM. le chevalier Nigra, ministre d'Italie; Bolcarce, ministre de la Confédération Argentine; lord Brabazon, le baron d'André, marquis de Vibraye, Elie de Beaumont, etc.

M. Drouyn de Lhuys a prononcé un discours très remarquable dont nous extrayons le passage suivant :

« Les sociétés étrangères nous prêtent à l'envi leur généreux concours, et nos colonies, jalouses de signaler une fois de plus leur attachement à la mère-patrie, nous offrent les plus remarquables produits de leur sol.

« Grâce à ces encouragements, grâce à votre dévouement inaltérable, notre œuvre, comme l'arche providentielle, a échappé aux flots du déluge. Elle continuera à porter dans

« ses flancs une riche cargaison destinée à répandre dans le
« monde les sujets d'élite des deux règnes les plus attrayants
« de la nature. »

Après ce discours qui a été chaleureusement applaudi, et
après la lecture de deux rapports fort intéressants, lus par
MM. Geoffroy Saint-Hilaire et Dabry de Tiersant, on a procédé à la distribution des récompenses.

Le cœur est doucement ému au récit de ces solennités qui
prouvent que les hommes ont pour mission divine non de se
haïr mais de s'entr'aider, et d'unir leurs efforts afin d'accom-
plir la grande loi providentielle du travail.

L. FAVRE.

Maladie de la vigne.

DESTRUCTION DU PHILLOXERA.

Il résulte d'une communication adressée par M. Rougier,
maire de Poulx (Gard), à M. Henri Marès, secrétaire de la
Société d'agriculture de l'Hérault, que la suie serait un agent
à peu près infaillible contre le phylloxera.

Une de ses vignes, attaquée par le phylloxera, a été en un
mois délivrée du terrible parasite, alors qu'une autre vigne
voisine périssait, faute de soins identiques, M. Rougier ayant
voulu procéder par comparaison.

Toutes les vignes que j'ai traitées par la suie sont préser-
vées, dit M. Rougier, partout elles sont entourées de souches
malades.

M. Rougier donne en ces termes le mode d'emploi :

Après avoir déchaussé la souche, on répand au pied un
demi-kilogramme environ de suie, on recouvre d'une légère
couche de terre, ce qui se fait d'un seul coup de pelle ; cette
seconde partie de l'opération a pour but d'empêcher toute
déperdition de suie. (On peut, et je le conseille même pour
les points d'attaque, afin d'augmenter l'action du reméde,
pratiquer, à l'aide d'un pal, trois trous autour du pied de la
souche et les remplir de suie.)

Au bout de quelques jours, une odeur empyreumatique
pénétrante se dégage, elle est sensible à une assez grande
distance, et en même temps imprègne le sol autour de la
souche. S'il pleut, l'eau s'accumule dans le godet laissé au

pied de la souche, traverse la couche de suie, se charge des parties solubles que ce corps lui abandonne, et suivant les racines comme un drain naturel, va porter jusqu'aux dernières radicelles les principes dont elle est saturée.

Cette action de la suie est en même temps prolongée, puisqu'elle dégage encore une odeur assez marquée lorsque, l'année suivante, la pioche la découvre.

Le laboureur avare.

Au village, l'avare s'appelle tantôt : *Liard*, et tantôt : *Routinet*.

A sa mise, à sa demeure, à ses cultures et à l'aspect de son bétail, on reconnaît le mortel dont on peut dire avec Virgile : *Maudite faim de l'or, à quoi ne nous portes-tu pas ?*

Ses instincts sont écrits sur un bonnet crasseux, sur une blouse en loques et sur un lamentable pantalon.

Ils sont écrits sur des meubles où les vers tracent mille arabesques.

Ils sont écrits, par le grouin des porcs, sur le champ où ces fouilleurs n'ont rien trouvé, tant il est maigre !

Ils sont écrits, par la vermine, sur le dos décharné de ses bœufs.

Enfin, ils sont écrits sur le visage de tous ces malheureux auxquels, comme usurier, il n'a laissé que les yeux pour pleurer.

Pour ne rien nous donner, et bien avant d'avoir été prié, il dit : *Combien les temps sont durs !*

Ses libéralités d'hier vont l'empêcher, assure-t-il, de joindre les deux bouts.

Si seulement ses obligés, plus faciles à chercher qu'à trouver, étaient reconnaissants !

Mais ils ne le sont pas, et, plus il a l'air de donner, plus il est accusé de lésiner.

Aussi, l'énorme hausse de la rente ayant été suivie d'une baisse, va-t-il serrer les cordons de sa bourse.

Il dit, et le désir de remplir au plus tôt le bas qui la représente, le rend ingénieux.

Dans son besoin de papier à quittances, il décolle l'affiche tout à l'heure apposée par le garde champêtre.

Il coupe en belle-mère le pain aux domestiques.

Il vend le chanvre avec lequel ses filles allaient faire quelques chemises.

Il supprime la chandelle et se défait du chandelier, aussitôt remplacé par une lampe, accusée à son tour de l'éclairer trop chèrement.

Quand le fourrage avarié à donner à ses bêtes est blanc de moisissure, il met à celles-ci des lunettes vertes qui vont bien les tromper sur la couleur.

N'ayant qu'un foin délicieux, dont il veut faire argent, il l'offre à ces martyrs, avec une fourche tenue si haut, qu'ils ne sauraient en attraper un brin.

Que ne peut-il leur serrer l'un contre l'autre les deux flancs, car la bouchée ferait ventrée!

Et son terrain qui, s'il parlait, crierait la faim, c'est lui qui jeûne!

Tout ce qu'il lui accorde est de voir passer l'engrais qu'on vient de vendre, et d'en sentir l'odeur, pendant une minute.

Au reste, se dit-il, les plantes vivent de l'air du temps, c'est-à-dire des gaz de l'atmosphère, comme l'affirme la chimie, qui, en cela, ne m'a pas l'air de radoter.

Et ses filles, dont Cupidon vient de percer le cœur, et que, pour ne pas les doter, il s'obstine à garder à la maison, ce sont elles qui souffrent!

Pourtant, pourquoi se plaignent à ce point, gens, animaux et terrains?

Le père Liard est-il meilleur pour lui-même que pour eux?

En effet, pour le digne homme, vivre a toujours été faire semblant de se nourrir, et ne trouver, entendez-vous, beau sexe? des yeux charmants qu'à sa cassette.

Un jour de fête, veut-il graisser sa soupe?

Il y jette, en gémissant, un gramme de son plus mauvais beurre.

Si, au lieu d'eau, il boit du vin gâté, c'est parce que ce vin, trop souvent baptisé, ne peut, pour cause de faiblesse, être livré à l'épicier, comme vinaigre.

Dans son besoin de rapetasser son unique paire de bas, il recule effrayé devant le simple achat d'un écheveau de fil.

Ses bas et ses souliers usés, il va pieds nus.

Tant que sa culotte a un semblant de fond, il reste droit, plutôt que de s'asseoir, tant il craint de l'user!

Si le tabac, ce prétendu donneur d'idées, lui plaît, il recueille

avec soin, dans le chiffon qui lui sert de mouchoir, celui qu'il
a puisé dans vingt ou trente tabatières.

Il prête le bonjour, au lieu de le donner, et, cela fait, se
demande s'il n'est pas un prodige.

Voyez-vous la fumée s'échapper de son toit ?

Que ne peut-il la retenir ?

Si l'histoire est juste, elle dira, pour sûr : *c'est lui qui inventa
l'art d'écorcher l'insecte, pour en avoir la carapace.*

Elle dira même : *c'est lui qui sut le mieux, grâce à son habileté
à tondre sur un œuf, couper les vivres au progrès.*

Il a de la quête une peur insensée qui l'empêche d'aller à
l'église prier son Dieu de n'accabler que lui de biens, car l'a-
varice est mère, fille ou sœur de l'égoïsme.

Il vend son faux décime plutôt que de le mettre dans le
tronc à aumônes.

Quand la charité dit : *je veux la pièce d'or,* il lâche le centime
que, par un tour d'escamotage, il rattrape aussitôt.

Blâmé de tant de ladrerie, il a pour excuse que, quand il
donne, un œil tout aussitôt lui tombe.

Quel est son Dieu ?

Demandez-le à son argent qu'il tremble de perdre, qu'il
compte à chaque instant, devant lequel il se tient en extase, et
qu'émule de la poule il se met à couver.

Quel est son verbe favori ?

Le verbe *recevoir,* que, pour une paire de savates, il vous
conjuguera d'un bout à l'autre.

Pourquoi donc gratte-t-il dans ce fumier ?

C'est pour y recueillir les grains d'avoine que la volaille n'y
a pas découverts ?

Et quel est son dessein, en attaquant ce mur ?

Il espère en tirer un pot d'huile.

Cependant, il y a chez lui du bon.

Si ses champs se marnaient spontanément, il les laisserait
faire.

Si l'on payait le coût de la citerne qu'on lui conseille de
construire, il y dirigerait l'urine de ses bêtes.

Si pour étrennes, un mortel généreux lui faisait don d'une
charrue Dombasle, il l'emploierait.

Si la graisse ne coûtait rien, il graisserait les roues criardes
de son char.

Si, au lieu de les vendre, le bourrelier donnait tous ses

colliers, il les prendrait et, dans l'intérêt de ses bœufs, les substituérait au grand joug qui les fait tant pleurer.

Si, par la simple opération du Saint-Esprit, une terre pouvait être drainée, il supplierait le Saint-Esprit de lui venir en aide.

Enfin, si les allouettes et les dindes tombaient journellement du ciel, les premières toutes rôties, et les secondes truffées, il voudrait voir son entourage s'en nourrir.

Quand nous éternuons, il dit : *Dieu vous bénisse!*

Il ne regarde pas, pour nous serrer la main, à une dépense excessive de force.

Quand, pour nous consoler, il suffit d'une larme, il s'en échappe mille de sa glande lacrymatoire.

Il exige d'autrui la charité et la fraternité.

Prodigue de promesses, il jure ne vouloir que nous pour héritiers.

Se voyant à deux doigts de la tombe, il veut nous enrichir, en nous vendant son bien à fonds perdu, et puis, si, le marché conclu, la santé lui revient, il en semble affligé plus que nous-mêmes.

Prié de nous prêter sans rente, ou bien au taux légal, il est désespéré de ne pouvoir le faire.

Qui ne l'entend chanter :

> Que je ferais de bien,
> S'il ne m'en coûtait rien !

Enfin, une fois, dans son verger, il a offert à son sauveur, des prunes attaquées du ver, en lui disant : *mangez ce qu'il en reste.*

En tout état de cause, je plains la malheureuse qui, alors qu'il avait la beauté du diable, lui accorda et sa main et son cœur.

Je la plaindrais bien plus encore si, un beau jour, de peur d'avoir à la nourrir, il ne s'était séparé d'elle.

Quand fera-t-il du bien ?

Après sa mort, comme les quadrupèdes en lesquels furent changés les compagnons d'Ulysse.

En effet, son trépas émancipe et enrichit ses joyeux héritiers, et puis l'art de nous guérir permet de constater que le cœur de l'avare est un morceau de parchemin.

DEFRANOUX.

Un avocat au cabaretier Chopine

(D'APRÈS JACQUES BUJAULT).

Ramponneau, mon pauvre Chopine, te devait six bouteilles de vin et n'en voulait payer que trois, en prétendant que la liqueur avait été soumise à un baptême.

Sur ce, tu te paies avec sa veste, et lui, pour se dédommager, te vole une poule, deux poules, trois poules, et jusqu'à ton grand coq, en alléguant que la gent emplumée s'était nourrie de son grain.

Il faut procès, te crient les buveurs ; tu les écoutes, on va au juge, et le juge décide que le vin passera pour le grain ; que tu rendras la veste et que Ramponneau rendra les plumes.

Il faut appel, crient les buveurs ; tu les écoutes une seconde fois, et le tribunal ayant dit : bien jugé et bêtement appelé, le procès se trouve avoir coûté à toi 800, et à Ramponneau plus de 100 francs.

Tu as plaidé et te voilà écorché !

N'eut-il pas mieux valu mettre poules et coq au pot que plaider comme un sot ?

On plume, au village, les poules, et à la ville, les plaideurs.

Les messieurs ne plaident plus, et la raison en est qu'on a fait pour eux des livres qui montrent qu'on se ruine en plaidant.

Que n'en fait-on pas pour avertir, à cet endroit, le cultivateur !

Rien ne cause du tourment comme un procès : c'est à rendre fou ou à faire mourir de chagrin.

Qui a procès ne dort pas.

Qui a procès en train trotte de grand matin.

Procès et tranquillité ne sont de société.

Procès et soucis, triste paire d'amis.

Au cabaret, on conseille toujours de plaider, et jamais de s'arranger.

Pour un mot, une sottise, ou un petit coup donné, on marche en police correctionnelle.

Les mauvais conseils, la bouteille et les procès ruineront nos villages.

Des trois quarts des procès, les riboteurs sont les auteurs.

Qui n'a pas sa raison ne nous dit rien de bon.

Calcule avant de plaider, car il te faut donner beaucoup

d'argent à l'avoué, à l'avocat, au greffier, au marchand de papier timbré, à l'enregistrement et au sergent.

Qui a procès a six bœufs à l'engrais.

Arpenteurs, experts, témoins et descente de justice, jamais çà ne finit.

Si tu perds, tu es ruiné, et si tu gagnes, tu es écharpé.

Bons, mauvais ou passables, tous les procès sont détestables.

Les procès ont le ventre creux ; ils ont vite avalé trois vaches et deux bœufs.

Il y a, au village, nombre de gens qui soufflent la discorde entre parents et voisins : qui les écoutera se ruinera et de longtemps ne dormira.

Procès de famille, procès de ruine ; procès de parents, procès de méchants, et procès de voisins, procès de venin.

Mieux vaut être piqué par un serpent, que mordu par un sergent.

L'avocat de village fait un procès sur un sillon, sur un chemin, sur un passage, sur un mot, et le plus souvent sur rien.

Avant de suivre son conseil, exige le billet de garantie, et s'il refuse, arrange-toi.

Procès de chemin mange le train ; procès de passage ruine le fou comme le sage, et procès de haillons met à bas la maison.

Petit procès peut coûter plus qu'un grand.

On se défend d'un chien enragé, mais on est par le procès mangé.

On sait quand le procès commence, et l'on ne sait jamais quand il finit.

Qui a procès se voit bientôt en très mauvais chemin, et voudrait reculer, mais les frais l'en empêchent.

Mauvais accommodement vaut mieux que bon procès.

On n'est jamais mal accommodé, et l'on est toujours mal jugé.

Pour s'accommoder, il ne faut presque rien, et, pour plaider, il faut manger son bien.

Sur cent procès, pas deux ne valent les frais.

Avant de faire procès, va trouver un avocat conciliant, le juge de paix, un notaire ou un brave homme du canton, et dis-lui : faites venir mon adversaire, et arrangez-nous.

Pour un procès, il faut trois sacs : un de papier timbré, un d'argent et un de patience.

Prends un arbitre, mon enfant, pour arranger ton différend.

Veux-tu gagner tous tes procès, arrange-toi et ne plaide jamais.

Au plaideur, le mensonge porte toujours malheur.

A qui tu pries d'arranger ton affaire, garde-toi de mentir, car si tu lui caches la vérité, tu seras étrillé.

C'est suivant la confession que monsieur le curé donne l'absolution.
DEFRANOUX.

De l'influence du vice sur la santé et l'avenir.

Un homme parvenu à la célébrité, après avoir été, au début de sa carrière, ouvrier imprimeur, Franklin a dit : *Avant tout, ayez une bonne conscience.*

Comment acquiert-on ce trésor ?

En pratiquant les préceptes de la morale, intimement liés à ceux de l'hygiène.

Les plaisirs qu'on n'ose avouer sont des causes de déconsidération, de faiblesse, de maladie et de mort.

Combien vous vous trompez, si vous attribuez à la paresse une vie heureuse et longue !

Elle tue par l'ennui qui l'accompagne ; elle engendre la malpropreté, source de maladies immondes ; elle nous met en grève ; elle pousse à l'émeute, et, d'ailleurs, ne rien faire est mal faire.

La colère, la haine et la jalousie ne sont pas moins funestes.

Elles minent le corps par les tortures morales qu'elles infligent à l'infortuné qu'elles possèdent, et au juste qui, en étant l'objet, devient parfois, à son tour, un méchant.

Or, le méchant est un homme qui, sous toutes sortes de noms et de toutes manières, passe sa vie à décréditer ce qu'en fait d'idées et d'élans, il est de plus fécond et de plus généreux.

Quand la grâce de Dieu l'aura touché, nous irons tous au bonheur, en nous donnant la main.

En nous mettant plus bas que la bête féroce, la colère et la brutalité font fuir avec effroi notre présence.

La haine nous entraîne à méditer un attentat qui nous conduit à la prison, sinon à l'échafaud.

Enfin, la jalousie enfante la médisance, la calomnie et la haine, mères de la discorde et de l'iniquité.

En nous persuadant que, comparés aux nôtres, les mérites

d'autrui ne sont rien, l'orgueil nous réserve, pour sûr, les plus cruelles déceptions.

Avec l'ambition, plus de sommeil et plus de paix de cœur ; le poète la compare au vautour déchirant le foie de Prométhée.

La gourmandise érige en dieu notre appétit, nous fait aller à grands pas à la goutte, nous expose à une foudroyante apoplexie, et nous transforme en l'homme vil appelé : *parasite.*

Terminons par un vice abominable : l'ivrognerie.

Ce sera avertir non-seulement tous les buveurs, mais encore un pays où j'ai vu l'eau-de-vie succéder au lait, chez l'enfant, — où j'ai vu chaque âme boire, par jour, un demi-décilitre d'alcool, — où j'ai vu les excès de la femme égaler ceux de l'homme, — et où j'ai vu le travailleur mourir bien plus d'intempérance que de vieillesse.

Cela est dur à dire à une douce, hospitalière, laborieuse et intelligente population, qui, par bonheur, n'est pas la nôtre ; mais c'est la vérité qu'à la voix de la sagesse antique je dois préférer à mon ami Platon.

Pris en petite quantité, les breuvages renfermant de l'alcool donnent du cœur au vaillant ouvrier, déridant le front du penseur, et, dit la Muse, inspirent le poète.

Mais, bus avec excès, ils affaiblissent la vue, rendent les digestions pénibles, et mettent, à l'homme inculte, le couteau à la main, après l'avoir privé de son plus noble attribut : l'intelligence, laquelle morte, les bonnes mœurs se perdent à toujours.

Par suite, ils peuplent la ville et le village de gens de sac et de corde, — les hôpitaux, de malades, — et les maisons de santé, de fous à contenir avec la camisole de force.

En vérité, le citadin ou le cultivateur intempérant est un homme perdu.

Ainsi, voyez, si vous en avez le courage, les mystères ou plutôt les scandales des faubourgs de nombre de cités.

Ce père ivrogne, ouvrier démoralisé par des compagnons débauchés, ou bien issu d'aïeux sans dignité, a désolé son maître par la bombance bestiale du dimanche et du lundi.

Jouant, se battant et proférant d'affreux propos, il a bu et son bien et celui de sa compagne, qui cherche en vain à gagner tout le pain nécessaire aux enfants.

Après cela, s'amende-t-il ?

Hélas ! bravant le Dieu qui l'eût voulu parfait, ne voyant pas que la fourmi lui donne des leçons d'amour de la société, et oubliant la plus sacrée des choses, la famille, le malheureux perd la foi de ses pères, vend les meubles qu'il n'a pas brisés, et, finalement, fait argent du bois qu'il a couru chercher dans la forêt.

Quand, ayant tout vendu, il n'a plus, pour subsister, que des bras affaiblis par l'eau-de-vie, c'est, non la mort, mais un vaurien de son espèce qu'il appelle à son aide, et le voilà qui, avec celui-ci, fait tout, hormis le bien.

Qu'arriverait-il, si la dame de charité, la sœur en religion ou le pasteur, ne surgissaient souvent dans son réduit infect, la consolation sur les lèvres, et les mains pleines de dons ?

Bref, tous les sous volés par lui aux siens passent dans le tiroir du cabaretier, industriel qui, s'il n'est pas payé, se paie avec sa veste, sa blouse ou son chapeau, et, le coup fait, le livre chancelant aux bandits de la rue.

Et ceux-ci qui, alors, sont sans pitié pour le plus tendre ami de l'homme, c'est-à-dire pour le chien qu'ils poursuivent, de laisser là l'innocent animal, pour s'attaquer, d'une façon immonde, à l'être que Dieu fit à son image.

Mais, que deviennent sa compagne et les enfants auxquels il a donné le jour ?

Pour cacher les marques de sa brutalité, sa noble femme n'a plus qu'une jupe en lambeaux, et, de leur couche de paille pourrie, ses enfants tout nus vont, un à un, dans un monde meilleur.

Comme dit le peuple au langage énergique et imagé, il compte sans son hôte.

Sa femme va rejoindre, dans la tombe, les enfants qu'elle pleure, car la plus tendre charité ne peut suffisamment nourrir et habiller les nombreuses familles qui ont pour chef un paresseux; notre vaurien, alors, se voit forcé de mendier lui-même et de voler, pour boire.

Et puis, quand il en est là, la maladie ne tarde pas à le coucher, infirme et hébété, sur un grabat où bientôt il expire, honte de notre espèce.

Plaignons-le, pour le terrible jour où le céleste justicier le fera comparaître à sa barre.

En effet, par la contagion de l'exemple, il a communiqué ses vices aux enfants qui, par miracle, lui survivent, et que, déjà, nous voyons, dans la rue, fumer, jurer, blasphémer, tenir d'obscènes propos, et s'entre-battre d'une manière ignoble.

Instituteurs, quand vous tenez, à l'école, ces petits misérables, remplissez votre devoir d'apôtres, en les moralisant incessamment.

Moraliser est si facile à vous dont les méchants eux-mêmes ne se lassent pas d'entendre dire du bien !

Quant à vous, ouvriers de l'industrie et de la terre, et jeunes gens qui me faites la faveur de m'écouter, apprenez les moyens de ne point ressembler à l'homme déchu dont le portrait vient de vous effrayer ?

Ces moyens sont bien simples :

Ne jamais oublier que rien n'échappe au contrôle de Dieu.

Servir fidèlement la patrie, et rester sourds aux funestes conseils de l'utopie.

Contribuer, de toute votre force, à la grandeur de la patrie.

Vous instruire dans les écoles d'adultes, lire de bons livres, et vous assimiler, dans ces conférences, tout ce qui nourrit bien les esprits et les âmes.

Vous affilier, vous et vos femmes, à la société de secours mutuels.

Confier vos économies à la caisse d'épargne.

Ne chercher le bonheur qu'au sein de la famille, ou au milieu d'honnêtes réunions, car il n'est pas ailleurs.

Marcher toujours sous la conduite de votre ange gardien : le travail.

En un mot, avoir une bonne conscience.

J'oubliais un conseil :

Veillez sans cesse à ce que, bonnes ménagères, vos filles restent pures.

Leur honneur, si une comparaison m'est permise, est un collier de perles fines.

Dès qu'un grain s'en détache, les autres se défilent.

DEFRANOUX.

Les animaux non domestiques.

Parmi les animaux non domestiques, ceux-ci sont utiles, ceux-là sont tantôt utiles et tantôt nuisibles, et les autres sont nuisibles à l'homme et à l'agriculture.

De petits êtres bien utiles sont ceux qui drainent et fécondent la terre, soit en y enterrant la feuille, soit en y enfouissant les ennemis des plantes qu'ils ont détruits ; exemples : les vers de terre et le crabe doré.

De petits êtres bien utiles sont ceux qui, comme le crabe doré, exterminent sans cesse tous les petits êtres mangeurs ou destructeurs de végétaux ; exemples : la cicindèle, le fourmilion et l'ichneumon.

De petits êtres bien utiles sont ceux que fécondent la fleur ; exemples : l'abeille et le bourdon.

Au premier rang des petits animaux utiles, en ce qu'ils sont insectivores, sont le hérisson, la couleuvre à collier, la chauve-souris, la taupe, l'anguis-orvet, le crapaud, la musaraigne, le lézard, la reinette et la salamandre.

De précieux auxiliaires de l'agriculture sont les gros et les petits oiseaux insectivores.

Quant aux animaux nuisibles, ils ne nous semblent pas être moins nombreux que les animaux utiles.

Que disons-nous ? Ils pullulent à ce point que, s'ils étaient sans ennemis, ils dévoreraient à eux seuls tous les produits de la terre.

Immolons-les, mais vite, car celui-là est un méchant que le spectacle d'aucune souffrance n'émeut péniblement.

Pourquoi, par exemple, forcer à marcher dans la rue le loup auquel on a cassé une patte ?

Pourquoi arracher à la mouche ses pattes et ses ailes ?

Pourquoi atteler le hanneton, ou l'obliger à tourner comme un feu d'artifice ?

Pourquoi piquer vif l'insecte sur un carton ?

En vérité, la méchanceté du loup, du renard, de la fouine, de la belette, de l'épervier et de la pie-grièche est dépassée par les grands et petits tourmenteurs d'animaux.

Mais, devant les méchants, les animaux utiles ne trouvent pas plus grâce que ceux qui sont nuisibles.

Ainsi, on lapide le crapaud, on force avec le fer rouge le hérisson en boule à s'ouvrir, on cloue vivant le hibou à une porte, et le moineau, après avoir été martyrisé par l'enfant, est guillotiné.

Nous sommes pour la chasse aux animaux nuisibles les

moins dangereux pour l'homme, mais, quand la bête n'est que blessée, nous nous reprochons sévèrement d'avoir attenté à la vie de l'innocente victime dont le sang coule, qui crie ou qui pleure.

Quel mal n'y a-t-il pas à dire de la chasse incessante et implacable aux animaux utiles ?

Elle étouffe en nous la sensibilité au point de nous faire oublier que nous en devons l'affreux plaisir à la longue agonie des protecteurs les plus ardents de nos récoltes et de nos forêts.

A quoi s'occupait l'hirondelle que nous avons foudroyée ? — Venue en messagère du printemps, elle purgeait de moucherons les champs de l'atmosphère.

De quoi était coupable la fauvette dont le piége a brisé les pattes ? — Chanteuse du buisson, elle ne s'interrompait, dans son harmonieux gazouillement, que pour gober la mouche.

Qu'avons-nous à reprocher au rossignol qui bientôt mourra dans la cage où nous allons l'emprisonner ? — Hier, après une journée employée à se nourrir de vermisseaux, il remplissait le bosquet et ses alentours d'une mélodie qu'on y entendra plus.

Quel mal nous a fait l'alouette que nous venons de faire tomber du ciel ? — Rassasiée d'insectes, elle nous invitait à l'espérance.

Quel est le crime de la perdrix tombée sous notre plomb ? — Oiseau sacré du vigneron, elle détruisait, dans la vigne, la pyrale.

Quel est le tort de l'oiseau ravi par nous, dans son nid, à la tendresse de ses parents ? — Il désirait pouvoir aller bientôt chanter, dans la campagne, la gloire de Dieu.

Comment donc remédier à cet affligeant ou plutôt à ce navrant état de choses ?

Il faut, pourra-t-on répondre, moraliser, par de nombreux écrits, la jeunesse et l'âge mûr.

Ce n'est pas notre avis.

En effet, dans ces deux âges, l'étoffe a pris son pli, et si on lit guère, on ne lit guère que de mauvais livres.

Dès lors, le mieux nous semble être de nous adresser surtout à l'enfance, toujours si disposée, quand on l'instruit d'une manière attrayante, à se perfectionner en tout ce qu'on veut.

Pour aboutir, il suffira de lui apprendre, par des lectures et par des entretiens, combien les animaux sont susceptibles d'attachement à l'homme, combien leurs qualités se rapprochent des nôtres, combien vive est leur tendresse pour leurs petits, combien sont grands les services qu'ils nous rendent, et combien être doux pour eux est devenir meilleur.

Nous avons essayé de ce moyen, et nous avons aussitôt vu tous nos jeunes auditeurs renoncer à dénicher les oiseaux, tuer vite les insectes nuisibles, cesser de martyriser le chien, maudire l'ivrognerie, à cause de la brutalité qu'elle inspire aux conducteurs d'animaux, voir, en tout être utile, une créature chère à Dieu, avoir entr'eux des rapports infiniment meilleurs, et même contracter l'amour de la discipline.

DEFRANOUX.

Hygiène.

LA SANTÉ. — Ensemble des fonctions qui résistent à la mort, la vie est la santé physique, intellectuelle et morale.

Combien, pour la santé bien gouvernée à tous égards, l'air de ce monde est doux !

Avec la santé, on peut presque tout faire.

Sans la santé, on ne peut presque rien faire.

C'est une belle baronie que la santé.

Qui soigne sa santé se moralise.

Qui ne soigne pas sa santé se dégrade.

Santé du corps doublée de celle de l'âme : voilà le vrai bonheur.

Santé et bonheur sont deux choses solidaires et inséparables.

Qui de nous donne à sa santé toute l'attention qu'il accorde à l'exercice de sa profession ou à sa fortune ?

On souffre des maladies, mais on ne s'aperçoit pas de la santé.

Les hommes veulent être malades, avant de songer au soin de leur santé.

On ne sent tout le prix de la santé que quand on l'a perdue.

Mon corps est ma personne, et tout excès l'altère ; guenille si l'on veut : ma guenille m'est chère.

Pour la santé, le plus grand point est de ne lui nuire en rien.

DEFRANOUX.

Proverbes agricoles.

Bon terroir et bon cépage, bon vin.
Vigne close, double vigne.

Noir terrain porte grain.
Blanc terrain ne porte rien.
A faible champ, fort laboureur.
La mauvaise herbe croît plutôt que la bonne.
Bon temps vaut mieux que bon champ.
Sème et labour nu.
Semaille tardive, récolte chétive.
Sème avec la main plutôt qu'avec le sac.
Semeur alerte pour l'avoine, et semeur lent pour l'orge.
Qui sème menu récolte dru.
Telle semence, telle récolte.

SAGESSE GAULOISE.

Pensées diverses,

Le point central d'où rayonne la vie, est le cœur.
Pardonnez, car votre ennemi le plus grand sera peut-être, un jour, votre meilleur ami.
Le livre du devoir est fait des mots pardonner et donner.
Des mots divins sont miséricorde et amour.
Qui pardonne beaucoup donne.
Pardonnez tout à tous, et rien du tout à vous.
Soyez les bienfaiteurs de ceux qui vous haïssent.
Ne voyez dans la liberté que le pouvoir de faire le bien.
Aidez-vous les uns les autres.
Un pour tous, et tous pour un.
Avant même d'être priés, faites le bien.
Soyez membres les uns des autres.
Ne sortez de ce monde qu'accompagnés d'actes de charité.
Au bonheur du prochain, subordonnez le vôtre.
La main ouverte indiquera, en vous, un cœur ouvert.
Donner, vous fera monter au ciel sur une échelle d'or.
A qui donne beaucoup, Dieu pardonne beaucoup.
On est le seigneur de celui qu'on oblige.
Si la bouche doit bien dire, la main doit bien faire.
Plus on est riche, plus on doit au prochain.
Donner est prêter au Seigneur.
La foi ne suffit pas : il faut donner.
Comparé à donner, recevoir n'est rien.
A qui veut être secouru, ne disons pas : tu reviendras demain.
Le don veut être bien placé.

SAGESSE DES NATIONS.

HORTICULTURE.

Calendrier horticole de la Société d'horticulture de Nantes.

MAI. — TRAVAUX GÉNÉRAUX. — Les sarclages et les binages doivent se continuer avec activité dans le courant de ce mois : on ne perdra pas de vue que, pendant toute la durée de la végétation des plantes, elles croissent avec d'autant plus de vigueur qu'on remue plus fréquemment la surface du sol, et qu'on le tient plus exactement débarrassé des mauvaises herbes.

Il faut avoir soin de supprimer les bourgeons qui se développent sur la tige des églantiers mis en pépinière, afin d'exciter la sève à se porter sur les deux ou trois rameaux qui sont destinés à recevoir la greffe en juin et juillet.

Les arrosages deviennent de plus en plus utiles, lorsqu'il cesse de pleuvoir et que la température s'élève davantage.

ARBRES FRUITIERS. — On commence à ébourgeonner les arbres, à supprimer les jets inférieurs et une partie des fruits aux sujets faibles ou qui en sont surchargés. C'est aussi à cette époque que l'on pratique l'opération du *cassement* sur les sujets que l'on veut mettre à fruits. On donne aux arbres un premier binage, et l'on arrose ceux qui ont été transplantés, mais seulement dans le cas d'une grande sécheresse, ou si ces arbres paraissent languissants. On greffe en flûte et en écusson à l'œil poussant. On lie et on rogne la vigne. Enfin on fait une chasse régulière aux animaux nuisibles.

Pour écarter les insectes et les limaces des plantes qu'ils dévorent, arrosez-les avec de l'eau de chaux ; cette eau se fait en prenant deux ou trois gros morceaux de chaux vive, que l'on éteint d'abord, et qu'on délaie ensuite dans quelques litres d'eau de pluie ou de rivière ; on agite le mélange avec un bâton, et on laisse déposer la chaux ; quand l'eau est bien claire, on la décante et on s'en sert pour arroser. La même chaux peut servir longtemps : il suffit de la délayer de nouveau dans de l'eau, et de tenir le vase plein et couvert. L'eau de chaux chasse aussi les vers des pots et contribue à la destruction des mousses et des lichens ; employée claire comme il est dit plus haut, elle n'attaque ni les plantes, ni leur feuillage.

POTAGER. — Dès les premiers jours du mois, on commence la plantation en grand des haricots destinés à mûrir leur semence, surtout les espèces à rames, dont la récolte est tardive.

On sème encore dans le mois de mai, les choux de *Saint-Brieuc*, les brocolis, les choux-fleurs, les salsifis, le pourpier, la raiponce, les navets, la chicorée.

Aux semis déjà cités nous ajouterons ceux d'épinards, du cerfeuil, du persil, du cresson, de la carde, bette ou poirée, pour remplacer les plants de l'an passé qui montent en graine vers ce temps. On sème également toutes les espèces de laitues, excepté la petite noire, qui n'est plus de saison. A la fin du mois, on cessera de semer la romaine verte ; on ne sèmera plus alors que la blonde et la grise. Les carottes et les panais semés en mai se livrent à la consommation à mesure qu'ils grossissent. Les semis de radis roses se répètent tous les quinze jours. On sème en place toute espèce de melons sur couche sourde ou dans des trous remplis de fumier. On les couvre de cloches et on les arrose modérément. On replante la chicorée frisée en pleine terre, et on la lie pour la faire blanchir : il est nécessaire de l'arroser abondamment. Les artichauts exigent aussi de copieux arrosements. Le moment est favorable pour pincer les pois et les fèves en fleur. On rame ensuite les premiers, mais après que leurs pieds ont été garnis de terre.

PARTERRE. — On peut encore semer des fleurs annuelles pour remplacer celles qui n'auraient pas réussi, ou pour en avoir le plus tard possible : les balsamines, les reines-marguerites, les quarantaine, la nigelle, le thlaspi sont de ce nombre. On tond les lilas dès que la fleur est passée, et l'on commence à couper les tiges des plantes herbacées défleuries dont on ne veut pas récolter la graine.

C'est ordinairement dans la première quinzaine de ce mois que l'on doit planter les dahlias ; on se rappellera que, pour avoir de belles fleurs, on ne devra laisser monter qu'une seule tige à chaque pied.

Sous notre climat, on peut à cette époque faire des massifs ou corbeille de *pelargonium*, de verveines, de sauges, de *petunia*, de giroflées, en ayant la précaution de donner à ces plantes tout l'espace qui leur est nécessaire pour se développer.

ORANGERIE ET SERRES. — Ce mois est le plus favorable pour

opérer le rempotage des plantes, parce que c'est l'époque où elles vont entrer en végétation.

VITICULTURE.

Ecole préparatoire du vigneron et de l'horticulteur,

En ce qui concerne la culture, la multiplication et la transplantation de la vigne. Par Defranoux, *ancien président de la Société d'émulation du Jura. A l'usage des vignerons, des horticulteurs, des instituteurs et des écoles normales.*

AVANT-PROPOS.

Dans l'ouvrage véritablement monumental du docteur Jules Guyot et dans les publications si estimables de MM. Fleury-Lacoste et Dejernon, on peut puiser à pleines mains, si l'expression nous est permise, les données les plus capables de nous faire faire de la viticulture avancée et rémunératrice.

S'il en est ainsi, pourra-t-on dire, et, en d'autres termes, si nous avons, en la matière, les excellents livres qu'il nous faut, pourquoi en publier un autre?

C'est, répondrons-nous, pour donner un avant-goût de ces livres, par la reproduction en substance, de ce qu'ils contiennent de plus utile.

C'est pour préparer le praticien peu instruit à les comprendre, à la simple lecture.

C'est pour avoir occasion de déclarer que, dans la mise en pratique de la plupart de leurs prescriptions, nous ne nous sommes trouvé en désaccord avec eux que sur deux ou trois points de minime importance.

C'est pour ajouter à leur enseignement les données que nous avons dues à nos essais.

C'est pour mettre à la portée des plus petites bourses le résumé du code que, dans leur ensemble, ils constituent.

C'est pour être contredit là où nous devrons l'être, puisque la lumière naît du choc des opinions.

Enfin, c'est pour qu'une voix de plus s'élève en faveur des choses si importantes qui sont principalement :

La connaissance de ce qu'il y a de plus favorable à la vigne, en fait de sols, de sous-sols, d'amendements, d'engrais, de circonstances atmosphériques, de climats, d'expositions, de configuration des lieux et de disposition de la vigne.

La vigne en ligne.

La vigne de franc-pied, c'est-à-dire non provignée.

L'emploi des fins cépages.

La taille des fins cépages, longue sans l'être trop.

La taille des cépages communs, courte sans l'être trop, et faisant assez de coursons.

L'incision annulaire simple faite sur le courson.

La taille tardive sans l'être trop, et, au besoin, précédée d'une taille préparatoire hâtive.

Les tailles vertes judicieuses.

La plantation verticale, à demeure, à plat, à une profondeur non excessive, et à l'époque la plus favorable de la bouture de jeune bois.

Le sevrage de la sautelle, dès la chute de sa première feuille.

La transplantation du plant enraciné, réduit à un seul cours de sève, s'élevant le moins haut possible au-dessus du niveau du sol.

La connaissance des moyens de prévenir ou de faire cesser les maladies de la vigne.

La connaissance des animaux qu'il faut détruire comme nuisibles, ou protéger comme favorables à la vigne.

Encore un mot!

On dira de ce travail qu'il est fait de notes assez mal cousues les unes au bout des autres, et à forme gâtée par la fréquence de la répétition, mais, aussitôt après l'avoir ainsi jugé, on nous rendra la justice de reconnaître que, s'il n'est pas élégamment didactique, il est facilement compréhensible, grâce à ce qui a fait dire à Napoléon Ier, que, de toutes les figures de rhétorique, la répétition est la plus puissante.

LES SOLS ET LES SOUS-SOLS.

Les sols qui produisent le meilleur vin, sont :

Les sols qui ne sont pas trop peu profonds ;

Les sols secs sans être brûlants ;

Les sols ne retenant ni trop ni trop peu l'eau ;

Les sols à sous-sols, ne retenant ni trop ni trop peu l'eau ;

Les sols de consistance moyenne ;

Les sols légers sans être inconsistants ;

Les sols contenant assez d'humus, sans trop en contenir ;

Certains sols de sable fin ;

Les sols silico-calcaires ;

Les sols silico-argileux ;

Les sols silico-argilo-calcaires ;

Les sols argileux renfermant beaucoup de calcaire ;

Les sols contenant de la magnésie riche en acide carbonique ;

Les sols granitiques, sols qui, riches en potasse, contiennent un peu de calcaire ;

Les sols volcaniques ;

Les sols ferrugineux, sans l'être trop ;

Les sols de schiste bitumineux ;

Les sols où abondent les silex, et surtout les silex de la craie ;

Les sols où abondent les pierrailles, et surtout les pierrailles rouges ;

Certains sols à sous-sol d'argile blanche non imperméable ;

Certains sols à sous-sol d'argile rouge non imperméable ;

Les sols à sous-sol de roche perpendiculairement fendillée ;

Les sols à sous-sol de roche friable ;

Les sols ou prospèrent le figuier et l'amandier ;

Les sols où viennent de prospérer une luzerne ou un sainfoin ;

Les sols convexes, en ce qu'ils perdent aisément leur trop d'eau ;

Les bons sols qui ne sont pas en pente trop raide ;

Les sols situés entre la partie inférieure et la partie supérieure d'un coteau ;

Les sols rendus salubres par la libre circulation de l'air, et, en d'autres termes, non encaissés ;

Les sols en plaine, très perméables ;

Dans nos contrées les plus méridionales, les sols exposés à l'est ou au sud, et assez souvent les sols exposés à l'ouest ou au nord ;

Dans la partie la moins méridionale de la France, les sols exposés au sud ou à l'est, et parfois les sols exposés à l'ouest ou au nord, sur le flanc d'un mont peu élevé ;

Les sols presque uniquement composés de calcaire produisent, mais peu abondamment, des vins de haute qualité ;

Les sols de nos contrées les plus méridionales sont ceux qui produisent les vins les plus riches en alcool.

(La suite à la prochaine livraison.)

La Clef de la Science

Ou les phénomènes de tous les jours, expliqués par le docteur E.-C. Brewer, membre de l'université de Cambridge, du collége des précepteurs de Londres, etc. auteur de plusieurs ouvrages littéraires, historiques, scientifiques, mathématiques, etc.

NUAGES.

Qu'est-ce que les NUAGES ? — Les nuages sont des amas de *vapeur vésiculaire* élevée à une certaine hauteur dans l'atmosphère.

Comment les NUAGES *se* FORMENT-*ils* ? — Par le mélange de deux masses d'air humide ayant des *températures différentes.*

En quoi les NUAGES *diffèrent-ils des* BROUILLARDS ? — Ils en diffèrent d'une seule manière. Les nuages sont *élevés* au-dessus de notre tête ; les brouillards sont en contact avec la *surface de la terre.*

Pourquoi les nuages FLOTTENT-*ils au milieu de l'atmosphère ?* — Parce que les vésicules qui les forment sont de fort petites bulles remplies d'air, dont la suspension est analogue à celle des montgolfières ou des bulles de savon.

Le diamètre d'une vésicule de vapeur est de 0ᵐ.0001865 ; ce diamètre est deux fois plus grand en hiver qu'en été.

Pourquoi la vapeur vésiculaire forme-t-elle quelquefois un BROUILLARD, *tandis que d'autres fois elle s'élève dans les régions supérieures sous forme de* NUAGES ? — L'élévation des vésicules de vapeur dépend de la *température de l'air* atmosphérique : si l'*air est plus froid* que le sol, et qu'il soit en même temps chargé de vapeur d'eau, il y aura formation de *brouillard* ; — si le *sol est plus froid* que l'air, la vapeur vésiculaire s'élèvera au-dessus de la terre et se formera en *nuages.*

Pourquoi la HAUTEUR *des* NUAGES *est-elle beaucoup plus grande pendant le* BEAU *temps ?* — Parce que : 1° la vapeur des nuages est *moins condensée*, et les vésicules en sont beaucoup plus petites ; — 2° pendant un beau temps, l'air chaud retient une grande quantité de vapeur *suspendue* sous une forme invisible.

En quoi les NUAGES DIFFÈRENT-*ils les uns des autres ?* — Ils diffèrent beaucoup en densité, en hauteur et en couleur.

Qu'est-ce qui donne NAISSANCE *aux brouillards et aux nuages ?* — Ce sont surtout les *changements de vent.* Quel-

quefois des circonstances *locales* contribuent à leur formation.

Comment les CHANGEMENTS *de* VENT *peuvent-ils influer sur
les nuages ?* — 1° Si un courant d'air *froid* souffle tout à
coup sur un pays, il y *condense* la vapeur invisible de l'air
en nuages, en pluie ou en brouillard ; — 2° si un vent *chaud*
chargé de vapeur d'eau *rencontre un vent froid*, il produit
aussi un nuage ou un brouillard ; — 3° si, au contraire, un
courant d'air chaud passe sur la surface des nuages, il les
disperse en absorbant leur vapeur.

Pourquoi les NUAGES *se forment-ils très-souvent autour
des* MONTAGNES ? — Parce que la vapeur de l'air *se condense*
tout à coup quand les vents frappent contre les côtés froids
de la montagne.

Quelles contrées sont les plus PLUVIEUSES ? — Celles où les
vents sont les plus *variables*, telles que l'Angleterre.

*Pourquoi l'*ANGLETERRE *est-elle souvent enveloppée d'épais*
BROUILLARDS ? — Parce que l'*air y est froid*, tandis que la
mer qui entoure ce pays est relativement *chaude* à cause
des courants équatoriaux. Par conséquent, la rencontre d'un
vent de mer chaud et chargé de vapeur avec l'*air froid de
l'île* produit des nuages noirs, des ondées fréquentes, et
souvent un épais brouillard.

Quels sont les pays les MOINS *couverts de nuages ?* — Ceux
où les vents sont moins changeants, comme l'Egypte.

Quelle est la DISTANCE *des nuages à la terre ?* — Quelques
nuages légers et minces sont au-dessus du *sommet des plus
hautes montagnes ;* d'autres, plus pesants, touchent les
clochers, les arbres, et même la surface de la terre.

Les nuages qui affectent la forme de plumes légères ou de cheveux
ondulés sont souvent à une hauteur de 4 et même de 8 kilomètres.

Quels sont les nuages les plus RAPPROCHÉS *de la terre ?* —
— Ceux qui sont les plus *chargés d'électricité*. Les nuages
orageux qui lancent la foudre sont rarement à plus de 600
mètres de la terre, et la *touchent* quelquefois par l'une de
leurs extrémités.

Quelle est la GRANDEUR *des nuages ?* — Quelques nuages
ont une surface de 30 kilomètres carrés et plus de 1,000
mètres d'épaisseur, tandis que d'autres n'ont que quelques
mètres.

Comment peut-on DETERMINER *l'épaisseur d'un nuage ?* —
Comme le sommet des montagnes est en général au-dessus
des nuages, on peut *traverser* ceux-ci et reconnaître
facilement leur épaisseur.

Qu'est-ce qui produit la grande VARIÉTÉ *de formes dans
les nuages ?* — 1° La cause spéciale qui leur donne nais-

sance ; — 2° leur condition électrique ; — 3° leur rapport avec les courants d'air.

Comment l'ÉLECTRICITÉ peut-elle avoir un effet sur la forme des nuages ? — Si deux nuages contenant des espèces *différentes d'électricité* viennent à se rencontrer et à se réunir, leur masse diminue ou s'évanouit tout à fait.

Quels nuages prennent les formes les plus FANTASTIQUES ? — Ceux qui contiennent le plus d'*électricité*.

Quelles sont les COULEURS générales des nuages ? — Ils sont *blancs et gris*, quand le soleil est au-dessus de l'horizon ; *rouges orangés et jaunes*, au lever et au coucher du soleil.

Le *bleu* du ciel n'est pas dû aux nuages, mais à l'air atmosphérique vu en masse.

Pourquoi les DERNIERS nuages du soir sont-ils en général ROUGES ? — Parce que : 1° les rayons rouges, étant *moins déviés* que les jaunes et les bleus, restent plus longtemps à la portée de notre vue quand le globe se *détourne du soleil ;* — 2° le *momentum*, ou la force des rayons rouges, est plus grand que celui des autres couleurs, et peut pénétrer la *masse de l'air atmosphérique*, qui est plus grande près de l'horizon.

Pourquoi les nuages du MATIN sont-ils presque toujours ROUGES ? — Parce que : 1° l'air alors ne contient, en général, que peu de vapeur. Or, les rayons rouges peuvent pénétrer l'air dense et sec mieux que les autres couleurs d'un faisceau de lumière ; 2° comme l'épaisseur de la nappe atmosphérique que les rayons ont à pénétrer est plus grande vers l'horizon, il faut plus de *momentum* ou de force pour la pénétrer ; — 3° les rayons rouges, étant les moins déviés, arrivent *d'abord* à la portée de notre vue quand le globe se tourne vers le soleil.

Quelle est la cause du CRÉPUSCULE ? — Certains rayons du soleil qui traversent la partie supérieure de l'atmosphère sont déviés vers la terre, tandis que le *soleil même est au-dessous de l'horizon.*

Dans les pays *froids*, le crépuscule dure longtemps, tandis que, dans les pays *chauds*, il n'y a pas de crépuscule. En Dalmatie, il fait nuit une demi-heure après le coucher du soleil ; — au Chili, au bout d'un quart d'heure ; — à l'équateur, après quelques minutes.

Pourquoi la COULEUR des nuages VARIE-t-elle ? — Parce que leur *grandeur*, leur *densité* et leur *position à l'égard du soleil* varient continuellement ; par conséquent, ils réfléchissent quelquefois une couleur et quelquefois une autre.

Qu'est-ce qui dirige le MOUVEMENT des nuages ? — Les *vents* surtout. L'*électricité*, néanmoins, exerce une certaine influence sur leur mouvement.

Comment peut-on savoir que les nuages se meuvent sous quelque AUTRE *influence que celle des vents ?* — Parce qu'on peut voir, pendant un beau temps, de petits nuages, venant *de directions tout à fait opposées,* se rencontrer les uns les autres.

*Comment peut-on savoir que l'*ÉLECTRICITÉ *exerce une influence sur les nuages ?* — Parce que l'on voit souvent se rencontrer deux nuages qui, après avoir déchargé leurs électricités diverses l'un dans l'autre, *s'évanouissent tout à coup.*

Combien de CLASSES *de nuages a-t-on établies ?* — Il y a trois classes de nuages : ils sont, 1° *simples,* — 2° *intermédiaires,* — 3° *composés.*

Comment peut-on subdiviser les nuages SIMPLES ? — En 1° *cirrhus,* — 2° *cumulus,* — et 3° *stratus.*

Quelle sorte de nuages appelle-t-on CIRRHUS ? — Les *cirrhus* se composent de *filaments très-minces,* ressemblant à des *plumes* et à des *cheveux* légers épars sur la voûte du ciel.

Cirrhus, du latin *cirrus* (touffe, frisure).

Quelle espèce de nuage est la plus ÉLEVÉE ? — Les *cirrhus,* dont la hauteur moyenne est estimée à 6 kilomètres et demi.

Quelle sorte de TEMPS *les nuages cirrhus annoncent-ils ?* — Ils annoncent en général un *beau temps.* Quand les cirrhus se manifestent, l'air ne contient que fort *peu d'humidité,* et même cette humidité est condensée lentement dans les *régions supérieures de l'air.*

Qu'est-ce qui PRODUIT *les nuages désignés sous le nom de cirrhus ?* — Les vapeurs vésiculaires élevées dans les régions supérieures de l'atmosphère par certains courants d'air échauffé.

Quelle sorte de nuages appelle-t-on CUMULUS ? — Les *cumulus* sont ces gros nuages d'été toujours plus ou moins arrondis, simulant des *montagnes* et des amas de *fumée.*

Cumulus, du latin *cumulus* (amas).

Quel TEMPS *les cumulus annoncent-ils ?* — Lorsqu'ils ressemblent à des *toisons de laine* et vont *contre le vent,* ils annoncent la pluie ; mais toutes les fois que le contour en est *bien arrêté,* et lorsqu'ils s'avancent *avec le vent,* ils annoncent un *beau* temps.

Les *cumulus* doivent être plus petits au coucher du soleil qu'à midi. S'ils augmentent, on peut attendre un orage et du tonnerre pendant la nuit.

Qu'est-ce qui PRODUIT *les nuages qu'on appelle cumulus ?*
— Ils sont dus aux masses de vapeur visible que les courants d'air ascendants ont entraînées de la terre, et que *les vents ont entassées ensemble.*

Quelle sorte de nuages appelle-t-on STRATUS *?* — Le *stratus* est une couche de nuages limitée *par deux plans horizontaux.* On les observe souvent au coucher du soleil, et ils sont toujours les moins élevés de tous les nuages.

Stratus, du latin *stratus* (baissé).

Qu'est-ce qui PRODUIT *les nuages stratus ?* — Quelque courant d'air froid condensant la vapeur près de la *surface du sol.*

Destruction des pucerons et des fourmis.

Les pucerons et les fourmis sont un des plus grands fléaux qui puissent atteindre les arbres fruitiers. Un agriculteur, membre de la Société de Vaucluse, a découvert un moyen simple et peu dispendieux de les détruire.

Une plantation considérable de pêchers était tellement attaquée par ces insectes, qu'il ne pouvait parvenir à les en débarrasser, malgré tous les moyens employés pour les détruire. Il imagina d'essayer *l'eau de savon*, et le lendemain ces arbres furent complètement délivrés de ces parasites.

Son procédé consiste à faire dissoudre un hectogramme environ de savon dans un litre d'eau et à en lotionner avec un pinceau toutes les parties des arbres attaquées par les pucerons.

Voici un autre procédé des plus économiques au moyen duquel on débarrasse non-seulement les végétaux, mais encore les animaux des insectes qui les dévorent.

Dans un litre d'eau, on met dissoudre tout au plus un gramme d'aloès : cette substance est à très bas prix. Au moyen d'un gros pinceau ou d'une brosse, on lotionne soit les troncs et les rameaux des arbres, soit le cuir des animaux. Quant aux moutons et aux bêtes à long poil, on les immerge dans un bain de cette dissolution. La même eau sert jusqu'à épuisement. Elle sert aussi à immerger les semences, les échalas, les tuteurs et les lattes d'espaliers, et l'on arrose avec ce qui en reste les plates-bandes qui sont infestées de lisettes, de limaces, etc.

Destruction des limaçons et des loches.

Vers dix heures du soir, après une soirée humide et brumeuse, saupoudrez légèrement avec de la chaux vive, les plates-bandes et les allées de votre jardin.

A trois heures du matin, recommencez la même opération.

La chaux dont vous vous servirez devra être parfaitement cuite. Elle doit être répandue non-seulement sur le sol, mais sur les feuilles de toutes les plantes.

Ce procédé, s'il est fait avec soin, a toujours un succès infaillible. Il peut être employé dans les champs quand ils sont infectés de loches. Il suffit de répandre de la poussière de chaux hydraulique, à la volée.

Destruction des chenilles.

Placez sur un arbre où vous aurez remarqué des chenilles, des chiffons de laine. Chaque matin vous en trouverez dans ce piége et vous les détruirez tous.

Un autre procédé consiste à verser quelques gouttes d'huile de noix sur les nids de chenilles.

Destruction du tigre du poirier.

Laver et asperger l'arbre avec le mélange suivant : Eau de lessive, 2 kilos ; savon noir, 500 grammes ; chaux vive, 1 kilo.

Avis aux agriculteurs.

La Société d'agriculture de la Nièvre a, dans sa séance du 13 avril, pris les résolutions suivantes :

1° Un concours *général* d'animaux gras, auquel tous les éleveurs de France pourront présenter des animaux, aura lieu à Nevers au mois de février 1873.

2° Une exposition de *reproducteurs mâles* des espèces bovine, ovine et porcine sera annexée au concours. Les taureaux, béliers, etc., présentés, seront mis en vente.

Niort. — Typographie de L. Favre.

CHRONIQUE AGRICOLE.

Le temps, sans être remis complètement au beau, est meilleur depuis quelques jours. Le soleil a réchauffé la température, les pluies n'ont été qu'intermittentes et n'ont causé aucun dommage sérieux. Seulement la moisson, qui promettait d'être très précoce, ne se fera qu'à l'époque ordinaire. Les blés, jusqu'à présent, ne paraissent pas avoir souffert, mais il faut absolument du beau temps, car il est certain que si les pluies continuaient, il faudrait s'attendre à une bien modique récolte, malgré les ensemencements considérables faits cette année en blé. Toutes les correspondances sont unanimes pour confirmer les belles apparences des blés en terre, non-seulement en France, mais également à l'étranger, et la situation commerciale des marchés, qui ont été généralement calmes et en baisse, justifie ces appréciations.

Les seigles, qui sont dans la période de leur épiage, ont été plus maltraités, mais le mal n'est pas aussi général que certaines correspondances l'ont annoncé, et ces dommages n'ont été que partiels. Tous les ans, les mêmes accidents se produisent; il est impossible qu'il en soit autrement.

Les avoines donnent les plus grandes espérances. L'humidité leur a été plutôt utile que nuisible. Les prairies naturelles se présentent bien; il est probable qu'il y aura un bon rendement.

Quant à la vigne, il y a des plaintes assez nombreuses, occasionnées par les dernières gelées dans les départements du Centre, où la récolte est très compromise. Les avis du Midi, du Bordelais et de la Bourgogne ne constatent que des dégâts locaux, mais jusqu'à présent il y a peu de dommages, et tout fait présumer que le temps, qui s'améliore tous les jours, fera disparaître les craintes qu'avaient occasionnées les temps froids et orageux que nous venons d'avoir.

Sous l'influence d'une température plus favorable, le mouvement de baisse s'accentue sur les marchés en blé de la province, et, bien que les apports sur les halles soient médiocres, la culture, par suite des offres nombreuses qu'elle fait sur échantillons, témoigne du désir de vider ses greniers et laisse forcément entrevoir des approvisionnements considérables.

JUIN 1872. 6

Les nouvelles des colzas en terre restent bonnes, tant en France qu'à l'étranger, et malgré les apparences favorables de la future récolte, les prix sont en hausse. Cette hausse est due en partie aux expéditions d'huile pour l'Allemagne et aux ordres d'achats donnés par la province et par l'Angleterre. Aussi les vendeurs sont-ils très réservés depuis quelques jours. Les transactions ont eu peu d'importance, et si les vendeurs sont très circonspects, les acheteurs, espérant que le beau temps et le gros stock sur place peuvent encore déterminer de la baisse, ne se pressent pas et attendent des prix encore moins élevés. Les huiles de lin ne donnent toujours lieu qu'à un chiffre d'affaires insignifiant.

La situation des récoltes de la betterave, qui était très bonne au commencement de mai, a beaucoup changé depuis quinze jours, et bien que l'ensemble ne soit pas sérieusement compromis, il y a des dommages partiels et des inquiétudes pour l'avenir que le prompt retour du beau temps pourrait seul éloigner.

Nous sommes heureux d'annoncer que, d'après les renseignements reçus au ministère de l'agriculture et du commerce, la peste bovine, dont plusieurs régions du Nord ont cruellement souffert, est en pleine décroissance. L'épidémie a complètement disparu du département de Meurthe-et-Moselle. Du 1er au 10 mai, il n'y a eu que 39 animaux atteints de la peste bovine, dans les départements du Nord et de la Somme.

A l'une des dernières séances de l'Académie des Sciences, M. Bouley a donné lecture d'une importante note relative aux mesures adoptées par la commission sanitaire internationale de Vienne pour arrêter les progrès de la peste bovine.

Pour tous les délégués, sans exception, la peste des bestiaux, on ne saurait trop le répéter, est une maladie exotique, elle règne en permanence dans les steppes qui s'étendent des monts Carpathes aux monts Ourals et par delà ces monts jusqu'en Mongolie. L'expérience montre que la peste fait d'autant plus de victimes, que les races auxquelles elle s'attaque ont été plus perfectionnées par la culture de l'homme.

En général, les grandes épidémies sont venues à la suite de l'invasion des armées dans l'ouest de l'Europe. Toutefois, par suite des communications rapides établies entre tous les Etats de l'Europe, le typhus peut être importé par quelques animaux introduits par des marchands. C'est ainsi que la peste a éclaté en Angleterre, en 1865.

C'est donc un fait acquis que la maladie ne naît pas spontanément dans notre pays ; elle y est importée. Par conséquent, pour la détruire, il ne faut pas hésiter à sacrifier les animaux atteints.

La commission a pensé que la maladie gagnant l'Europe occidentale par la Russie et l'empire austro-hongrois, le moyen de s'opposer à son envahissement serait de soumettre à un contrôle sévère l'importation du bétail. On s'est arrêté à demander une quarantaine de 10 jours. Les animaux, avant de passer la frontière, devront séjourner jusqu'à ce que les agents de l'autorité soient bien éclairés sur leur état.

Quant aux moyens préventifs, la commission est très nette à leur égard. Si malgré l'examen à la frontière, des cas apparaissaient, il n'y a pas d'hésitation à avoir ; il faut tuer tous les animaux et les enfouir profondément. Il faut se débarrasser des matières contaminées, paille, litière, etc. Il faut désinfecter les wagons qui ont porté le bétail atteint de la peste ; en un mot, on ne saurait trop s'entourer de toutes les précautions possibles pour éloigner du bétail sain tout animal même douteux. Le mal fait comme une traînée de poudre. Une fois introduit, il pénètre partout, à moins qu'on ne s'oppose à son envahissement par la destruction de tout ce qu'il a touché.

La commission a rejeté l'inoculation comme moyen préservatif. On a fait à ce sujet de nombreuses expériences, et on a fini par renoncer à cette pratique.

Les fermiers n'ont donc plus d'hésitation à éprouver, et d'autant moins que la valeur des animaux atteints du typhus leur est remboursée par l'Etat.

M. le Ministre de l'agriculture vient d'adresser une circulaire aux préfets pour les engager à veiller à ce que les jardins annexés aux écoles rurales rendent les services qu'on en peut attendre au point de vue de l'enseignement horticole, et plus particulièrement de l'arboriculture.

M. Jules Simon croit avec raison que les frais d'installation, construction et appropriation de l'école, devraient comprendre les dépenses de défoncement et de plantation. Les arbres seraient dès lors inventoriés comme les mobiliers scolaires, et les instituteurs, propriétaires de la cueillette, ne seraient plus considérés que comme de simples usufruitiers. A ce prix seul, on maintiendra et on développera un enseignement si utile à la campagne.

Il sera facile de restreindre les frais, en mettant les pépi-

nières des écoles normales en état de fournir chaque année,
à un certain nombre d'écoles rurales, des greffes, des plants
et des boutures d'espèces meilleures ou plus nouvelles.

Cette circulaire est appelée à produire de bons résultats,
mais à la condition qu'elle ne restera pas lettre morte entre
les mains des maires, qui devront s'appliquer à suivre les
prescriptions indiquées par le Ministre.

La culture des fruits est devenue une industrie très productive, depuis que les chemins de fer ont permis de les
transporter rapidement et à de grandes distances; aussi ne
saurait-on trop insister pour répandre l'enseignement de
l'arboriculture dans les écoles.

Une très belle exposition d'horticulture a été ouverte le 25
mai, au Palais de l'Industrie, à Paris. Toutes les espèces flo-
rales y étaient largement représentées, mais la palme a été
obtenue par les azalés.

La plupart des concours régionaux qui se tiendront dans
le mois prochain, ont eu la bonne idée de s'annexer une
exposition d'horticulture et d'arboriculture. Nous les en féli-
citons. L'horticulture et l'arboriculture sont deux sœurs dont
l'alliance ne peut donner que charme et profit à l'agriculteur,
qui doit s'attacher à joindre à sa ferme un jardin bien cultivé.

Les gaz.

L'*oxigène* est un gaz formant la cinquième partie de l'air
que tu respires, et est indispensable à la germination.
Il abonde dans les substances acides.
L'*hydrogène* est la plus légère des substances connues.
Il abonde dans les huiles et les résines.
Le *carbone* est le charbon de bois.
A l'état cristallisé il est le diamant.
Il abonde dant tout tissu ligneux.
Son apparence noire est due à ce que sa nature poreuse
absorbe la lumière.
Brûlé à l'air, il s'unit à l'oxigène pour former le *gaz acide
carbonique.*
L'*azote* compose les quatre cinquièmes de l'air commun,
et est utile à la nutrition des plantes.

Il abonde toujours dans les matières en putréfaction, et surtout dans les matières animales.

L'azote, l'oxigène, un peu d'acide carbonique et une quantité variable de vapeur d'eau forment l'air.

Huit parties d'oxigène et une partie d'hydrogène font l'eau distillée.

Le carbone, l'azote, l'oxigène et l'hydrogène se réunissent en doses différentes pour composer les végétaux.

Les végétaux, par suite de cette réunion, sont formés de parties inégales des substances ci-après :

1° La *potasse*, alcali ou *sel* qui se trouve abondamment dans la lessive de cendre de bois.

2° La *soude*, alcali qui est dans les plantes marines et dont la base est appelée *sodium*.

3° La *chaux*, composée d'un corps simple appelé *calcium*.

4° Le *manganèse*, qui est surtout dans l'écorce des arbres, et qui colore les roches en noir.

5° L'*oxyde de fer* ou la *rouille*, qui colore les terres en rouge, en jaune ou en violet, et qui les rend ainsi plus chaudes.

6° La *silice*, substance minérale très dure, qui fait feu sous le briquet, que la pierre à fusil te représente, et qui, pulvérisée, forme un sable criant sous la dent.

7° Le *chlore*, gaz d'un jaune vert, aux propriétés suffocantes, et entrant pour plus de moitié dans la composition du *sel*, dont l'autre base est le *sodium*, et que, par ces motifs, on appelle *chlorure de sodium*.

8° L'*acide sulfurique*, qui provient de l'union de l'oxigène au *soufre*, minéral exhalant, quand il brûle, une odeur forte et piquante.

Cet acide sulfurique est nécessaire à ton existence comme à celle des plantes.

Uni aux alcalis, potasse, soude, chaux, manganèse, etc., il forme les *sulfates* de potasse, de soude, de chaux, de manganèse, etc.

Uni à la potasse, à la chaux, etc., il forme les *carbonates* de potasse, de chaux, etc.

9° L'*acide phosphorique*, qui est dû au *phosphore*, métalloïde qui brille dans l'obscurité.

Or, le phosphore joue un rôle bien important.

Il compose une grande partie de tes os.

Il abonde dans la semence de toutes les plantes, à la formation de laquelle il est indispensable.

Les produits qu'il forme par son union avec d'autres alcalis donnent des *phosphates* de potasse, de chaux et de *magnésie,* substance blanche, douce et inodore.

Le phosphate de chaux que tu lui dois, sous le nom de *terre d'os,* constitue plus de la moitié du poids de tes os desséchés.

Chimiquement unis, l'azote et l'hydrogène forment une substance volatile appelée *ammoniaque.*

L'ammoniaque provient de la décomposition des matières animales.

Elle exhale dans l'étable que tu nettoies une odeur qui indique que l'âme de ton fumier s'en va.

Le *gaz acide carbonique,* dont nous avons déjà parlé, est un composé d'hydrogène et d'azote.

Non mélangé largement avec l'air, il est nuisible à la vie des êtres.

Il est la source où les plantes puisent la moitié de leur masse sèche.

Il dissout les plus durs ingrédients du sol, et ainsi les rend fertilisants.

Dans l'analyse d'une fine farine de froment, tu constates la présence de deux substances.

L'une, granuleuse, est appelée *amidon.*

L'autre, gluante, est appelée *gluten.*

L'amidon contient le carbone, l'hydrogène et l'oxygène.

Le gluten contient en plus l'azote.

L'amidon, la *gomme* et le *sucre* forment une portion de ta nourriture.

Ils sont les éléments indispensables de ta respiration.

Tu leur dois la chaleur de ton corps.

Le carbonne, qui en est le principal ingrédient, s'unit à l'oxigène de l'air.

Grâce à cette union, il est brûlé dans les tissus.

Dès lors, la chaleur animale est produite en toi comme celle qui s'échappe du feu.

Quant au gluten, il forme le sang.

Par conséquent, il forme tous les solides et les liquides de ton corps.

Extrait du froment, il est semblable au blanc d'œuf.

Il est dans tout aliment nutritif.

Il est la même chose que le muscle de ton bras.

Il en résulte que tu manges, dans tes aliments, la chair déjà formée.

Tu verras toute la portée du fait en apprenant comment les plantes se pourvoient de l'azote qui, en leur procurant du gluten, les rend si nourrissantes.

Quand ses tiges ont acquis une certaine force, le blé, à cause de son manque de feuilles, n'en extrait, pour ainsi dire, que de la terre.

Jusqu'au moment de monter en graine, le trèfle, à cause de son épais feuillage, tire presque tout le sien de l'air.

ENGRAIS DU DOCTEUR GEORGES VILLE.

Nos lecteurs ont souvent entendu parler du système agricole du docteur Ville. Ce système aurait le prodigeux avantage de multiplier les engrais d'une manière indéfinie. Pour avoir des engrais, on pourrait se passer de bestiaux ; il suffirait d'avoir des capitaux. La question agricole deviendrait en quelque sorte industrielle. Cette réforme, dont la portée serait immense, doit être accueillie par les agriculteurs, non pas avec défiance, mais avec une sage réserve. Il faut accepter le progrès, et pour cela se livrer à des expériences restreintes. Voici des observations extraites du compte-rendu d'une Société d'agriculture du Midi que nous reproduisons en les livrant aux méditations de nos lecteurs :

Nous nous sommes procuré les diverses publications de M. Ville, et nous allons essayer de vous en présenter ici une analyse aussi fidèle et aussi succincte que possible.

Vous connaissez tous d'ailleurs, Messieurs, l'immense retentissement qu'ont eu dans le monde agricole et le nom de M. Georges Ville, et surtout la séduisante théorie que ce nom rappelle et personnifie.

Professeur de physiologie végétale au Muséum d'histoire naturelle à Paris, M. Ville s'est demandé (et c'était là l'objet essentiel de son cours) quelles étaient les lois physiologiques du développement des plantes.

Des analyses chimiques multipliées et des recherches expérimentales faites avec le plus grand soin, et dont son livre expose les curieux détails, lui ont révélé ces lois ainsi que les mystérieuses et merveilleuses combinaisons de la matière végétale.

Ainsi, par exemple, et pour n'en citer ici qu'un seul, l'analyse lui a appris qu'un épi de blé, en pleine maturité.

se composait, avec la tige qui le supporte, des substances et dans les proportions suivantes :

4 éléments organiques		10 éléments minéraux	
Carbone	47,67 p. 100	Acide phosphorique . . .	0,45
Hydrogène. . .	5,54	Sulfurique.	0,31
Oxygène. . . .	40,32	Chlore	0,03
Azote.	1,60	Silice.	2,75
	95,15	Oxyde de fer..	0,06
D'autre part. . .	4,85	Chaux..	0,29
		Magnésie.	0,20
Total égal. . . .	100 »	Soude	0,09
		Potasse.	0,66
		Manganèse.	0,01
			4,85

Or, d'où viennent et comment se combinent ces éléments divers dont les quatre premiers sont empruntés au règne organique et les dix derniers au règne minéral.

La chimie nous permet de répondre positivement à cette question.

Les plantes, vous ne l'ignorez pas, ont une double branche d'alimentation et un double perfectionnement d'organes servant à leur nutrition.

Elles puisent en effet leur nourriture, d'une part dans l'air par leur tige et leurs feuilles, et d'autre part dans la terre par les racines et les spongioles.

Par les feuilles et les parties vertes extérieures, la plante puise dans l'atmosphère et l'humidité ambiante :

1° Le carbone, cet élément de premier ordre, qui est fourni par l'acide carbonique dont l'atmosphère est une source inépuisable ;

2° L'hydrogène et l'oxygène, qui représentent plus de 50 p. 100 du poids des végétaux et qui ont tous deux l'eau pour origine.

Il résulte de là que les 95 centièmes de la substance des végétaux proviennent de source étrangère au sol et que la part que l'industrie humaine est tenue de fournir n'est qu'une minime fraction de ce qu'on en retire par les récoltes. Mais il ne faut pas perdre de vue tout à fait que cet appoint est indispensable, car sans lui le carbone de l'atmosphère, l'oxygène et l'hydrogène de l'eau auraient persisté à leur état primitif dans le domaine du règne inorganique et n'auraient pu entrer dans le courant de la vie végétale.

De cette première proposition scientifiquement démontrée, et expérimentalement prouvée par les essais de laboratoire de M. Georges Ville, il résulte que, pour l'alimentation de nos plantes et en particulier du blé, nous n'avons en aucune façon à nous préoccuper des substances qui se trouvent surabondamment dans l'air dont nous ne pouvons d'ailleurs modifier la constitution naturelle, telles que le carbone, l'oxygène et l'hydrogène, ni même de celles dont le sol est un réservoir toujours suffisant, et qu'après une étude détaillée de chacun de ces éléments et de la façon dont les plantes se les assimilent, il n'en reste que 4 seulement que le cultivateur soit obligé de procurer par lui-même aux végétaux, soit l'azote, le phosphore, la chaux et la potasse.

Ces quatre éléments précieux, que la plante puise exclusivement dans le sol, que nous pouvons par notre industrie fournir à ce dernier, et qui forment ou doivent former la partie utile, essentielle, indispensable de tous les engrais, existent sans doute dans le fumier de ferme, et c'est là précisément ce qui fait sa valeur. Mais il ne les contient pas en quantités suffisantes encore, mais en quantités proportionnelles suivant les exigences spéciales de chaque plante, ni toujours à l'état soluble; il renferme en outre une grande proportion de substances inutiles, qui deviennent même nuisibles par leur volume et leur mélange.

Puis ce fumier de ferme a toujours ou à peu près la même composition, tandis que les plantes diverses, suivant leur nature, exigent des mélanges souvent très dissemblables des éléments multiples des engrais; on sait, par exemple, que l'élément prédominant doit être la matière azotée pour le froment, le colza et la betterave; la potasse pour la luzerne, les pois, les féverolles, les pommes de terre, etc.; le phosphate de chaux pour les turneps, le maïs, etc.

On conçoit dès lors parfaitement à l'aide de ces préliminaires qu'il y a un avantage considérable à composer artificiellement et de toutes pièces ces engrais de façon à en exclure les parties inutiles, à y faire entrer dans une proportion plus ou moins forte les éléments spéciaux les plus utiles pour les plantes que l'on veut cultiver; en un mot à approprier son engrais aux besoins même de la plante qu'il doit alimenter.

On évite ainsi l'appauvrissement inévitable et continu du sol par l'emploi exclusif des fumiers; il faut rendre en effet à la couche arable exactement ce que les plantes lui ont enlevé (1) et les fumiers de ferme privés de certains principes utiles, emportés par les produits que vous avez exportés en les vendant sur le marché, finissent par devenir insuffisants. Aussi vous êtes obligés de combattre cet appauvrissement, et de suppléer à cette insuffisance, soit par l'alternance des cultures, soit par l'usage des jachères, soit

(1) Il faut lui rendre, par une importation permanente d'engrais, une quantité d'agents de fertilité égale ou même supérieure à celle que les récoltes lui ont fait perdre.

6*

par l'épandage d'amendements, soit enfin par tous autres procédés qui, quels qu'ils soient, se résolvent toujours en une source de dépenses ou un déficit de produits pour le cultivateur.

Puis, par l'emploi des engrais chimiques qui, sous un très petit volume, renferment une très-grande richesse, qui ne contiennent que des matières essentielles et sont dépouillés de ces parties inutiles qui forment la plus grande masse du fumier, on évite ces manipulations et ces transports dispendieux qui, directement ou indirectement, entraînent d'importants déboursés dans la comptabilité rurale.

En un mot, le fumier agit sur la terre parce qu'il renferme de la matière azotée, du phosphate de chaux, de la potasse et de la chaux, agents par excellence de la fertilité et matières premières de toutes les récoltes.

Mais il contient en outre 10 autres substances inutiles parce qu'elles existent avec abondance dans l'air ou dans le sol.

L'engrais chimique, au contraire, exclusivement composé des éléments utiles du fumier, en est pour ainsi dire la quintescence, et a en outre le précieux avantage d'être par sa composition même très-assimilable, et de pénétrer ainsi avec la plus grande facilité dans l'organisme même et dans la vie circulatoire des plantes.

Car il ne faut jamais perdre de vue qu'il ne suffit pas aux engrais d'être riches, mais qu'ils doivent en outre être facilement assimilables et que leur solubilité devient une condition essentielle de leur utilité elle-même.

Puis, chacun sait que dans l'exploitation des terres on peut dire d'une façon générale et absolue, et sans entrer dans des exceptions locales, que le profit tient essentiellement à la dose des engrais et que les frais généraux restant toujours à peu près identiques, l'agriculture qui fume peu est toujours en perte, tandis que celle qui fume beaucoup est toujours en bénéfice ; or, le fumier de ferme est singulièrement limité et sa production abondante nécessiterait de très-grands frais, tandis que les engrais chimiques, dont les éléments gisent dans presque toutes les contrées à l'état de dépôts naturels considérables, sont véritablement inépuisables.

C'est donc avec ceux-là seuls qu'on peut réaliser cette loi des fumures abondantes, qui est de nos jours un axiome agronomique et la condition universellement admise de tout grand progrès agricole (1).

_____

(1) Car le surcroît de frais résultant d'une fumure plus forte est toujours inférieur à la valeur de l'exédant de la récolte.

Tel est, Messieurs, envisagée dans ses traits les plus saillants, cette ingénieuse théorie dont M. Georges Ville n'est pas précisément l'inventeur, mais qu'il a empruntée, pour les propositions les plus importantes du moins, à l'illustre chimiste allemand Liébig, qu'il a complétée, vulgarisée et proposée, et sur laquelle surtout il a su étudier une nouvelle économique rurale et un nouveau système de culture progressive.

La deuxième partie du livre de M. Ville est remplie par le récit détaillé des nombreuses expériences agronomiques auxquelles son auteur s'est livré sur les terres de la ferme impériale de Vincennes, pour démontrer pratiquement la vérité et l'efficacité de sa doctrine. Il nous paraît inutile d'entrer actuellement dans le détail de ces expériences qui, faites sous les auspices et la direction de l'inventeur lui-même, ne sauraient avoir auprès de vous la même autorité que les expérimentations vraiment pratiques et agricoles, entreprises depuis plusieurs années au milieu de nous, sous nos yeux même, par quelques-uns de nos collègues.

Notre seule prétention est que cette analyse très succincte du système de M. Georges Ville soit considérée comme une préface utile à l'enquête et à la discussion contradictoire qui vont s'ouvrir devant vous.

Dans cette circonstance, la théorie a en effet terminé son œuvre, et la parole doit être maintenant à la pratique, aux faits eux-mêmes sainement observés et comparés et qui seuls pourront jeter une vive lumière sur cette question, encore l'objet d'une si vive controverse.

Quelles que soient d'ailleurs les conclusions de l'avenir et les résultats définitifs de cette remarquable innovation, il nous sera permis de conclure en disant que M. Georges Ville, par le retentissement qu'il a donné aux idées abstraites et purement scientifiques de Liebig, par l'application culturale qu'il a su en faire, par la propagation immense qu'il leur a imprimée, par toutes les idées qu'il a remuées dans ses cours et ses diverses publications, a rendu un notable service à l'agriculture et bien mérité des agriculteurs, en provoquant, soit dans la presse agricole, soit dans la classe si nombreuse des cultivateurs et des praticiens, un grand mouvement de discussion, d'analyse et d'expérimentation qui doit produire inévitablement, sous une forme ou une autre, dans l'une ou l'autre des diverses branches agricoles, des améliorations réelles, des découvertes utiles et des progrès véritables.

FALSIFICATION DES ENGRAIS.

Nous pensons que nos lecteurs nous sauront gré de reproduire le document suivant, qui émane de la préfecture de la Loire-Inférieure, et qui est relatif à la falsification des engrais. Ce remarquable document a été rédigé par M. Adolphe Bobière, directeur du laboratoire de chimie agricole de la Loire-Inférieure, qui a rendu les plus grands services à l'agriculture en la mettant en garde contre les fraudes des falsificateurs d'engrais:

Des terres jaunes, des cendres de tourbe, etc., sont ajoutées au guano.

Des pierres verdâtres, du tuffeau ou du sable de rivière soigneusement tamisés sont introduits dans les phosphates fossiles.

La charrée est fraudée par du tuffeau.

Enfin des chaux légères sont offertes en concurrence avec des chaux lourdes.

Le Conseil général a exprimé le vœu que l'attention des cultivateurs fut sérieusement appelée sur ces abus et sur les moyens de les réprimer. J'ai l'honneur de porter à votre connaissance l'avis ci-après ; il a pour but de signaler aux acheteurs d'engrais les fraudes dont ils sont victimes et les moyens qu'ils peuvent employer pour s'en défendre. Veuillez lui donner toute la publicité possible et répéter cette publicité plusieurs fois. Je recommande à MM. les instituteurs de le lire aux cultivateurs et d'en faire l'objet de leurs entretiens.

I. — NOIR ANIMAL.

Origine. — Il est le résidu de la clarification du sucre dans les raffineries, ou de sa filtration dans les sucreries. On le trouve en mottes souvent couvertes de moisissures, ou en grains plus ou moins grossiers. Souvent les noirs en grains sont broyés et tamisés.

Poids de l'hectolitre. — Le noir de raffinerie renferme environ 35 °/° d'humidité ; il pèse en moyenne 95 kilog. l'hectolitre. Les noirs de sucrerie, presque secs, sans odeur, de couleur noire-terne, très employés dans les défrichements, pèsent souvent 100 kilogrammes l'hectolitre.

Composition chimique. — Dans les noirs de raffinerie de Nantes, le phosphate de chaux est contenu à la dose moyenne de 65 °/° ; c'est à dire que 100 kilog. de *noir sec* contiennent 65 kilog. de phosphate de chaux. Lorsqu'un hectolitre renferme 95 kilog. de noir à 35 °/° d'eau, cette mesure ne représente en réalité que 63 k. 750 de noir réel. Or, 100 kilog. de noir contenant 65 kilog. de phosphate, les 61 k. 750 en contiennent 40 k. 130.

Les noirs de raffinerie renferment aussi du sang coagulé, qui joue un rôle utile dans la terre et représente 1 et 1/2 à 2 °/°, quelquefois en azote, du poids du noir sec.

Dans les noirs de sucrerie, la dose de phosphate de chaux est très variable; elle peut aller de 55 à 70 °/° environ de ce principe utile pour cent de noir sec. Or, si l'hectolitre pèse 100 kilog., et que l'analyse chimique indique 65 °/° de phosphate, il y aura réellement 65 kilog. de phosphate dans cet hectolitre, à la condition, bien entendu, que la matière soit sèche.

Prix de vente. — Le phosphate de chaux des os pur valant aujourd'hui environ 27 à 30 centimes le kil., et l'azote 2 fr. au moins, les agriculteurs doivent comprendre que le noir animal offert à bas prix a été l'objet de coupages. Le bon marché apparent leur coûte donc cher. Le noir de raffinerie vaut aujourd'hui 15, 16 et 17 fr., selon les provenances; le prix des noirs de sucrerie ne s'en éloigne pas beaucoup; mais cette matière est lourde et sèche. Certains commerçants offrent des noirs de sucrerie à un prix tel que le kil. de phosphate soit payé 27 à 28 centimes. Un hectolitre sec pesant 100 kilog. et à 65 °/°, d'après l'analyse, représenterait donc 65 kilog. multipliés par 28 centimes, ou 18 fr. 20 c.

Falsifications. — L'introduction de *poudres charbonneuses légères* dans le noir pur diminue le poids de l'hectolitre et par suite de la matière livrée; d'autre part, l'introduction de l'eau, facilitée par la nature spongieuse de ces poudres, rehausse le poids apparent. De cette manière, on peut offrir, à un prix de 9 à 10 fr. l'hectolitre, de prétendus noirs d'os qui sont en résumé vendus fort cher. Exemple : on a pu fabriquer des noirs à 7 fr. l'hectolitre, et dans lesquels l'analyse indiquait 30 °/° de phosphate. Ces noirs pesaient 70 kilog. l'hectolitre et contenaient 32 °/° d'eau. En réalité, l'hectolitre ne contenait que 14 k. 280 de phosphate, et cette substance fertilisante revenait à 49 centimes le kilog. Ce fait, choisi parmi les plus significatifs, démontre que les acheteurs doivent se méfier des bas prix, lorsqu'il s'agit d'achat de

II. GUANOS.

Origine. — On trouve, sur certaines îles de l'océan Pacifique et sur quelques côtes de l'Amérique du Sud, des gisements de matière jaune, tantôt formée de phosphates et de matières azotées, tantôt de phosphate non azoté, et sur l'origine desquels on n'est pas bien fixé. Le guano du Pérou, depuis longtemps employé avec grand succès, et qui paraît formé d'excréments d'oiseaux mêlés à des débris de poissons, venait surtout des îles Chinchas. L'épuisement de ces îles a fait attaquer récemment les îles Guanapé et Macabi ; le gouvernement péruvien opère la vente du guanò en sacs plombés. On importe aussi à Nantes des guanos de Bolivie, de Navassa, de Mexillonnes, etc., qui sont peu ou point azotés. Le *phospho-guano* est un engrais formé de guano phosphaté, traité par un acide énergique et dont une partie du phosphate a été rendu soluble dans l'eau.

Composition chimique. — Le guano Chincha contenait, dans les dernières années, 12 à 13 0/0 d'azote et 25 0/0 de phosphate de chaux. Le guano Guanape renferme environ 8 0/0 d'azote et 28 0/0 de phosphate. Le Macabi est un peu moins riche. Dans le phospho-guano, on trouve 42 0/0 de phosphate, dont 19 à 20 rendus solubles. L'azote s'y élève à 2,60 0/0.

Prix de vente. — Le gouvernement Péruvien fait vendre le guano Guanape 31 fr. 25 c. les 100 kilog ; le phospho-guano est livré au prix de 31 fr. les 100 kilog.

Falsifications. — On ajoute des terres jaunes, de l'ocre, de la cendre de tourbe, des guanos non azotés au guano péruvien, et l'on vend les mélanges ainsi fabriqués dans des sacs dont le plomb ressemble beaucoup à celui du gouvernement du Pérou. Toutefois, ce dernier porte une corne d'abondance sur l'une de ses faces et sur l'autre l'inscription suivante : *Guano du Pérou.*

Ce n'est pas falsifier que d'unir un guano riche en phosphate à un guano fortement azoté ; mais la fraude existe toutes le fois que l'on offre des produits mélangés pour du guano péruvien naturel ou qu'il y a énorme disproportion entre la composition chimique et le prix de vente.

(La fin au prochain numéro.)

LE PETIT JACQUES BUJAULT.

DESTINATION DE L'HOMME.

Etant monsieur, je ne voulais apprendre l'agriculture que dans les livres, mais j'ai bientôt vu qu'il me fallait aussi travailler sur le terrain.

En effet, chaque pays, chaque mode, et à chaque terre sa culture.

Alors, je me suis fait laboureur et paysan, portant sabots à la courge, blouse et large chapeau, mangeant force pommes de terre, et détestant les ivrognes et les fainéants.

Je me trouve fort bien de mon état, et ne crois pas valoir un sou de moins.

Chaque année, on barbouille pour les messieurs cent mille charretées de papier, et l'on imprime pour eux autant de livres qu'un homme peut en lire en sa vie.

Eh bien ! pour le cultivateur, on n'imprime rien du tout.

C'est pourtant lui qu'il faudrait instruire le premier, puisque la vie dépend de lui.

Quant à moi, maintenant que je sais un peu mon état, je veux écrire pour le cultivateur, et je commence.

Dieu nous a donné des jambes pour marcher et des bras pour travailler.

Dieu a dit : si tu veux manger, travaille.

Qui ne travaille pas ne doit pas manger.

Tout vient du travail : la maison, les vêtements, les sabots, la nourriture et le reste.

On n'a rien sans travail.

Jeunes, vieux, grands, petits, hommes, femmes, filles et garçons doivent travailler selon leur force.

Un bon travailleur ne manque pas d'ouvrage.

Le fainéant est comme la mauvaise herbe, qui mange la terre et qui tient la place de la bonne.

DEFRANOUX.

HORTICULTURE.

L'HORTICULTURE, L'ARBORICULTURE ET LA SYLVICULTURE.

L'horticulture complète l'agriculture, lui donne des exemples, suscite l'esprit d'observation et forme le goût.

En général, c'est plutôt un potager qu'un jardin qu'il faut à l'agriculteur.

A la culture des plantes potagères, l'agriculteur fera bien de joindre celle de quelques plantes d'agréments : la fleur moralise.

Le jardin agricole type est d'ordinaire celui du pasteur.

A cultiver l'arbre avec intelligence, il y a tout à la fois grand profit et grand plaisir.

Voyant une plantation, nous nous disons toujours : un homme utile a passé par là.

Plantons pour nos enfants, nous qui savourons les fruits des arbres plantés par nos pères.

Tous les ans, un espalier bien exposé paie au-delà de la

contribution foncière du bâtiment auquel il se trouve adossé.

Convenablement planté en espèces fertiles et de bonne qualité, un verger donne au moins autant de revenu que le meilleur pré.

Si, à la campagne, chaque mur de clos ou de maison était tapissé d'arbres à fruit, nos exportations de fruits, déjà si considérables, seraient immenses.

Que toutes nos voies de terre, de fer et d'eau, ne sont-elles bordées d'une double rangée d'arbres à fruit !

A la campagne, nous avons tant à faire pour nos champs que nous devons nous abstenir de donner aux arbres des formes compliquées, et de nous livrer à des tailles sèches et vertes demandant trop de temps.

Planter ne suffit point.

Il faut aérer l'intérieur de l'arbre.

Il faut s'abstenir de tuer l'arbre, en ne lui laissant que quelques yeux.

Il faut ne pas être tourmenté du désir de transplanter presqu'aussitôt après avoir planté.

Enfin, il faut supprimer les fruits en excès.

Déboisons la plaine et non pas la montagne.

Les pays où il pleut trop rarement étant ceux où il n'y a point de forêts, boisons les monts dénudés.

L'élagage est la taille de l'arbre forestier.

Il lui procure de l'air, en perfectionne la forme, et lui fait produire un bois de travail irréprochable.

L'allée, en la forêt, dit un vieux proverbe, fera toujours le bois.

Nombre de fermes isolées sont dépourvues de plantations d'arbres forestiers capables de les garantir contre le vent.

En voyant cette anomalie, on pourrait accuser l'agriculture de proscrire toute espèce d'agrément, ou d'ignorer toute l'étendue des ressources tenues à notre disposition par la nature.

Trop tôt abattre les arbres forestiers qu'on a plantés est comme couper en herbe le blé qu'on a semé.

DEFRANOUX.

CALENDRIER HORTICOLE DE LA SOCIÉTÉ D'HORTICULTURE DE NANTES.

— JUIN. — TRAVAUX GÉNÉRAUX. — Dans les jardins, mêmes soins, même vigilance, même activité et même surveillance que dans le mois précédent. On doit éviter de semer et

planter quoi que ce soit au pied des arbres ; car les végétaux
qu'on y placerait absorberaient, par leurs racines, une grande
partie des sucs destinés à leur nourriture, et les priveraient,
par leurs fanes et leurs rameaux, de l'influence bienfaisante
de l'air, du soleil et des rosées. Les rayons du soleil demeurent plus longtemps sur l'horizon, la chaleur est plus vive
et plus constante ; aussi les arrosements deviennent plus
urgents, et doivent être plus fréquents, tant pour les semis de
toutes les petites plantes et fournitures que l'on doit semer
souvent, que pour la plupart des végétaux enclos dans un
jardin où la température est toujours plus élevée que celle
de la plaine. Le semis de toutes les plantes annuelles dont
on veut récolter les graines ne peut plus être différé au-delà
de la première quinzaine du mois, sans quoi on court la
chance de voir périr la plante avant qu'elle ait fructifié.

On veille aux espaliers qui demandent à être palissés.
C'est le moment de ramer les espèces de haricots qui ont
besoin de soutien : la hauteur des rames doit être en
rapport avec celle qu'atteint naturellement chaque variété.

Enfin, on retranche le bois inutile sur les cerisiers et
autres arbres à fruits à noyaux.

ARBRES FRUITIERS. — On commence à palisser la vigne,
en ayant le soin de supprimer toutes les pousses sans fruit,
afin d'exciter la sève à se porter dans celles qui en sont
chargées.

On surveille les arbres, et l'on maintient l'équilibre dans
leurs parties, en pinçant les bourgeons inutiles et en continuant l'opération du cassement, déjà recommandée. On
pince particulièrement le bouton terminal du figuier, pour
en assurer la fructification. Dans ce mois on écussonne à
œil poussant.

POTAGER. — Dans les premiers jours du mois, on peut
encore planter quelques melons : on sème des choux-fleurs
durs et demi-durs, pour la récolte d'automne : on plante
ceux que l'on a semés en mai ; on sème encore des cardes
poirées, des navets, de gros radis, radis d'Augsbourg, choux
de Bruxelles, choux de Milan frisés, et autres espèces pour
l'arrière-saison. On continue de semer des haricots suisses
et flageolets, de même que des pois, et on renouvelle ces
semis vers la fin du mois, pour prolonger les récoltes le
plus tard possible. On sème également du persil, de l'endive,
des carottes, des rutabagas, de la chicorée, etc.

On plante les cardons semés sur un bout de couche le
mois précédent ; on peut même en semer en place, si on ne
l'a déjà fait. On commence à repiquer le grand céleri, le
céleri turc et le céleri-rave. La taille des melons réclame

encore les soins du jardinier pendant ce mois. Les fournitures, comme pourpier-doré, cerfeuil, arroche ou bonne-
dame, montent vite dans cette saison ; aussi faut-il en semer
souvent pour ne pas en manquer. Le pourpier et la bonne-
dame ne craignent pas le soleil ; mais le cerfeuil a besoin
d'être semé à l'ombre. On sème la première scarole dans
ce mois. Lorsque l'oseille monte en tige, on la coupe rez
terre, afin qu'elle repousse promptement des feuilles tendres.

Il est encore possible de repiquer des choux, des betta-
raves et des poireaux ; on achève de biner et de butter les
pommes de terre tardives. On cesse la récolte des asperges
afin de conserver les griffes en bon état. On ne laisse qu'une
tête aux pieds des artichauts qu'on veut ménager, et, à la
fin de la récolte, on coupe les tiges près du sol. On fait un
nœud avec la tige des aulx, pour faire passer la sève au
profit des bulbes. Généralement, à cette époque, le potager
réclame de copieux arrosements.

Si l'on peut souvent semer en mai le fraisier des quatre
saisons, c'est en juin que l'on sème les autres espèces. Pour
cela il faut choisir l'endroit le plus chaud du jardin ; on passe
au crible et on ameublit la terre, qui doit être légère, douce
et mélangée de bon terreau ; on la mouille légèrement avec
un arrosoir à pomme ; puis on sème la graine qui doit provenir des plus belles fraises que l'on écrase dans de l'eau
ou sur des ardoises très unies, sur lesquelles on la laisse
sécher complètement. Après avoir semé, on ne recouvre pas
la graine, ou du moins on la recouvre que très peu ; on
abrite avec des paillassons ; on bassine souvent, afin de ne
pas laisser sécher la superficie de la terre. Environ quinze
jours après le semis, on voit germer les graines, lesquelles
donnent un plant que l'on met en pépinière un mois ou cinq
semaines après. Les filets de ce plant sont préférables aux
autres pour la propagation des fraisiers.

PARTERRE. — L'arrosage des fleurs et des nouvelles plantations, le soin de mettre des tuteurs aux végétaux qui en exigent, et de soutenir les plantes grimpantes, constituent les
principales occupations de ce mois. Cependant on greffe et
on écussonne les rosiers à œil poussant ; on met en place
les fleurs d'automne.

C'est ici le lieu de consigner une remarque importante, et
de citer textuellement M. Vilmorin-Andrieux :

« Les balsamines, les reines-marguerites et beaucoup
d'autres plantes tout aussi ordinaires demandent, comme les
plantes précieuses, pour se développer, une bonne terre qui
ne soit pas dévorée, ainsi que cela arrive souvent, par les

arbres de massifs voisins; de l'espace, de la lumière, des arrosements opportuns. C'est le seul moyen d'obtenir de belles fleurs qui dédommageront bien des soins qu'on aura pris. » Avoir moins de plantes et les avoir belles, bien développées, bien soignées, c'est un principe que nous ne cesserons de recommander.

On relève les bulbes des oignons de tulipes et de jacinthes dès que les feuilles jaunissent, à l'exception de ceux qui ont été marqués pour *porte-graines*. Nous ferons observer qu'il faut s'abstenir d'arroser les plantes bulbeuses qui ont perdu leurs feuilles. L'amateur qui cultive les rosiers pour son propre agrément doit couper soigneusement toutes les fleurs qui passent ; non-seulement il donnera à ses rosiers une plus grande apparence de propreté, mais encore il favorisera le développement des fleurs qui doivent succéder aux premières.

Il est bien entendu qu'il ne faut pas se borner à enlever les roses défleuries, mais qu'il doit en être ainsi de toutes celles qui fleurissent mal ou qui sont attaquées par les insetes. Le puceron vert, qui s'attache souvent aux boutons et aux jeunes pousses des rosiers, se détruit au moyen d'une forte infusion de tabac.

Nous avons dit que c'est le moment de greffer les rosiers à *œil-poussant ;* cette opération consiste à placer un ou plusieurs écussons sur les jeunes pousses dont on a favorisé le développement sur l'églantier. Il faut avoir soin de ne pas rogner l'extrémité de celles qui reçoivent la greffe, parce que la sève n'étant plus appelée dans la branche, l'œil ne partirait qu'au printemps ; ce serait alors une greffe à *œil-dormant*, ce que l'on n'avait pas l'intention de faire. On reproche aux greffes à œil poussant plusieurs inconvénients qui ne sont pas suffisants pour engager à négliger ce genre de multiplication, et lui faire préférer celui à œil dormant, pour lequel alors il faudrait attendre le mois suivant. Ce dernier mode de greffer le rosier ne fait partir l'œil qu'au printemps : il a donc toute la saison pour se fortifier, tandis que le premier n'a que deux ou trois mois au plus, de sorte que l'on peut craindre que l'hiver ne surprenne les pousses trop faibles et non suffisamment aoûtées ; l'œil pourrait aussi ne pas être bien constitué lorsqu'on le sèvre ; mais les exceptions sont très rares, et la plupart des pépiniéristes préfèrent l'œil-poussant à l'œil-dormant.

C'est pendant le mois de juin que l'on marcotte les œillets et qu'on multiplie cette jolie plante par le moyen des *boutures* en godets de plomb, ou simplements dans le sol. Ces boutures se font en terre bien préparée, soit sous châssis froid, soit en plein air. On coupe la bouture au-dessous d'une articulation, et on la fend en croix. Ces fentes doivent avoir deux centimètres au moins de longueur. On trempe la bouture ainsi divisée dans la terre de bruyère tamisée, afin de maintenir l'écartement. On fait dans la terre préparée un trou à l'aide d'un piquet de trois centimètres de diamètre ; on y place la bouture et on remplit le trou de terre de bruyère ou de terre franche légère, tamisée. On arrose, puis on place à l'ombre. On peut aussi bouturer en pot, que l'on tient sur couche tiède ou sous châssis. M. Tougard, à qui nous sommes redevable de cette note, ne perd pas quatre boutures sur cent.

« Le marcottage des œillets est une opération importante pour multiplier et rajeunir cette plante ; d'après M. Ramey, on y procède ainsi : on laisse souffrir de soif la plante, afin de rendre plus souples les tiges à marcotter ; on effeuille leur base, et on coupe le sommet des feuilles ; on garnit de terreau le pourtour de la plante, ce terreau se mêle par un labour convenable ; on fait à la partie qui doit se couper une double incision, la première traversale à la base d'un nœud allant jusqu'au milieu, et la seconde verticale en remontant jusqu'à la rencontre d'un nœud supérieur ; on couche en terre dans un rayon, on fixe au moyen d'un crochet ou d'un morceau de bois recourbé ; on forme autour du pied mar-cotté un bourrelet de terre, qui retient l'eau des arrosements qui doivent être fréquents ; la reprise se fait dans un mois après lequel on peut sevrer les marcottes, pour les mettre en pépinière ou même en place. Selon M. Ramey, les meil-leures marcottes d'œillet sont celles faites du 15 août au 15 septembre : la température moins élevée leur est plus favo-rable ; elles sont aussi bien moins exposées aux ravages des insectes. »

ORANGERIE ET SERRES. — Les orangers ont besoin d'arro-semens fréquens, mais très modérés. On doit éviter le trop grand soleil dans les serres, surtout pour les orchidées, etc.

Le mois de juin est le mois de prédilection pour opérer les multiplications par boutures à l'*étouffée*, non-seulement pour les plantes de serres, mais aussi pour une foule de végétaux de pleine-terre. Presque toutes les feuillles détachées, avec leur pétiole entier, traitées comme boutures, réussissent parfaitement.

ANANAS. — Les couches s'établissent à cette époque, en les approvisionnant de *couronnes*, qu'on a transportées à sec dans la mousse. On garnit le fond des pots d'une épaisseur de quatre à cinq centimètres de gravier ; on arrose peu et l'on maintient les couches à vingt-cinq degrés de chaleur.

VITICULTURE

ÉCOLE PRÉPARATOIRE DU VIGNERON ET DE L'HORTICULTEUR,

En ce qui concerne la culture, la multiplication et la transplantation de la vigne, par DEFRANOUX, *ancien président de la Société d'émulation du Jura, à l'usage des vignerons, des horticulteurs, des instituteurs et des écoles normales.*

— Suite. —

LES AMENDEMENTS.

Amender le sol est le corriger et le stimuler.

On amende le sol à vigne :

En le couvrant, surtout quand il est en pente, d'une terre qui, si elle est humifère, lui tient, jusqu'à un certain point, lieu d'engrais.

En le marnant, s'il n'est pas assez calcaire.

En le chaulant, s'il n'est pas assez calcaire.

En le plâtrant un peu, s'il n'est pas assez calcaire.

En lui adjoignant du schiste bitumineux.

En lui adjoignant une terre ferrugineuse, s'il n'est pas assez ferrugineux.

En lui adjoignant une terre compacte, s'il est léger.

En lui adjoignant une terre légère, s'il est compacte.

En le débarrassant de ses plus gros cailloux, s'il est trop caillouteux.

En le déplaçant, si sa couche arable n'a pas assez d'épaisseur, ou si elle est trop tenace.

En le drainant, s'il est humide.

En l'entourant, s'il est humide, de fossés à la fois larges et profonds.

En y pratiquant des rigoles d'écoulement de l'eau de pluie.

En y formant des billons, s'il est trop humide, ou si sa couche arable n'a pas assez d'épaisseur.

En le clôturant, au moyen d'un mur, en ce que le mur concentre la chaleur dans l'enclos.

En le protégeant contre un vent violent ou desséchant, au moyen d'un rideau d'arbres, ou d'une levée de terre.

En le divisant et en l'aérant par des binages opportuns.

En l'irriguant de temps en temps, et avec mesure, pendant une sécheresse prolongée.

LES ENGRAIS.

A la rigueur, le terrage suffit à la vigne, mais fumer vient en aide au terrage, et surtout au terrage avec terre peu humifère.

Le fumier a l'avantage de renfermer de l'azote et des sels alcalins.

Or, l'azote fait surtout du bois, et, descendant jusqu'à l'extrémité des racines, les sels alcalins font surtout du fruit.

Un fumier désagréablement odorant donne au vin une mauvaise saveur.

Trop de fumier très azoté fait trop de bois et trop peu de raisin.

Trop de fumier très azoté provoque la coulure.

Trop de fumier très azoté retarde, surtout en année humide, la maturation du fruit.

Trop de fumier très azoté affaiblit la force alcoolique du vin.

Trop de fumier très azoté rend le vin plat.

Au sol compacte, un fumier très pailleux, en ce que celui-ci le divise et l'aère.

Au sol léger, un engrais consommé, en ce que l'engrais très pailleux, en l'aérant à l'excès, expose le cep à la gelée.

A la vigne, le fumier si durable, qui est constitué par des chiffons de laine.

La raison en est que, se décomposant très lentement, il ne procure pas trop d'azote au cep.

A la vigne, un fumier mélangé, selon les besoins du sol, de matières minérales fertilisantes, et surtout de sels alcalins.

A la vigne, un compost qui, bien consommé, ne soit pas désagréablement odorant.

A la vigne qui croît dans un sol non calcaire, la cendre vive ou lessivée de bois.

A la vigne qui croît dans un sol contenant assez de calcaire, n'en contenant pas assez, ou n'en contenant point, la cendre de tourbe, de pyrites sulfureuses ou de houille.

A la vigne, le produit de l'incinération de tout ce qui vient d'elle.

A la vigne qui croît dans un sol sec, les tourteaux oléagineux, qui procurent de la fraîcheur à la terre et qui font périr maints insectes nuisibles.

A la vigne qui croît dans un sol sec, l'engrais végétal enterré.

La raison en est qu'il lui convient par sa fraîcheur et par

la promptitude avec laquelle il devient assimilable à tout végétal.

A la vigne qui croît dans un sol sec, l'engrais vert en couverture.

A la vigne qui croît dans un sol sec, le fumier en couverture.

Grâce à la fumure en couverture, la vigne résiste, dans un sol très peu profond, à la chaleur, et son fruit n'est atteint ni de brûlure, ni de coulure.

C'est surtout en mai que la fumure en couverture est favorable à la vigne.

A la vigne, des ramilles broyées de pins, d'arbres résineux ou de genêts.

A la vigne, ses sarments, divisés en tronçons bien broyés.

A la vigne, ses feuilles enterrées avant d'avoir perdu leur parenchyme.

A la vigne, les marcs de raisin, la lie de vin et le vin gâté non devenu vinaigre.

Plus on terre, moins il est besoin de fumer.

Fumer pour six ou pour neuf ans est trop fumer pour le commencement, et ne pas assez fumer pour les années d'au-delà du milieu de la période.

Ne fumons pas pour plus de trois ans.

Le mieux est d'ajouter, chaque année, au terrage un léger fumage.

La vigne doit être fumée de telle manière que, de leur origine à leur extrémité, ses racines non pivotantes reçoivent les sucs de l'engrais.

Selon plusieurs auteurs, en cela contredit par d'autres auteurs, la meilleure manière d'employer le fumier est de fumer en rigoles profondes dans les vignes en ligne.

Ne fumer qu'au pied du cep suscite des drageons, et ne profite qu'à l'origine des racines traçantes.

Ne fumons un cep que selon son besoin.

Fumons plus pour taille généreuse que pour taille restreinte.

La raison en est que la vigne a d'autant plus besoin de nourriture qu'elle a beaucoup d'arborescence.

Fumons plus pour la vigne en foule que pour la vigne à ceps très espacés.

La raison en est que, dans les vignes de l'espèce, les racines des ceps s'affament les unes les autres.

Fumons plus pour la vigne provignée que pour la vigne de franc-pied.

La raison en est que la vigne provignée est une vigne

qui, souffrante, a, plus que la vigne de franc-pied, besoin d'un régime tonique.

Fumons plus pour la vigne sans échalas que pour la vigne échalassée.

La raison en est que, affaiblie par le grand nombre de grappes qu'on la force à porter et par la taille courte, elle a plus besoin que la vigne échalassée de vivre dans un bon sol.

Ne craignons pas de pourvoir d'une fumure désagréablement odorante le sol où croît une jeune vigne qui ne doit pas fructifier avant deux ans ou avant un an.

La vigne simplement terrée produit un fruit plus sucré que celui qu'on doit à la vigne fumée.

La vigne fumée produit plus de fruit que ne le fait la vigne simplement terrée.

(*La suite à la prochaine livraison.*)

HYGIÈNE.

LA TEMPÉRANCE. — De l'amour de la santé naquit la tempérance.

L'homme tempérant est rarement malade.

On ne saurait croire combien une petite santé gouvernée par la tempérance peut aller loin.

Tel est né souffreteux qui finit par devoir à la tempérance une excellente santé.

Grâce à la tempérance, on a presque toujours tête fraîche, ventre libre et pieds chauds.

Pourquoi ne pas avoir une comptabilité ouverte pour notre tempérance, comme pour notre industrie.

LA SOBRIÉTÉ. — La sobriété, a dit Cornaro, qui parvint à vivre plus de cent ans, est la racine de la vie, de la science et de tous les actes dignes d'une âme bien née.

Elle donne au riche la modestie ;

Elle inspire au pauvre l'idée d'épargner.

Elle dote le jeune homme de l'espoir de vivre un siècle.

Elle augmente la force et le courage du vieillard luttant contre la mort.

Elle rend l'intelligence plus vive, la mémoire plus fidèle et l'esprit plus gai.

Elle permet l'alliance de la nourriture de l'esprit à celle du corps.

Elle purifie les sens et élève l'âme.

Enfin, elle fait l'homme qui s'acquitte avec le plus de sagesse de ses multiples devoirs de citoyen, et le plus diposé et le plus apte à défendre sa patrie.

DEFRANOUX.

MOYENS DE SE PRÉSERVER DES MORSURES DES CHIENS ENRAGÉS.

La rage est une affreuse maladie qui préoccupera toujours à bon droit l'humanité, d'autant plus qu'il n'y a pas encore de remèdes connus pour elle.

Depuis quelque temps les accidents rabiques ont été fréquents. Nos feuilles publiques sont remplies de tristes détails. M. Delsol, médecin-vétérinaire, a publié, il y a déjà plusieurs semaines, dans le *Messager de Mirande*, un petit travail intéressant sur les moyens propres à se *préserver des morsures des chiens enragés*. Nous empruntons à ces *notes* des renseignements qu'il nous semble bon de faire connaître.

« De tous les individus susceptibles de contracter la rage par contagion, dit M. Delsol, l'homme exclusivement peut se défendre du chien enragé et l'abattre sans recevoir des blessures, pourvu qu'il soit bien armé et qu'il ait tout le sang-froid voulu pour la sûreté de sa défense.

Mais un piéton, sans armes d'aucune sorte, un vieillard, une femme, un enfant, peuvent-ils éviter les morsures lorsqu'ils sont abordés par un chien enragé ?

C'est ce que nous allons examiner.

Ainsi, on peut faire fuir le chien enragé ou le retenir assez longtemps sur des objets divers pour que l'on puisse s'éloigner ou attendre du secours.

On le fait fuir en lui projetant, dès qu'il s'approche de vous, de l'eau sur la face ou la tête, par des aspersions ou douches, toutes les fois qu'un cours d'eau, un abreuvoir ou une mare permettent par leur proximité de l'utiliser.

Pour la facilité de l'opération, on entre hardiment dans l'eau que l'on lance par jets successifs à l'aide des deux mains réunies en écuelle.

L'impression douloureuse qu'exercera sur la vue le miroitement de ce liquide, malgré même que le chien puisse rester indifférent à l'aspect de l'eau morte, qu'il recherche quelquefois pour apaiser sa soif ardente, l'obligera à s'éloigner ; — nous nous sommes bien souvent assuré de ce fait par l'expérimentation sur des chiens enragés retenus à l'attache ou dans des loges.

On le fait fuir encore en se défendant avec des cailloux ou des pierres ; le chien craint extrêmement ces projectiles, qu'il redoute beaucoup plus que le bâton ou le fouet; on le voit plus fréquemment prendre ces derniers avec les dents et nous désarmer si nous n'y prenons garde, tandis que les premiers le tiennent à une distance respectable : on peut, du reste, observer ce fait sur les chiens de garde les plus hargneux, que l'on voit s'éloigner dès même que l'on simule l'action de ces projectiles comme moyen de défense ; et le chien enragé, malgré sa fureur et ses aberrations mentales, jouit encore d'un certain discernement, puisque, placé sous le coup de la rage, il ne quitte généralement le foyer domestique que lorsqu'il ne peut plus résister au pressant besoin de mordre, pour y revenir dès qu'une apparence de calme ou son extrême épuisement des forces le rendent inoffensif par morsures.

On peut le retenir sur des objets et trouver assez de temps pour s'éloigner, en lui jetant un mouchoir, un vêtement, un linge ou un morceau de bois; le chien s'y précipite avec acharnement, mord violemment ces objets assez longtemps pour que, si on est près d'une habitation, on puisse s'y enfermer ou, sinon, pour se diriger à travers champs, et mieux, pour les personnes jeunes et agiles, si un arbre est à portée, pour y grimper.

Enfin, on peut le retenir encore sur un chien que l'on aura pour compagnon de voyage, car il a été observé que le chien enragé attaque de préférence les individus de son espèce, et même toute autre espèce domestique plutôt que l'homme.

Les personnes ainsi menacées par l'approche d'un chien enragé, en s'éloignant, devront se diriger du côté opposé à son itinéraire et éviter de prendre les routes ou les sentiers, surtout ceux qui sont ombragés par des arbres ou des haies, et s'abstenir de suivre les bas-fonds entre les collines, parce que tous ces endroits sont ceux que recherchent par prédilection les chiens enragés. »

EXTRAITS
DU JOURNAL D'AGRICULTURE PRATIQUE.

(Nous analyserons tous les articles vraiment pratiques publiés par ce journal.)

Laisser les bêtes à cornes sur leurs déjections est un système inadmissible pour les vaches à lait.

Pour arriver à quelque chose, l'enseignement agricole a besoin de se répéter très-souvent.

Grâce à de gros capitaux, la culture intensive élève à son apogée la faculté productive du sol.

Où le sol est à bon marché, où l'on emploie des bras non salariés et où le capital manque, l'exploitation extensive de trois hectares produisant trente hectolitres de blé, est sinon plus économique, du moins plus praticable que l'exploitation intensive d'un hectare procurant à lui seul la même quantité de grain.

La charrue, instrument par lequel prédominent les céréales à petites récoltes, joue un trop grand rôle dans nos terres pauvres.

En agriculture, pour dégager les résultats sérieux d'une expérience, il faut tenir compte des éléments de fertilité du sol.

En se décomposant lentement dans le sol, l'humus rend assimilable à la végétation une quantité notable des éléments contenus dans l'atmosphère, et principalement l'azote.

Nos neveux s'étonneront un jour que, dans un pays comme la France, où tout vit de la terre, on n'ait pas commencé par enseigner aux enfants, après les remercîments au Créateur, l'art de cultiver la terre et d'y vivre heureux.

La prétention de diriger officiellement la production du cheval dans telle ou telle voie aboutira toujours à des résultats négatifs, car on ne peut lutter utilement contre la tendance naturelle de l'élevage à se porter du côté où il trouve le plus de profit avec le moins de risques.

En Angleterre, on ne devient une puissance ou une influence qu'en restant aux champs.

Que le propriétaire intelligent qui dispose d'assez de capitaux transforme son domaine par le chaulage ou le marnage, par le drainage et par les labours profonds!

Bien administrer est bien prévoir, et quiconque a su conduire sa barque dans la première phase de vie, deviendra rapidement un agriculteur capable, là où les améliorations foncières jouent le principal rôle.

LA CLEF DE LA SCIENCE

Où les phénomènes de tous les jours, expliqués par le docteur E.-C. Brewer, membre de l'université de Cambridge, du collége des précepteurs de Londres, etc., auteur de plusieurs ouvrages littéraires, historiques, scientifiques, mathématiques, etc.

NUAGES (suite).

Comment peut-on subdiviser les nuages INTERMÉDIAIRES ? — En 1° cirrho-cumulus ; — 2° cirrho-stratus.

Décrivez les CIRRHO-CUMULUS. — On appelle cirrho-cumulus

ces petits nuages arrondis qui occupent souvent le zénith et d'où partent, comme d'un centre, des traînées semblables à une chevelure éparse.

On désigne quelquefois ces nuages sous les noms de queues ou de langues de chat ; en Angleterre : mare's tails.

Qu'ANNONCENT les nuages qu'on appelle cirrho-cumulus ? — En été, ils annoncent la chaleur et la sécheresse ; en hiver, la gelée.

Qu'est-ce qui PRODUIT les nuages cirrho-cumulus ? — Les cumulus se résolvant en cirrhus produisent les cirrho-cumulus.

Qu'est-ce que les nuages qu'on désigne sous le nom de CIRRHO-STRATUS ? — Ce sont ceux qui forment le ciel pommelé et que les matelots français nomment balles de coton. Cette classe de nuages annonce toujours un temps de pluie et de vent. C'est de là que vient le proverbe : Brebis qui paraissent ès-cieux font temps venteux et pluvieux.

Qu'est-ce qui PRODUIT les nuages qu'on nomme cirrho-stratus ? — Les cirrhus s'accumulant en masses plus grandes, quand l'air est chargé de vapeur d'eau, forment les cirrho-stratus.

Comment peut-on subdiviser les nuages COMPOSÉS ? — 1° En cumulo-stratus ; — 2° en nimbus.

Qu'est-ce que les nuages qu'on désigne sous le nom de CUMULO-STRATUS ? — Les cumulo-stratus sont les plus grands de tous les nuages ; ils ressemblent souvent à des tours ou à des roches énormes, à des monstres démesurés, à des champs de bataille, à des géants, etc.

Que présagent les cumulo-stratus ? — Un changement de temps. Si le ciel a été couvert, les nuages cumulo-stratus présagent un beau temps ; pendant un temps clair, ils présagent la pluie.

Quelle sorte de nuages appelle-t-on NIMBUS ? — Tous les nuages qui donnent de la pluie.

Nimbus, mot latin, veut dire nuage qui porte la pluie.

Qu'arrive-t-il dans les nuages avant la PLUIE ? — Les cumulus deviennent stationnaires, et des traînées de cirrhus s'étendent sur la masse, qui alors se convertit en cumulo-stratus. Si la couleur de cette masse est d'abord noire et tourne au gris foncé, il pleuvra peu après.

Souvent, le matin, le ciel est couvert de strato-cumulus et la pluie tombe en abondance ; mais, vers neuf heures, le soleil dissipe les nuages en élevant la température de l'air.

A quoi SERVENT les nuages ? — 1° Ils interceptent la chaleur intense du jour ; — 2° ils gênent le rayonnement du sol après le coucher du soleil ; — 3° ils sont les grands réservoirs de la pluie.

Pourquoi dit-on quelquefois que le vent AMÈNE les nuages ? — Parce qu'un vent chaud chargé de vapeur en dépose quelquefois une partie sous forme de nuages, lorsqu'il rencontre une atmosphère plus froide que lui-même.

Pourquoi dit-on quelquefois que le vent CHASSE les nuages ? — Parce qu'un vent sec absorbe une partie de la vapeur des nuages, qui alors s'évanouissent.

Pourquoi des nuages ROUGES, au coucher du soleil, annoncent-ils un BEAU lendemain ? — Parce que c'est une preuve que l'air est sec et dense, atmosphère que les rayons rouges des faisceaux de lumière peuvent seuls pénétrer. Notre-Seigneur a fait allusion à ce phénomène dans les mots suivants : « Quand le soir est venu, vous dites : Il fera beau temps, car le ciel est rouge. » (S. Matth., XV, 2.)

Pourquoi les nuages d'une teinte JAUNE FONCÉE à l'occident annoncent-ils la PLUIE ? — Parce que cette couleur indique que l'air est humide et assez peu dense pour que les rayons jaunes (qui ont moins de momentum ou de force que les rouges) puissent le pénétrer.

L'air sec est plus dense que l'air humide.

Expliquez le proverbe :

> Rouge soir et blanc matin,
> C'est la journée du pèlerin.

— 1° Rouge soir, indique que l'air est sec quand le soleil se couche ; — 2° blanc matin, indique que l'air est si transparent que tous les rayons peuvent le pénétrer.

Un autre proverbe français dit : Blanche matinée, belle journée.

Expliquez le proverbe :

> L'arc-en-ciel du matin,
> Pluie sans fin ;
> L'arc-en-ciel du soir
> Donne espoir.

— L'arc-en-ciel du matin annonce l'approche du mauvais temps ; mais l'arc-en-ciel du soir indique que le mauvais temps s'éloigne.

Pourquoi l'arc-en-ciel du MATIN indique-t-il que le mauvais temps APPROCHE ? — Parce que les vents de l'ouest ou du sud-ouest amènent en général la pluie. Si un arc-en-ciel paraît le matin, ce doit être à l'ouest, et alors il montre que cette partie du ciel est chargée de nuages.

Le proverbe n'est pas vrai, si le vent d'est souffle quand l'arc-en-ciel se manifeste.

Pourquoi l'arc-en-ciel du soir indique-t-il que le mauvais temps s'éloigne ? — Parce que l'arc-en-ciel du soir, paraissant nécessairement à l'est, montre que l'ouest, d'où vient en général la pluie, est débarrassé des nuages, et que, par conséquent, le mauvais temps s'éloigne.

Le proverbe n'est pas exact, si le vent souffle de l'est quand l'arc-en-ciel se forme.

Pourquoi l'arc-en-ciel du matin se manifeste-t-il toujours à l'ouest, et l'arc-en-ciel du soir à l'est ? — Parce que l'arc-en-ciel est toujours opposé au soleil. Par conséquent, quand le soleil se lève, l'arc-en-ciel est réfléchi par les nuages de l'ouest ; et, quand le soleil se couche, l'arc-en-ciel est réfléchi par les nuages de l'est.

LES TERREURS PANIQUES CHEZ LES ANIMAUX.

Un médecin vétérinaire très distingué, M. Delarmes, d'Arles, a récemment publié une étude très curieuse. *Sur les terreurs paniques des animaux*, M. Decroix, vétérinaire en chef de la garde municipale... à cheval, avait fait précédemment une communication sur le même sujet. Le premier avait assisté aux *Ferrades*, qui se font en masse dans les lieux déterminés, à tous les bœufs d'un pays ; — le second, par la nature de ses fonctions en Algérie, avait assisté à l'influence terrible du sirocco.

Les descriptions de ces deux observations sont saisissantes, par la précision du tableau qu'ils ont fait de la panique chez les animaux, mais surtout par la concordance des détails.

Qu'il s'agisse de chevaux, qu'ils s'agisse de bœufs, il est démontré que la panique est identique à elle-même partout et qu'elle est causée par la suppression complète de l'activité cérébrale, qui abandonne l'être affolé à l'impulsion de ses organes nerveux inférieurs.

L'ART D'ÉLEVER DES LAPINS.....

Nous sommes toujours en France trop disposés à rire des petites industries. Il faut bien cependant que l'on arrive à se persuader que les petites industries, lorsqu'elles s'attachent à l'alimentation du pauvre, sont les plus importantes. La Hollande a dû sa grandeur et sa richesse au salage du hareng. Ne riez donc pas de l'élevage du lapin et sachez qu'un de nos agronomes les plus habiles, M. Eugène Gayot, a publié sur cette branche de l'agriculture un livre qui ne permet plus de rire lorsqu'on parle de se faire des rentes avec des lapins. Retenez plutôt les renseignements qui vont suivre, empruntés au livre de M. Gayot :

Une lapine, dans une étroite cabane, même au fond d'un tonneau, peut vous donner par an sept portées, composées chacune d'au moins huit petits ; c'est un total de cinquante-six lapins ; à quatre, cinq et six mois, les voilà bons à manger et parvenus au poids de 2 kilogrammes et demi, cela fait un total de 140 kilogrammes de viande.

Le nombre des lapines est, en France, d'un million à peu près, c'est donc une production annuelle de 140 millions de kilogrammes de viande. Or, selon M. Gayot, rien ne serait plus facile que de porter à deux millions le nombre des mères, ce qui nous produirait annuellement 280 millions de kilogrammes de viande.

Voyez-vous maintenant l'importance du petit bétail ? Ajoutez à cela que vous produisez aux petits ménages avec l'élevage du lapin une viande qui échappe à l'impôt, qui échappe aux frais de transport, au regrattage des intermédiaires, etc., etc.

VIANDE DE CHEVAL.

Le nombre des chevaux, ânes et mulets livrés à la consommation, à Paris, a été de 453 pendant le 1er trimestre 1867 ; de 749 pendant le même trimestre en 1869 ; de 989 en 1870 ; de 1,275 en 1872.

Il y a, à Paris, 23 boucheries de cheval.

La viande de cheval est vendue à moitié du prix de la viande de bœuf.

LA CONSOMMATION DE LA VIANDE EN ANGLETERRE.

Le recensement des animaux vivants, en 1870, a donné 9,235,052 bestiaux de tout âge ; 32,786,784 moutons de tout âge et 3,650,730 porcs de tout âge, représentant, suivant l'estimation adoptée, une production de 659,646 tonnes de bœuf et de veau, 409,834 tonnes de mouton et agneau, et 151,145 tonnes de porcs et jambon, total : 1,220,625 tonnes de viande.

DESTRUCTION DES FOURMIS NOIRES ET DES INSECTES NUISIBLES.

Dans une maison de campagne infestée de fourmis, on avait fait cuire des pruneaux à trop grande eau. On en retira la plus grande partie et on la mit en réserve dans un vase à bords renversés, et on plaça celui-ci dans une armoire. Le lendemain, on fut grandement surpris de trouver ce vase rempli, non plus de jus de pruneaux, mais bien d'une pâte compacte, d'un véritable mastic composé en partie de fourmis mortes. Cette première agglomération était du poids d'environ 1 kilogramme.

Par suite de ce fait, on eut l'idée de placer au pied de quelques-uns des arbres les plus attaqués d'un jardin voisin des vases de même forme contenant du jus de pruneaux, et la réussite fut complète.

Enfin, un moyen qui a réussi à beaucoup de personnes, c'est l'emploi de la cendre :

Jetez de la cendre sur les fourmis, soit quand elles sont dans les allées, soit quand elles grimpent sur les murs, ou sur les troncs d'arbres. Entourez leurs nids avec un cercle de cendre, vous les voyez se rouler et s'enfariner. Celles qui ne périssent pas, disparaissent au bout de quelques jours.

REMÈDE CONTRE LES PIQURES D'INSECTES..

« Piqûres d'insectes, guêpes, frelons, abeilles, taons, cousins, puces, etc., sont instantanément guéries au moyen d'un poireau. Il suffit de frotter la partie blessée avec ce légume et l'enflure est aussitôt conjurée, la douleur n'a même pas le temps de naître.

« Ce remède a, paraît-il, été découvert par un chien. Cet animal, piqué au nez par une guêpe, s'en alla droit au potager de son maître, y déracina un poireau, l'apporta sur une pierre où il le lacéra avec ses griffes, puis s'en frotta le nez dont l'enflure et la douleur disparurent rapidement. »

Niort. — Typographie de L. Favre.

CHRONIQUE AGRICOLE.

Sous l'influence d'une température très favorable, les blés progressent et s'avancent à grands pas vers la maturité, et dans quelques jours la moisson commencera dans l'extrême Midi de la France. Toutes les correspondances reçues sont unanimes pour constater les apparences magnifiques de la récolte en blé, avoine et fourrages, et si on n'est pas encore fixé sur la qualité, il n'y a aucun doute aujourd'hui sur la quantité ; nous aurons donc en blé un excédant considérable sur une année ordinaire.

Quant aux fourrages, nous aurons le double d'une année moyenne. Les orages du 19 ont bien versé quelques champs ; mais ces dommages, qui se présentent chaque année, ne sont que locaux et n'ont aucune influence sur l'ensemble de la production.

La moisson est presque terminée dans toute l'Algérie, et les résultats en sont des plus satisfaisants. Les avis de l'Allemagne constatent également une récolte dont les apparences ne laissent rien à désirer. Il en est de même dans les grands centres producteurs de l'Amérique du Nord.

Les télégrammes et correspondances du Levant et de la Russie ne laissent plus de doutes sur la médiocrité de la récolte, par suite d'une sécheresse exceptionnelle, et ces pays de grandes productions ne pourront exporter que de faibles quantités. Cette situation obligera l'Angleterre de chercher ailleurs les 20 ou 25 millions d'hectolitres de blé qu'elle achète chaque année sur les ports de la Mer Noire et en Amérique. Notre bonne récolte donnera toute facilité au commerce français pour fournir à nos voisins une grande partie des quantités qui leur seront nécessaires pour leur consommation. Ces probabilités ont une importance considérable pour notre commerce et notre agriculture ; car les besoins de l'Angleterre forment, au minimum, un total de sept cents millions de francs, et nos exportations en céréales pourront facilement atteindre, cette année, quatre à cinq cents millions, et en ajoutant à cette somme les exportations sur le même pays, en sucres, vins et spiritueux, nous aurons un total de un milliard de francs pour les exportations de nos produits agricoles en Angleterre.

Les marchés des départements n'ont que des transactions très limitées, et malgré les faibles apports de la culture, la baisse des blés et des menus grains a été plus accentuée. L'empressement de la grande culture à offrir des blés de la nouvelle récolte, à livrer sur septembre, et à des prix de 2 fr. à 4 fr. plus bas par 100 kil. que les cours actuels, prouve d'une manière évidente qu'elle espère une abondante moisson.

Sur nos plus grandes places maritimes, les transactions n'ont eu aucune importance, et les détenteurs se décident à faire des concessions, afin de réaliser aux meilleures conditions.

A l'étranger, la situation est restée très calme. En Angleterre, les blés, qui avaient conservé une certaine fermeté, sont restés très faiblement tenus à Londres, et en baisse de un à deux shillings sur les autres marchés de l'Angleterre.

A Paris, les blés sont en baisse, et, malgré les concessions des détenteurs, les affaires sont d'une nullité presque complète.

Le seigle a été très calme aux cours de 20 à 20 25 les 115 kilog. L'orge est moins offerte; le cours commercial reste de 14 à 14 25 les 100 kilog., en gare d'arrivée. Les ensemencements en orge ont, cette année, beaucoup moins d'importance que l'année dernière. Les avoines sont restées sans changement de 15 à 16, suivant qualité, les 100 kilog. Les farines de consommation sont cotées de 69 à 74. Le maintien des prix est dû principalement à la diminution toujours croissante du stock à Paris, diminution qui sera fin juin probablement de 50,000 quintaux, et le stock du 1er juillet ne sera guère que de 150,000 quintaux, dont 50,000 de 8 marques et 12,000 de farines supérieures.

Depuis plusieurs années la France n'avait récolté que de faibles quantités et était devenue tributaire de l'étranger pour les graines oléagineuses. Cette année, nous aurons une magnifique récolte en colza, et il en sera de même en Belgique, en Hollande et dans toute l'Allemagne du Nord. La récolte est déjà commencée dans les contrées au-dessous de Paris, et le rendement dépasse les espérances de la culture et du commerce.

La température dont nous jouissons a favorisé les betteraves en terre d'une manière extraordinaire et dissipé complètement les inquiétudes causées par les intempéries du commencement de juin. Les avis de la Belgique et de l'Allemagne constatent également des apparences meilleures dans les conditions de la plante, et l'ensemble de la situation en Europe est aujourd'hui très satisfaisant. Quant au rendement saccharin, il faut attendre fin août pour en connaître l'appréciation.

Pour compléter le consolant tableau de nos champs, il faut y ajouter la fleur de la vigne qui embaume sous le vent. Avec trois semaines encore de ce beau ciel, les grains se formeront vite, et cette récolte, si souvent soumise aux caprices des plus petites intempéries, pourrait encore nous faire oublier le mauvais vin de 1871.

Dans tous les vignobles du Bordelais, la floraison s'accomplit dans les meilleures conditions. Il en est de même dans l'Hérault et dans tout le Midi, où elle touche à sa fin. Les avis de la Bourgogne, des vallées du Cher et de la Loire, celles de la Moselle, sont également des plus satisfaisantes ; aussi le langage des vignerons commence-t-il à être partout plus rassurant qu'il n'avait été depuis quelque temps, et les vendeurs se montrent-ils d'un abord plus facile.

La hausse énorme qui depuis plusieurs mois se produit sur les bestiaux est loin de se ralentir. A quel chiffre s'arrêtera-t-on ? Deux bœufs jeunes et d'un joli type ne sont pas gros pour mille francs. Depuis six mois, il y a près de 200 francs d'écart dans le cours qu'on a toujours constaté ascendant dans la catégorie d'un attelage de charrue ; ainsi deux bœufs qui se livraient facilement, en janvier, pour 900 francs, ne se marchandent plus pour 1100 francs, et pour peu qu'ils aient toutes les *qualités* qui se voient et qui se touchent, ils sont vite entourés de nombreux amateurs ; alors il n'y a plus de cours et la folle enchère fait monter à des prix impossibles.

Les vaches subissent, pour la même cause — l'abondance des fourrages — ce cours exagéré. De belles génisses d'ordre sont aussi chères que des bœufs.

C'est le moment de répéter sans cesse aux cultivateurs : Faites des élèves ! faites des élèves ! Garnissez vos étables, car vous vous en trouverez très bien. Le bétail n'est pas prêt à baisser de prix.

C'est le cas de ne point manger nos bœufs en veaux, notre viande noire en viande blanche, et de faire des élèves.

FAITS AGRICOLES.

CONCOURS AGRICOLES RÉGIONAUX.

Par suite de diverses circonstances, des changements ont dû être apportés dans la désignation des localités où devaient avoir lieu les concours, et dans la tenue de ces concours eux-mêmes. Ainsi :

1° Le concours, d'abord fixé à Périgueux, aura lieu dans la ville de Bergerac, du 24 août au 1er septembre, dates primitivement arrêtées.

2° Le concours, d'abord fixé à Nîmes, aura lieu dans la ville de Montpellier, du 12 au 20 octobre. Un nouvel arrêté déterminera les conditions de ce concours.

Les autres expositions d'animaux, d'instruments et produits sont maintenus de la manière suivante : Rennes et Tulle, du 31 août au 8 septembre ; Auch, Grenoble et Nevers, du 7 au 15 septembre ; St-Etienne, du 14 au 22 septembre.

3° Les concours de Besançon et de Bar-le-Duc sont supprimés.

4° Le concours de Melun est fixé du samedi 20 au dimanche 28 juillet.

5° Sur les pressantes réclamations de M. le préfet de la Sarthe, le concours du Mans est ajourné au mois de septembre.

Des concours de moissonneuses s'organisent à Châtellerault (Vienne), à Troyes (Aube), à Eu (Seine-Inférieure).

Ces concours sont d'une haute importance, au moment où la main-d'œuvre est d'un prix si élevé : Il faut aussi considérer que la moisson doit se faire rapidement, et que les cultivateurs doivent, immédiatement après le sciage, mettre leurs gerbes en moyettes. Cette méthode est d'une nécessité absolue, et pas un seul cultivateur ne devrait négliger de l'appliquer.

La peste bovine tend à disparaître. Elle ne fait plus qu'un petit nombre de victimes dans le département du Nord et dans celui de l'Oise. L'épidémie a disparu en Belgique.

M. Georges Ville, professeur administrateur au Muséum d'histoire naturelle, a commencé ses conférences agricoles, au champ d'expériences de Vincennes. Il les continuera chaque dimanche.

Le professeur fera l'histoire des procédés de culture des plus récents et traitera en particulier de l'emploi des engrais chimiques.

Le champ d'expériences de Vincennes est situé à côté de la redoute de Gravelle, sur la lisière du bois.

Le prospectus des Ecoles d'agriculture (Grignon, Grand-Jouan et Montpellier,) modifié en 1869, vient d'être soumis à une nouvelle révision dans quelques-unes de ses parties, notamment quant à la durée des études et à l'âge de l'admission.

Le temps des études sera désormais de 2 années et demie. Les élèves subiront donc l'examen de sortie à l'expiration du 1er semestre de la 3e année scolaire de leur séjour à l'établissement.

L'âge d'entrée a été abaissé à 17 ans révolus à l'époque des examens, ce qui est le retour à l'ancienne règle.

La *Société protectrice des animaux* de Lyon a mis au concours la question suivante :

« Rechercher l'origine et les causes de la cruauté, surtout envers les animaux ;

« En spécifier à grands traits la marche historique, les excès et la diminution ;

« En indiquer les remèdes les plus naturels et les plus efficaces. »

Les mémoires, écrits en français, seront adressé *franco*, avant le 30 novembre 1872, terme de rigueur, à M. Gruat, secrétaire-général de la société, rue de Lyon, 30, à Lyon.

La Société d'agriculture de Londres a constaté que les glands consommés *en excès* par les animaux étaient un violent poison. Dans plusieurs fermes d'Angleterre, les pertes se sont élevées, dans certains cas, à 75 pour cent.

LES FAUCHEUSES.

La question des faucheuses est, sans contredit, une des plus intéressantes du moment. Aussi nous mettons sous les yeux de nos lecteurs les renseignements suivants, que nous puisons aux meilleures sources :

Nous pensions ne plus avoir à revenir, cette année, sur les

faucheuses mécaniques, mais nous comptions sans nos lecteurs, qui nous demandent de compléter les notes que nous avons publiées dans notre précédent numéro, principalement en ce qui concerne la nouvelle faucheuse américaine, dite de *Sprague*, en faveur de laquelle on fait autant de réclame que s'il s'agissait de la *douce revalescière*, du fameux *goudron de Guyot*, ou de quelques autres drogues semblables qui ont (au moins en imagination) la propriété de guérir tous les maux qui attaquent notre pauvre humanité.

Au sujet de cette faucheuse, un de nos abonnés nous écrit :

« Je possède, ainsi qu'un de mes voisins, depuis deux ans, une faucheuse Hornsby *Paragon*, dont nous sommes très contents, et deux autres de mes voisins possèdent des faucheuses Wood, dont ils ne sont pas mécontents non plus. Vous devez comprendre que nous ne nous sommes pas fait faute d'aller examiner une *faucheuse Sprague*, qui vient d'être adressée à un de nos amis sous garantie d'essai *pour deux hectares*, et je crois, dans l'intérêt général de la culture, devoir vous donner mes appréciations sur cet instrument, que certain journal agricole, pourtant ordinairement sérieux, mais cette fois bien payé sans doute, *louange* outre mesure. — D'abord cette garantie d'essai pour un ou deux hectares n'a absolument rien de sérieux ; mais passons.

« A première vue, cette faucheuse plaît, elle est coquette, élégante, et éclatante de peinture ; mais gardez-vous bien d'examiner l'intérieur, car vous risqueriez fort d'être désillusionné. En somme, on en a pour son argent, et, comme vous ... faisiez font bien dans l'article publié dans le précédent numéro ... *Journal des campagnes*, cette machine est un joujou ... d'un travail sérieux et continu. Mais cela ne suffit incapable ... is que vous rendriez service à la culture en pas, et je cro... ...servations, car il ne faut pas oublier qu'un complétant vos ... entre les mains des cultivateurs fait mauvais instrument mis ... l'appellerai tout particulièrement votre attention ? — 1° sur la ... ...géreté de la machine ; reculer le progrès de dix ans, ... — 2° la fragilité des pièces, qui presque ... toutes sont en fonte ; — 3° la disposition et la multiplicité des ... engrenages ; — 4° la disposition et la forme de la scie ; — 5° l'embrayage ; — 6° l'encliquetage des roues ; — 7° le levier de la scie, enfin le mode de tirage et la planchette qui forme l'andain.

« Je crois que vous aurez beaucoup à dire sur chaqun de ces points. »

Nous regrettons que notre correspondant n'ait pas complété son article, en comparant la nouvelle faucheuse avec le *Paragon* qu'il possède, ou avec celle du système Wood, que ses amis emploient. Mais puisque nous avons précédemment donné la description de ces machines, qui sont aujourd'hui connues et appréciéès, il est juste que nous donnions aussi celle de la nouvelle.

Nous aurions désiré pouvoir faire la louange de la faucheuse Sprague, comme l'ont fait quelques-uns de nos confrères. Toutefois, nous ferons remarquer que la plupart des notes louangeuses se trouvent dans les *annonces payées*, et non dans le corps du journal. Pourtant nous déclarons que nous ne les aurions acceptées à aucun prix, même comme annonces.

Nous avons déjà dit que cette machine est d'une légèreté poussée à l'excès. Il en résulte nécessairement que là plupart des pièces qui sont en fonte ne résisteront pas au moindre choc. Nous avons dit aussi que les engrenages étaient divisés en trois séries, et qu'ils étaient renfermés dans une boîte en fonte, comme dans la faucheuse Faure. Mais ce dernier avait conservé la grande roue motrice, et on avait beaucoup louangé l'idée d'enfermer les engrenages, afin de les mettre à l'abri des chocs et des saletés qui les encrassent. Malheureusement, on reconnut bientôt que les engrenages ainsi renfermés n'étaient pas suffisamment soignés ; et, en définitive, on fut obligé d'abandonner ce système.

Dans la faucheuse Sprague, la disposition de la scie est simple, trop simple même. La lame est formée par des plaques triangulaires, fixées par deux rivets sur une tringle en acier. Or, si l'un de rivets s'échappe, la plaque se soulève, porte contre les dents du porte-lame, et l'une des pièces se brise. Dans la faucheuse *Paragon*, les plaques sont enchevêtrées l'une dans l'autre et comme solidaires ; de plus, elles sont munies d'un évidement qui sert de dégorgeoir,

L'embrayage se fait avec le pied, ce qui est très joli en théorie, mais d'un maniement très difficile en pratique, et il arrivera immanquablement que, venant à s'embrayer en marche et alors que la scie sera relevée, le mécanisme se brisera ; car, on le voit, la scie ne peut fonctionner dans cette position ; ou si on ne brise pas la machine, on forcera la tige

de la scie, ce qui ne sera pas difficile, car elle a 60 centimètres de longueur sur seulement 14 millimètres de diamètre.
Quant aux rochets des roues, qui permettent de faire reculer
la machine sans faire marcher la scie, chose incroyable, les
ressorts *sont de simples morceaux de fil de laiton.* — Le levier
de la scie tient dans un cran à peine formé et ne peut certainement pas se tenir en place lorsque la machine est en marche. Enfin le tirage se fait sur un boulon fixé après le timon,
tandis que dans toutes les autres bonnes machines il s'opère
sur le bâti du mécanisme.

Quant à faire l'endain ou même à relever le fourrage de
manière à laisser la piste libre, nous déclarons formellement
que cela est impossible avec la faucheuse Sprague.

(Vie des Champs.)

Voici maintenant le résultat d'expériences sur la faucheuse
Sprague (1) :

Les membres de la Société d'Agriculture de La Rochelle
présents à ces essais s'étant constitués en commission, sous
la présidence de M. Emery, président, ont nommé rappor-
teur M. Boucasse, directeur de la ferme-école, vice-président
de la Société, et M. Baillet, médecin-vétérinaire, secrétaire.

Un ouvrier de la maison Mot et Weaver, de Rouen, avait
été envoyé pour monter et faire fonctionner deux faucheuses,
l'une à un cheval, l'autre à deux chevaux. Au fond, le système de la faucheuse Sprague est le même que celui de la
faucheuse Wood ; mais de nombreux perfectionnements et
une exécution des plus soignées laisse bien loin derrière elle
les meilleurs modèles du système Wood.

Une des particularités de l'instrument est la facilité avec
laquelle le conducteur peut, au moyen d'un levier placé à sa
droite, relever la lame, soit pour transporter l'instrument,
soit pour passer dans un chemin étroit, une porte, soit encore pour éviter un obstacle pendant le travail.

A la ferme-école, la faucheuse a été engagée dans une
pièce de luzerne de 0ᵐ 50 de hauteur, tendre, très épaisse et
présentant des tiges couchées irrégulièrement par places,
autant de difficultés vaincues par la machine, à la condition
de revenir à vide sur la piste de bonne prise. Dans l'essai du

____

(1) Rapport fait à la Société d'Agriculture de La Rochelle dans la
séance du 11 mai 1872.

18 avril, le travail était plus complet et mieux effectué lorsque la lame coupait perpendiculairement à la pente générale du terrain (ouest à est de la pièce); nous croyons que cela tenait à l'inclinaison de l'herbe; car partout où l'herbe était droite, la machine coupait rez terre. Le résultat était beaucoup moins complet lorsque la faucheuse descendait la pièce (est à ouest); enfin, il fut aussi satisfaisant que possible lorsque l'instrument saisit la luzerne dans un sens opposé de celui dans lequel elle était couchée (nord au sud).

Avec la faucheuse à un cheval, le résultat a été de parcourir 200 mètres en quatre minutes, ce qui donne environ 30 ares en une heure ou trois hectares dans une journée de dix heures de travail!. La lame de la faucheuse à deux chevaux coupe sur une largeur de 1^m 20 et donne un résultat de 40 ares par heure ou 4 hectares par jour.

La commission a pu également constater que la faucheuse comparée au coupeur à la faux fait une coupe plus nette sur toute l'étendue de la lame que ne le fait la faux, qui laisse à l'herbe plus de hauteur à ses deux extrémités.

Les essais ont de plus démontré la facilité avec laquelle la lame a passé par-dessus les pierres d'un assez gros calibre sans que les dents fussent sensiblement atteintes.

En résumé, les essais de fauchage faits à la ferme-école de Puilboreau ont paru à la commission aussi satisfaisants que possible; les dispositions mécaniques de la faucheuse Sprague et les essais comparatifs effectués par la faucheuse Wood, permettent d'envisager la première de ces faucheuses comme étant supérieure à la seconde.

C. BOUCASSE.

FAUCHEUSE WOOD.

La faucheuse véritable Wood a été essayée à Bazin sur les prairies artificielles et naturelles. Son travail est aussi parfait que la faux maniée par un ouvrier habile; elle coupe avec la même perfection les herbes fines ou grosses, et cela en rasant le sol à un centimètre dans un terrain bien plan, la vitesse des attelages étant de 0^m 80 par seconde. Ce qui fait qu'avec un attelage de bœufs légers, de vaches ou de chevaux, conduit par un seul homme, on peut couper avec une largeur de train de 1^m 10 en moyenne, quatre hectares en 10 heures de travail effectif.

Quant à la machine elle-même, sa construction est par-

7*

faite; les transmissions de mouvement admirablement disposées ; le règlement de la hauteur de la croupe, le système
d'embrayage, la solidité de tous les organes, font que cette
machine, qui ne manque pas de contrefacteurs, peut être
placée en première ligne parmi celles qui fonctionnent sur la
surface du monde. On ne peut réellement apprécier cet
instrument que lorsqu'on le voit en fonctions.

L'expérience qui s'est faite à Bazin a été concluante pour
tous les spectateurs. La machine a été vendue sur place à un
grand propriétaire de Tarn-et-Garonne ; une seconde a été
commandée pour la campagne qui commence.

Les machines agricoles en général, et la faucheuse en particulier, ne doivent leur insuccès qu'aux mauvais modèles
employés, et surtout à l'inexpérience de ceux qui s'en servent sans en connaître le maniement.

Dans une culture de prairies naturelles ou artificielles bien
faite, la véritable faucheuse Wood aura un succès incontestable.

D. DUPUY.

Un abonné de la *Revue agricole du Gers*, qui tient à son
incognito, et dont ce journal considère le jugement comme
très sûr, lui adresse la note suivante :

DEUX FAUCHEUSES COMPARÉES.

1° *Faucheuse véritable Wood.* Comme la plupart des faucheuses, celle de Wood reçoit directement le mouvement par
les deux grandes roues qui marchent sur le sol. Un cercle
denté, dont le diamètre est presque égal à celui de la roue
lui-même, transmet le mouvement à un pignon qui imprime
à une roue d'angle et à un pignon d'angle une vitesse suffisante pour que la bielle de la scie parcoure avec un va-et-
vient très rapide les espaces compris entre les dents fixes.
C'est de cette façon que s'effectue la coupe du foin.

Toutes les pièces de la machine Wood sont d'une solidité
à toute épreuve. Les fontes surtout sont très soignées, de
première qualité et très épaisses ; le travail effectué ne laisse
rien à désirer sous le rapport de la coupe, qui est aussi rase
que possible.

2° *Faucheuse Sprague.* On fait beaucoup de bruit autour
de cette nouvelle faucheuse ; son élégance, son bon marché
relatif, et un peu aussi la réclame exagérée des journaux, lui

ont fait dans le public agricole une réputation qu'elle a besoin de justifier.

Les Wood, les Hornsby, les Samuelson ont fait leurs preuves. La faucheuse Sprague me paraît un enfant gâté dès sa naissance. Elle est beaucoup trop choyée par ses auteurs. Son bon marché relatif séduit l'acheteur, mais comme pour beaucoup de choses dans ce monde, le bon marché coûte souvent très cher.

XX.

FALSIFICATION DES ENGRAIS.

— Suite et fin. —

III. — PHOSPHATE FOSSILE.

Origine. — Le phosphate fossile se trouve, sous forme de rognons, dans l'argile de certaines régions de l'Est, du Sud-Est, du Nord. On les lave, on les pulvérise et on les introduit dans des sacs qui portent la désignation suivante : *phosphate fossile.*

Composition. — Le bon phosphate fossile naturel renferme en moyenne 40 à 45 °/₀ de phosphate de chaux, selon l'essai dit *commercial.* Cet essai, dépourvu d'exactitude, ne correspond en réalité qu'à 33 °/₀ environ de phosphate de chaux pur. Le sable ferrugineux et l'argile représentent 35 °/₀ à peu près.

Prix de vente. — Le prix variable, selon la richesse, peut être estimé de 6 fr. 50 à 7 fr. 50 les 100 kilog., sacs compris.

Falsifications. — On a commencé à falsifier le phosphate fossile en Ille-et-Vilaine, par l'addition du sable calcaire appelé *tangue.* A Nantes, on y ajoute du sable pulvérisé, du tuffeau, des schistes verdâtres des environs de Redon. Quelquefois on rehausse le titre ainsi abaissé, par l'introduction de phosphate dur et peu assimilable provenant d'Espagne. On a mis en vente des prétendus phosphates fossiles dont la richesse était abaissée des trois cinquièmes et même plus. Les cultivateurs ne sauraient trop surveiller de telles manœuvres.

IV. — CHARRÉE.

Origine. — On appelle *charrée*, la cendre lessivée et dépouillée, par conséquent, des sels solubles qu'elle contenait. Les blanchisseuses la livrent aux marchands d'engrais sous forme d'une masse grise qui est apportée à Nantes de localités assez nombreuses.

Composition. — La bonne charrée est un mélange de sable très fin, de quelques fragments de charbon, de carbonnate de chaux et d'une petite proportion de phosphate de chaux. La dose de résidu insoluble dans les acides qu'elle fournit ne doit jamais dépasser 40 °/₀

Prix de vente. — L'hectolitre de charrée de belle qualité se vend à Nantes 3 fr. 50 c. l'hectolitre.

Falsifications. — La charrée est surtout fraudée par des débris de tuffeau : l'analyse permet de reconnaître facilement cette falsification.

V. — CHAUX.

La chaux ne saurait être falsifiée ; mais les cultivateurs doivent se rendre compte *du poids de l'hectolitre*, car, même, à composition chimique égale, une chaux légère ne représente pas la même quantité de matière utile qu'une chaux lourde. Le poids de l'hectolitre peut varier de 65 à 90 kilogrammes.

CONDUITE A ADOPTER POUR SE PRÉSERVER DES FALSIFICATIONS. — La loi de mai 1867 punit de trois mois à un an de prison et d'une amende de 50 à 2,000 francs :

« Ceux qui, en vendant ou *mettant en vente* des engrais ou « amendements, auront trompé ou *tenté de tromper* l'ache-« teur, sur la *nature*, la *composition* ou la *provenance* de ces « matières. En cas de récidive, la peine pourra être élevée au « double du maximum. Enfin, l'affichage des jugements « pourra être ordonné par les tribunaux, aux frais des con-« damnés. »

Il appartient aux agriculteurs de se protéger eux-mêmes au moyen de cette disposition de la loi. Ils doivent en conséquence :

1° Se défier d'un bon marché toujours illusoire ;

2° Enfin — et ceci est très important — *prélever, contradictoirement avec le vendeur, un petit échantillon sur lequel ce dernier apposera son cachet ;* cet échantillon, adressé par la poste à M. Bobierre, directeur du *Laboratoire départemental de Chimie agricole*, à Nantes, sera analysé sans frais et le résultat transmis à l'agriculteur. La constatation de la fraude sera donc facile.

Le Directeur du Laboratoire de chimie agricole, ADOLPHE BOBIERRE.
Vu et approuvé : *Le Préfet de la Loire-Inférieure, Correspondant de l'Institut,* HENRY DONIOL.

LE PETIT JACQUES BUJAULT.

— Suite. —

CONDITIONS DE SUCCÈS DES TRAVAUX AGRICOLES.

Qui ne sait pas bien, fait souvent mal.

Instruction est mère de fortune.

Pour nous, la vie est au bout du bras, mais la tête doit conduire le bras.

Écrire pour le laboureur est faire l'aumône au pauvre.

Écrire pour le riche est lui demander de l'argent.

Les cabaretiers, que je trouve partout et dont je ne veux nulle part, me donnent la colique.

Mauvaise herbe vient comme teigne et ne meurt pas.

Quand, n'ayant ni les deux pieds dans un sabot, ni les deux mains dans les poches, ni le ventre couché au soleil, pour voir voler les pies, on améliore ses terres, on fait des prés, on a du bon bétail et l'on vend du bon froment.

Pour réussir, il n'y a qu'à savoir et à vouloir.

N'imitons pas le maçon Truelle qui, travaillant pour le cabaretier, boit, le dimanche et le lundi, ce qu'il a gagné pendant les cinq jours précédents.

N'imitons pas non plus Tailleboudin et Jamaigris, gourmands à double semelle, qui ne mangent pas sans boire, et qui ont mis tous les défauts dans un.

Qui se ressemble s'assemble.

Un ivrogne sent un ivrogne mieux qu'un chien ne sent un lièvre.

Gardons-nous bien d'aller où s'en va Routinet, qui, au lieu d'aller et de regarder devant lui, a les orteils au talon et les yeux derrière la tête.

On se ruine aisément, et l'on ne s'enrichit qu'en peine prenant.

L'économie est utile au riche et nécessaire au pauvre

Où l'on n'est pas économe, on voit la misère entrer à brassées, et si elle s'en va, s'en aller par pincées.

Si tu n'as pas d'économie, tu travailleras toute ta vie, et tu auras moins d'argent à la fin qu'au commencement.

Le cultivateur économe et soigneux s'enrichit, et le cultivateur qui n'a pas d'ordre s'appauvrit.

Le premier épargné est le premier gagné.

On n'est pas toujours sûr de gagner, mais on tient ce qu'on épargne.

Poche percée ne tient pas le mil.

Les petits ruisseaux font les grandes rivières.

Les petites rigoles mettent les ruisseaux à sec.

Qui mettra cinq liards sur un sou aura bientôt six blancs.
A petit profit grande épargne.
Le sac vide ne se tient pas debout.
La poule ne pond pas tous les jours.
On ne récolte qu'une fois l'an, et chaque jour il faut de l'argent.

DEFRANOUX.

EXTRAITS

DU JOURNAL DE L'AGRICULTURE PRATIQUE.

Le superphosphate de chaux, d'après M. Dudouy.

Privez totalement une plante d'acide phosphorique, elle ne tarde pas à mourir.

Dès leur première pousse, les végétaux s'assimilent avec beaucoup d'avidité cette substance qui, de toutes, est celle qui retourne le moins au sol, en ce qu'elle abonde beaucoup plus dans le grain que dans la paille.

Ainsi mille kilogrammes de blé concentrent neuf mille huit cent grammes d'acide phosphorique, et mille kilogrammes de paille n'en concentrent que trois mille sept cents grammes.

Insoluble dans l'eau, le phosphate de chaux, est, dans la terre, lentement assimilable.

Au contraire, le superphosphate de chaux est immédiatement assimilable.

Sans doute la potasse est aussi enlevée au sol par les végétaux, en fortes proportions, mais les tissus de ceux-ci en conservent beaucoup plus qu'ils ne conservent d'acide phosphorique.

Appliqué, par exemple, à la betterave, le superphosphate de chaux augmente de beaucoup le rendement en poids et surtout en alcool.

Le maïs géant dit de Caragua, d'après M. de Brives.

Le maïs jaune atteint une hauteur de cent cinquante centimètres.

Le maïs caragua en atteint une de deux cent quatre-vingts centimètres.

Donc, comme fourrage vert, le maïs caragua est le plus avantageux des deux à cultiver.

Cependant, en ce qu'il est aqueux, il convient de le mélanger soit d'un autre fourrage vert, soit de foin sec.

Du milieu d'août à celui d'octobre, il est un fourrage remarquablement abondant, et du goût de tous les animaux.

AMÉLIORATION DES FOSSES A FUMIER
par M. Vandercolm.

Pour produire beaucoup en agriculture, il faut beaucoup d'engrais. Par insouciance ou par ignorance, on laisse souvent s'écouler inutiles dans les cours d'eau les sucs les plus riches de l'engrais de ferme, le plus précieux de toutes les matières fertilisantes, alors qu'il serait si facile d'éviter une perte qu'on ne doit pas estimer, pour la France, à une somme de moins de 50 millions de francs par an.

En effet, la population totale d'animaux domestiques produisant du fumier est de 14 millions de têtes, en réduisant le tout à des têtes de gros bétail. Or, on ne peut pas estimer à moins de 10 centimes par jour la valeur réelle du fumier d'une tête de gros bétail. Si toute la quantité de fumier produite était utilisée, on aurait une valeur annuelle de plus de 500 millions de francs. Mais les mauvaises dispositions des fosses à fumier donnent lieu à une déperdition qui souvent s'élève à la moitié et dépasse certainement le cinquième de la production. Néanmoins, nous n'évaluerons la perte qu'à 50 millions, parce que dans beaucoup de pays les bestiaux restent au pâturage tout l'été.

Faire cesser une état de choses aussi préjudiciable aux intérêts agricoles et par suite à ceux de la France, est une tâche au-dessus des forces d'un homme.

Aussi est-il nécessaire que toutes les Sociétés d'agriculture y prêtent leur concours.

Les travaux que je propose d'exécuter et dont plusieurs spécimens existent chez divers agriculteurs du Nord sont d'une grande simplicité; ils n'exigent ni architecte, ni même de maçons ou d'entrepreneurs de travaux: ils sont de nature à être exécutés par le cultivateur lui-même. Dans le trottoir qui longe les étables, on fait un petit ruisseau qui conduit en dehors du fumier les eaux pluviales provenant des toits. Si par une raison quelconque on ne peut établir ce petit ruisseau, on met une gouttière en zinc, si les toits sont en tuiles, et s'ils sont en chaume, une gouttière en bois formée d'une large planche sur les deux côtés de laquelle on cloue une latte. Des trois autres côtés du fumier, un petit parapet en terre suffit.

Ces précautions prises, il ne s'échappera pas une goutte de purin, le fumier ne sera jamais lavé ; il ne deviendra non plus ni trop humide en hiver, ni trop sec en été.

Il se présente quelquefois une difficulté, c'est de trouver un écoulement aux eaux qui jusque là traversaient le fumier. Pour éviter cet inconvénient, on peut employer de gros tuyaux de drainage posés à un mètre sous terre, et pour éviter leur engorgement, on fait aboutit les eaux à un trou d'un mètre carré, rempli de cailloux et de briques cassées, ce qui est toujours possible. Les eaux ainsi filtrées avant d'arriver aux drains s'écoulent dès lors toujours régulièrement.

Il est facile de se rendre compte de la gravité du mal que produit la mauvaise tenue des fumiers. Il suffit pour cela de faire creuser un réservoir étanche en terre, d'y faire aboutir le purin qui s'écoule du fumier, de le vider chaque fois qu'il est plein, après avoir préalablement dosé le liquide, dont on prendra le degré avec un aréomètre de Baumé ou un densimètre. A la fin de l'année on pourra apprécier la grandeur de la perte éprouvée ; on verra ainsi combien elle est souvent énorme.

A. Vandercolm.

La note suivante montre d'une manière frappante la grande valeur du purin :

« Les travaux d'un grand nombre de chimistes, et particulièrement de MM. Boussingault et Barral, ont prouvé que les parties liquides des déjections des animaux sont relativement plus riches en matière fertilisante que les parties solides.

« Ainsi, pour l'espèce humaine, non-seulement le poids
« total des urines est de douze à treize fois plus grand que
« celui des matières fécales, mais en outre, après dessication
« des unes et des autres, les matières solides provenant des
« urines, ont un poids double de celles provenant des fécales,
« et enfin l'azote de l'urine est six fois plus considérable que
« celui des matières fécales. D'où cette conséquence, qu'en
« recueillant seulement les parties solides des vidanges et
« laissant écouler les liquides, sur une richesse totale de *sept*
« pour l'agriculture, on garde un et l'on perd six.

« Pour le cheval, la quantité d'excréments est en poids de
« quatre à dix fois celle des urines, mais la proportion d'azote
« des urines est la moitié de celle des déjections solides.

« Dans l'espèce bovine, les urines s'élèvent au tiers environ
« des excréments solides, et l'azote contenu dans les urines
« d'un jour est environ la moitié de l'azote renfermé dans les
« excréments évacués dans le même temps.

« Enfin dans l'espèce ovine, les urines sont *trois* quand les
« déjections solides sont *quatre*, mais il y a sensiblement
« autant d'azote dans les urines que dans les excréments. »

Le tableau suivant, dû à M. Barral, représente les déjections solides et liquides en un an, dans les espèces humaine, chevaline, bovine et ovine, ainsi que les quantités d'azote évacuées :

	Urines évacuées en un an.	Excréments en un an.	Azote annuel des urines.	Azote annuel des excréments solides
	LITRES.	KILOG.	KILOG.	KILOG.
Espèce humaine, tête moyenne de population.	1,024	93	8,9	1,7
Espèce chevaline . . .	1,260	5,730	14,3	27,9
» bovine.	2,994	9,370	13,3	33,6
» ovine.	»,238	»,311	1,4	1,9

« Ainsi, perdre le purin, c'est-à-dire les urines du bétail,
« et aussi ce que les déjections solides peuvent abandonner
« de parties solubles, c'est certainement diminuer la moitié
« de la valeur du fumier. »

LE LABOUREUR VANITEUX.

Jean Gloriole fait, pour poser, les mêmes efforts que l'intrigant pour arriver.

Il a une meute et des engins de pêche.

Sans le fumier qui les obstrue, il roulerait carrosse dans les rues du village.

Il achète champs sur champs de son perfide ami Crédit.

Il bâtit incessamment, et, rempli pour lui d'estime et d'amitié, l'entrepreneur lui serre la main, à la briser, ou bien lui casse sur le nez son encensoir.

Devant chaque édifice qu'il fait construire, les bonnes âmes se demandent s'il a plutôt pris que trouvé une bourse.

Plus il a de maisons, plus on le considère, sans remarquer que, là dedans, un bon logis pour le bétail a été oublié.

Un sage sans le sou serait mille fois moins prisé que lui.

Cela est triste à révéler ; mais on aura beau dire, on n'empêchera pas, en ce bas-monde, l'apparence d'être tout, et le fond rien.

Bien heureux sont ceux qu'il convie à son boudin, de tous le plus et le mieux arrosé.

Il est le dieu de Richepanse, et l'idole de Boisansoif.

S'il y avait un barde dans la commune, il s'enrouerait à le chanter.

Les gros bonnets affluent chez ce corbeau tenant, en son bec, un fromage.

S'il n'est maire, les pompiers, qu'il abreuve, le nomment lieutenant, et le voilà qui, comme le grenadier, est une rose à cent couleurs.

De lieutenant, il devient bientôt maire.

D'homme transfiguré par l'écharpe municipale, il passe, comme une lettre à la poste, marquis de Carabas, et cet honneur est célébré par de nombreux festins.

Mais, au centième galas, le seul viveur qu'on n'ait pas convié, et, en d'autres termes, l'homme qui pleure le moins, l'huissier vient se venger d'une manière éclatante.

Beau de poussière et de calme, il remet à ce vrai Baltha-sard, une feuille de papier où sont écrits les mots *Mané, Thécel, Pharès*, signifiant, en langue assyrienne : rira bien qui rira le dernier.

La contrainte, la saisie et la vente suivent de près ; la ruine ferme la marche, et les renards repus s'en vont.

Où courent-ils ?

Ils courent à la recherche d'un autre Jean Gloriole.

Le roi mort, vive le roi !

DEFRANOUX.

LES PRÉS.

Qui laboure tout et toujours, dit Jacques Bujault, ne portera jamais culotte de velours.

A l'agriculture il faut plus, autant, ou presque autant de prés que de champs.

La terre la plus fertile est sous le vieux gazon.

Un pré rapporte plus qu'un blé.

Le pré achète le champ.

Point de bétail, de fumier et de grain sans prairies.

Qui veut s'enrichir doit semer du fourrage.

Qui a du foin a du pain.

L'agriculture est une pyramide dont la base est le foin.

Un peu de foin n'est rien : c'est une énorme masse qu'il nous en faut.

Beaucoup de foin n'est rien, si le foin est mauvais.

C'est le mauvais agriculteur qui achète du fourrage.

Les plantes sarclées sont une bonne chose, mais le foin, en ce qu'il enrichit le sol de ses débris, vaut mieux.

Le foin composé de beaucoup d'herbes étant le meilleur, multiplions les plantes dans le pré.

Où l'on ne peut irriguer, qu'on fume copieusement le champ à convertir en pré.

La prairie artificielle est la providence se faisant herbe fourragère pour sauver les animaux auxquels le foin du pré artificiel ne suffit pas.

La prairie artificielle coûte plus cher, mais produit plus que le pré naturel.

DEFRANOUX.

PROVERBES.

Qui se fait mouton est mangé par le loup.

Mieux vaut être oisillon des bois que grand oiseau de cage.

Jamais vilain n'aima noble homme.

Pour faire robe, on dérobe.

Les chevaux courent les bénéfices, et les ânes les attrapent.

Qui n'entend qu'une cloche n'entend qu'un son.

De père saintelot, enfant diablot.

Quand Dieu farine, le diable clot le sac.

Dieu, quand il pleut, ne plaît pas à chacun.

Qui diable achète diable vend.

L'habit ne fait pas le moine.

A tout péché miséricorde.

Quand le pèlerin chante, le larron s'épouvante.

A chaque saint sa chandelle.

Quand Dieu ne veut, le saint ne peut.

Pour la pauvre personne guère on ne sonne.

On casse le noyau pour en avoir l'amande.

Tant va la cruche à l'eau qu'à la fin elle se casse.

Point de feu sans fumée.

Point de fumée sans feu.

Tel rit vendredi qui, dimanche, pleurera.

Les murs ont des oreilles.

Le loup, où il trouve un agneau, vite en cherche un veau.

Selon le vent, la voile.

Morte la bête, mort le venin.

Courage de brebis : toujours le nez en terre.

Quand le soleil est couché, que d'âmes sont à l'ombre !

Sagesse des nations.

HYGIENE.

L'INFLUENCE DES BONNES HABITUDES SUR LA SANTÉ. — P bien garder le corps et l'âme, nos deux meilleurs châtea prenons de bonnes habitudes, car c'est l'ensemble des bon habitudes qui fait la santé.

Nous occuper sera, pour nous, l'habitude la plus favora à la santé.

Où se meuvent les bras vient la santé.

Santé et longue vie sont ce qu'obtient celui qui joint l'étu aux soins donnés au corps.

L'activité morigène les ennemis de la santé appelés sens.

L'activité entretient et même fait la santé.

La gymnastique donne de la souplesse et de la force a muscles du jeune homme, et le prépare ainsi à échapper de nombreux dangers.

L'exercice modéré : voilà le grand moteur de la digestion sans laquelle la santé ne peut être.

Plus on est gai sans l'être trop, mieux on se porte.

Meilleur on est, plus on est sûr de rester en santé.

Moins l'embonpoint est prononcé, plus on vaut physique ment, car l'excès d'embonpoint est une maladie.

Qui demande la santé à la raison l'obtient presque toujours

Savoir ce qui convient ou ce qui nuit à chaque partie d corps est presque toujours pouvoir conserver la santé.

Si, depuis longtemps, nous suivons un régime laissant à désirer, l'habitude est formée, et la brusquer serait tomber d'un mal dans un mal pire.

La propreté est plus encore que la dignité du corps, car elle fait la santé.

Où il y a propreté, l'humeur peut sortir des pores de notre peau.

Où il y a propreté, aucun corps ne s'interpose entre l'air extérieur et les pores de notre peau.

Après avoir donné au corps tous les soins de propreté qui lui sont indispensables, personne qui ne se sente plus dispos et plus gai.

Celui-là seul est propre qui souvent lave ses pieds et ses mains, décrasse sa tête, nettoie ses dents, bassine ses yeux, et, en un mot, débarrasse toutes les parties de son corps de toute ordure.

Pour avoir une idée de ce que peuvent les soins de propreté pour la santé de l'homme, il suffit de comparer l'état de l'animal bien pansé et bien couché avec celui de l'animal qui, n'étant pas pansé, est mal couché.

DEFRANOUX.

VITICULTURE.

ÉCOLE PRÉPARATOIRE DU VIGNERON ET DE L'HORTICULTEUR,

En ce qui concerne la culture, la multiplication et la transplantation de la vigne. Par DEFRANOUX, ancien président de la Société d'émulation du Jura. A l'usage des vignerons, des horticulteurs, des instituteurs et des écoles normales.

— Suite. —

DONNÉES CLIMATÉRIQUES ET ATMOSPHÉRIQUES.

Le climat préféré de la vigne est le climat tempéré.

Or le climat tempéré est à la fois doux et chaud.

Le climat tempéré est celui sous lequel on récolte les vins les plus délicats.

Plus le climat est frais sans être froid, plus il donne de finesse au vin.

Ce n'est pas dans les contrées où, pendant presque toute la saison de végétation, la chaleur est extrême, qu'on obtient les vins les plus délicats.

Le climat chaud est celui qui, donnant le plus de sucre au raisin suscite le meilleur vin-liqueur.

Sous un climat tempéré, les saisons de végétation qui sont sèches sont les plus favorables au fruit de la vigne.

L'année sèche fait un bois court, mais parfaitement disposé, tant il est mûr, pour une abondante fructification ultérieure.

La chaleur est ce qu'il y a de plus nécessaire à la fleur de la vigne.

Un temps chaud, un soleil brillant et la brise, voilà ce qui assure le mieux la fécondation de la fleur de la vigne.

La floraison de la vigne a lieu, selon le degré de chaleur du climat, de fin de mai au dix juin, ou du dix au vingt-cinq juin.

Dans les années de végétation extrêmement active, l'avortement de la fleur et celui du fruit de la vigne sont à craindre.

La raison en est que la production du bois peut avoir lieu au détriment de celle du fruit.

Quelle que soit la température de la saison de végétation, les grappes les plus grosses sont d'ordinaire les plus rapprochées de la base de la pousse.

La rosée atténue, dans la vigne, les effets désastreux des sécheresses prolongées.

La vigne résiste d'ordinaire, même dans un sol peu profond, aux sécheresses les plus prolongées.

La raison en est, d'abord, que le sol, si brûlant qu'il soit, aspire une partie de la vapeur d'eau qui est toujours dans l'atmosphère, puis que, grâce au grand nombre et à la largeur de ses feuilles, ses racines reçoivent beaucoup de sève descendante.

• Souvent un vent violent du nord dessèche à l'excès le sol à vigne rendu trop humide par le voisinage de la mer.

Après une sécheresse, un orage sans tempête et sans grêle fait le plus grand bien à la vigne.

La grêle détruit ou meurtrit pousses et grappes, et détermine ainsi, dans la végétation, une très-fâcheuse perturbation.

Mêlée de beaucoup de pluie, la grêle fait peu de mal à la vigne.

Abritons contre la grêle nos vignes à précieux cépages.

Un coup de soleil après la pluie risque de griller la feuille de la vigne et surtout de la vigne de première année.

Un froid subit, en produisant un arrêt de sève, empêche le raisin de grossir, et vient ainsi nous rappeler que la taille hâtive suivie de fortes gelées est très-nuisible au fruit qui était en train de se perfectionner dans l'œil.

Les brouillards persistants détruisent la fleur de la vigne.

Les exhalaisons salées de la mer sont défavorables au fruit de la vigne.

Un mois de février ou de mars trop froid annule le fruit dans les yeux de la vigne, et surtout de la vigne taillée court.

Un mois d'avril ou un mois de mai trop froid ralentit considérablement, dans la vigne, le mouvement de la sève.

La raison en est que le froid ôte aux racines beaucoup de leur faculté d'aspiration de l'eau de végétation du sol, et aux feuilles beaucoup de leur faculté d'absorption des gaz de l'atmosphère.

Les pluies prolongées et froides de juin ôtent son pollen à la fleur de la vigne, et, dès lors, la stérilisent.

Un été pluvieux et froid nuit beaucoup au fruit de la vigne et surtout de la vigne qui croît dans un sol argileux.

Une sécheresse excessive et prolongée inflige à la vigne un fâcheux arrêt de sève.

La raison en est que les racines ne trouvent plus assez d'eau de végétation dans le sol, et que ne recevant plus d'elles assez de sève, les feuilles perdent beaucoup de leur faculté d'absorption des gaz de l'atmosphère.

C'est le cep vieux qui, en hiver, résiste le mieux à de fortes gelées.

La raison principale en est, croyons-nous, qu'il est celui qui contient le moins de moelle, et qui a les canaux séveux les plus étroits.

D'ordinaire, c'est l'œil né sur une branche dont les sarments n'ont pas encore été soumis à la taille qui résiste le mieux à la gelée de printemps.

Le cep qui craint le moins la gelée de printemps est celui qui, adossé à un mur exposé au sud, est abrité par un toit.

De même qu'à la grêle, opposons à la gelée de printemps, dans l'intérêt de nos plus précieux cépages, des paillassons ou des toiles dont l'effet sera, si les yeux de la vigne n'ont pas encore débourré, de les empêcher d'émettre trop tôt une pousse.

Le cep qui craint le moins la gelée de printemps est celui qui n'a pas encore été lié, en ce qu'en l'agitant, l'air l'empêche de trop se refroidir.

Le cep qui craint le moins la gelée de printemps est celui qui n'a pas encore été taillé.

Le cep qui craint le moins la gelée de printemps est celui

dont le sol n'a pas été biné aussitôt après la taille sèche hâtive.

Le cep qui craint le moins la gelée de printemps est celui à côté duquel on ne cultive point de légumes, et surtout de légumes s'élevant très-haut.

Le cep qui craint le moins la gelée de printemps est celui que n'avoisine ni un marais, ni un sol irrigué, ni un sol boisé.

Le cep qui craint le moins la gelée de printemps est celui qu'avoisine une mer, un lac ou un cours d'eau traversant un terrain salubre.

Le cep qui craint le plus la gelée de printemps est celui qui croît sous un arbre, et la raison en est que la partie herbacée de l'arbre attire et fait tomber sur la partie herbacée du cep la vapeur d'eau de l'atmosphère.

Après les paillassons et les toiles, le meilleur moyen de prévenir les désastreux effets de la gelée de printemps consiste dans l'enfumage.

Or, on enfume avec succès, en brûlant dans des lampions des résidus de distillation du goudron, résidus qui dégagent une fumée noire très-épaisse, et en disposant ces lampions à vingt mètres les uns des autres.

C'est de fin d'avril à la mi-mai que la gelée de printemps est le plus à craindre pour la vigne.

De la mi-mai à la mi-juin, les gels et les faux gels sont à craindre pour la vigne.

La gelée d'octobre ne fait aucun mal au raisin mûr, mais dessèche celui qui ne l'est pas.

Le fruit du cep hâtif est le plus exposé à être gelé.

Au commencement d'octobre, une forte gelée empêche les pousses de continuer de s'aoûter.

Plus le sarment a de moelle, plus ses grappes sont exposées à être gelées.

Après une gelée, une pousse non couverte de givre est une pousse sauvée.

On sauve une pousse couverte de givre, en l'arrosant avant le moment du lever du soleil.

Bien que gelés, certains cépages se remettent à produire du fruit.

Rarement, en France, le froid de l'hiver est assez intense pour detruire soit la partie aérienne, soit la partie souterraine de la vigne.

La neige est, pour les racines de la vigne, un abri contre la gelée.

Dans plusieurs de nos pays montagneux, on couche la vigne, à l'approche de l'hiver, et on la couvre de terre.

Nous avons essayé de ce couchage, pour voir si, comme plusieurs auteurs le prétendent, il suscite une fructification très-abondante, mais, à cet endroit, nous n'avons rien eu de positif à constater.   *(A suivre).*

MÉTHODE DE PARVILLE CONTRE LE PHYLLOXERA.

M. Henri de Parville vient de communiquer à l'Académie des sciences un moyen de combattre les ravages du *Phylloxera vastatrix,* qui mérite l'attention. « Il est rationnel et sera sans doute efficace, a dit M. Dumas, secrétaire perpétuel, président de la commission nommée par le ministre de l'agriculture pour étudier les procédés les plus propres à nous débarrasser d'un fléau qui coûte annuellement plusieurs millions à la France. »

« On a remarqué, dit M. de Parville, que le piédestal des statues de bronze est toujours propre et dépourvu de végétation cryptogamique, ce que l'on n'observe pas sur le socle des statues en marbre. C'est que la pluie en tombant sur le bronze se charge d'oxyde de cuivre; l'eau ruisselle ensuite sur le piédestal et l'imbibe d'un principe toxide qui détruit les moisissures et les organismes inférieurs. Les sels de cuivre sont en effet des poisons énergiques. Il est donc présumable que l'eau de pluie tenant en dissolution du vert de gris pourra tuer les pucerons. »

On sait que le phylloxera ronge les racines et détruit ainsi les vignes.

M. de Parville propose, en conséquence, de placer autour des ceps des rognures de cuivre; la pluie en tombant se chargera de carbonate de cuivre qui pénétrera à travers le sol jusqu'aux racines et tuera les pucerons.

La méthode imaginée par M. Henri de Parville est très simple et à la portée de tout le monde. Il est à souhaiter qu'elle soit expérimentée le plus vite possible. Il s'agit d'une des richesses de la France !

HORTICULTURE

Calendrier horticole de la société d'horticulture de Nantes.

JUILLET. — TRAVAUX GÉNÉRAUX. — Ces travaux consistent principalement à tenir le potager et le parterre dans un grand état de propreté, en les binant et les sarclant toutes les fois que le besoin s'en fait sentir ; à soutenir les plantes à tiges élevées avec des tuteurs et des liens, et à prodiguer l'eau partout où son emploi est nécessaire : nous ne saurions trop le répéter, c'est à ces conditions seulement que l'horticulteur retire profit et agrément de ses cultures. A cette époque de l'année, les orages sont plus fréquents, et souvent ils causent de désastreux effets dans les jardins. Aussi le jardinier soigneux s'empresse-t-il de dérouler ses paillassons, de couvrir ses cloches, et de garantir, par tous les moyens possibles, ses plantes les plus délicates, lorsque les rayons du soleil sont brûlants, que l'air est lourd, qu'il règne un calme parfait dans l'air, et que des nuages noirs, épais, dont la marche est souvent contraire au vent, se manifestent dans les régions du midi, et enfin que les animaux paraissent inquiets, agités : car tous ces signes annoncent un orage violent.

ARBRES FRUITIERS. — On continue à surveiller les espaliers, et notamment les pêchers : on pince les branches qui s'emportent, on palisse, on ébourgeonne et on découvre un peu les fruits, dans le but d'accélérer leur maturité. On dépose un bon pailli au pied de chaque arbre, afin que les arrosements qu'il réclame pendant les fortes chaleurs puissent faire pénétrer lentement l'humidité et maintenir la fraîcheur plus longtemps. On a remarqué que les pêches prennent plus de couleur lorsque, le soir, on bassine le feuillage, à l'aide d'une pompe à main munie d'une pomme percée de trous très petits.

Les sujets greffés peuvent être débarrassés de leurs ligatures.

On écussonne à œil dormant.

C'est l'époque d'étayer les arbres en plein-vent trop chargés de fruits.

POTAGER. — Dans les premiers jours du mois, on continue de repiquer les céleris, de planter les choux-fleurs durs et demi-durs pour l'automne ; on plante à demeure les choux-milan, frisés, de Bruxelles, choux rouges et autres, pour servir à la consommation pendant l'hiver. On commence à semer la mâche ; on sème encore des radis, des navets, des endives et la scarole, que l'on transplante le mois suivant. La chicorée, le cerfeuil, la bonne-dame peuvent encore se semer, de même que tout ce qui peut arriver à maturité avant l'hiver. On sème également la scorsonère et la poirée à cardes. Le persil, dont la graine met près de quarante jours à lever, est une fourniture toujours recherchée, et dont le prix est fort élevé en hiver ; ce double motif doit engager à en semer en juillet, afin de n'en pas manquer à l'époque où sa rareté se fait sentir généralement.

A mesure que les couches de melons en tranchées se vident, on enlève le fumier de ces couches, on remplit les tranchées avec la terre qu'on en avait tirée ; on laboure le tout, et on y plante ou sème divers légumes de la saison, tels que ceux dont nous venons de parler, ainsi que les épinards, pour être mangés de suite.

PARTERRE. — On retire de terre, si cela n'a déjà été fait, les PA... les narcisses, jonquilles, anémones, pour les re-renoncules, ... mne. On relève le lis blanc lorsque les feuilles planter en auto... remet de suite en terre à quatorze cen-sont fanées, et on le ... On sème les roses-tremières ou passe-timètres de profondeur. ... tomne ; on les verra alors fleurir roses, pour les repiquer à l'au... deux ans si on ne les semait l'année suivante ; il leur faudrait u... qu'au printemps. ... fleuries, et surtout

On fait disparaître toutes les tiges dé... celles dont les feuilles commencent à jaunir. ... œil dor-

Enfin, vers la fin du mois, on greffe les rosiers à œil dormant.

ORANGERIE ET SERRES. — On doit surveiller avec soin les plantes en caisses et en pots qu'on a mises en plein air, afin de les soustraire aux ravages des insectes qui les attaquent constamment.

On arrose modérément les boutures de cactus et autres plantes grasses faites précédemment. Enfin on n'entretient que peu de feu dans la serre chaude.

LA CLEF DE LA SCIENCE

Ou les phénomènes de tous les jours, expliqués par le docteur E.-C. Brewer, membre de l'université de Cambridge, du collége des précepteurs de Londres, etc., auteur de plusieurs ouvrages littéraires, historiques, scientifiques, mathématiques, etc.

NUAGES (*suite.*)

— Quelle est la cause des CERCLES lumineux qu'on voit quelquefois autour du soleil et de la lune ? — La lumière qui provient de ces astres réfléchie par des particules d'eau ou de glace.

— Comment peut-on SUBDIVISER ces cercles lumineux ? — En halos, cercles parhéliques et couronnes.

— Qu'est-ce qu'un HALO ? — Un cercle vertical de couleurs différentes, ayant le rouge en dedans, qui apparaît quelquefois autour du soleil.

Le bord *intérieur* d'un halo est en général assez bien défini, tandis que son bord extérieur est à la fois vague et moins coloré.

— Quelle est la CAUSE des HALOS ? — La présence dans l'atmosphère d'une multitude de petites aiguilles de glace qui réfractent la lumière solaire.

— Pourquoi un HALO autour du soleil présage-t-il la PLUIE ? — Parce que le halo n'existe que lorsque les régions supérieures de l'atmosphère sont remplies de particules glacées. Quand ces couches froides descendent, elles condensent la vapeur des couches inférieures, et amènent une pluie de cinq ou six heures continues.

— Qu'est-ce qu'un CERCLE PARHÉLIQUE ? — C'est un cercle horizontal toujours blanc, passant par le soleil et formant une bande assez vivement éclairée.

— Quelle est la CAUSE des CERCLES parhéliques ? — Ils sont formés par la réflexion que la lumière solaire éprouve sur les faces verticales des aiguilles de glace disposées dans tous les sens.

On remarque d'abord un grand cercle *vertical* dont le soleil est le centre. Ce cercle, appelé *halo*, est coupé par un autre cercle *horizontal* qui passe par le centre du premier ; au point d'intersection des deux cercles sont des surfaces irrégulières lumineuses appelées *parhélies* ; souvent on observe plusieurs parhélies placées sur le halo à des distances variables.

— En quelles circonstances se forment les cercles parhéliques ? — Les cercles parhéliques et les halos n'existent que lorsque l'air est rempli de particules glacées.

— Quelle est là différence entre les COURONNES et les halos ? — Les couronnes diffèrent des halos en ce qu'elles ont le rouge en dehors et le violet en dedans.

— En quelles CIRCONSTANCES se forme-t-il une COURONNE autour du soleil ou de la lune ? — Elle se montre seulement lorsque des nuages légers ou des brouillards passent devant ces astres.

Les couronnes sont plus faciles à apercevoir autour de la lune qu'autour du soleil. Les plus belles couronnes se forment dans les brouillards qui s'élèvent pendant la nuit du fond des vallées.

— Décrivez l'aspect d'une COURONNE SOLAIRE. — Elle se compose de plusieurs cercles concentriques de couleurs différentes. Le cercle plus près du soleil est formé de bleu, de blanc et de rouge ; tandis que le cercle extérieur est de bleu pâle et de rouge faible. Entre ces deux se trouvent divers anneaux formés des couleurs suivantes : rouge foncé, bleu, vert, jaune pâle et rouge.

— Pourquoi une COURONNE autour du soleil ou de la lune présage-t-elle un mauvais temps ? — Parce que ce cercle est produit par un brouillard qui passe devant ces astres, et qui indique que l'air est saturé de vapeur. On peut alors attendre une ondée très prochaine.

— Pourquoi se sent-on ÉTOUFFÉ en été pendant une NUIT chaude et NÉBULEUSE ? — Parce que la chaleur de la terre ne peut pas s'échapper dans les régions supérieures de l'atmosphère, mais est confinée par les nuages épais près de la surface du sol.

— Pourquoi nous sentons-nous à notre AISE quand la NUIT est BELLE et claire ? — Parce que la chaleur du sol peut alors s'échapper aisément dans les régions supérieures de l'atmosphère, et n'est plus retenue à la surface par des nuages épais.

— Pourquoi nous sentons-nous ABATTUS et tristes pendant un jour HUMIDE et nébuleux ? — Parce que : 1° l'air est chargé de vapeurs et contient proportionnellement moins d'oxygène ; — 2° l'air humide est plus léger que l'air normal ; — 3° l'air humide tend à déprimer le système nerveux.

(La suite à la prochaine livraison).

MOISSON HATIVE.

Plusieurs expériences ont prouvé qu'il était de l'intérêt des cultivateurs de moissonner avant la maturité complète du blé.

Voici les résultats publiés par M. Loudet dans les annales de l'*Agriculture Française* :

M. Loudet a récolté du froment aux trois époques suivantes : 29 juillet, 2 août, 6 août.

Voici les résultats obtenus :

N° 1. — Froment coupé le 29 juillet, poids.. .   77 kil. 175
N° 2. — Froment coupé le 2 août, poids. . . .   76 — 442
N° 3. — Froment coupé le 6 août, poids. . . .   75 — 317

Des expériences ont été faites ensuite pour déterminer le poids moyen d'un grain de chaque échantillon ainsi que son volume.

Il résulte de ces expériences que les rendements en volumes sont les suivants :

N° 1. — Froment coupé le 29 juillet. . . .   20 hectol.
N° 2. — Froment coupé le 2 août. . . .   19 hectol. 25 l.
N° 3. — Froment coupé le 6 août. . . .   19 hectol. 6 l.

En poids, les rendements proportionnels sont :

N° 1. . . . . . 1,543 kil.
N° 2. 1,472
N° 3. 1,437

Il résulte aussi de ces chiffres que le froment, arrivé à un certain degré de maturité, diminue en poids et en volume ; mais la diminution est plus considérable en poids qu'en volume. Si l'on tient compte en outre que plus le grain est coupé tardivement, plus il s'en perd par l'égrenage et plus la farine perd en blancheur, on comprend qu'il est de l'intérêt des cultivateurs de ne pas retarder la récolte des froments.

Tout au plus devrait-on peut-être attendre la limite extrême de leur maturité pour ceux que l'on destine à servir de semence.

Il faut tenir compte de la zone des climats, et ne se préoccuper que de l'état de maturité du froment.

ACCLIMATATION EN FRANCE DE PLANTES FOURRAGÈRES EXOTIQUES.

Dans une communication faite à l'Académie des sciences, M. de Vibraye a signalé un fait des plus intéressants remarqué dans le centre de la France à la suite de la guerre désastreuse de 1870-71. Les armées qui ont parcouru en tous sens ces contrées pendant six mois, transportant avec elle des masses de fourrages le plus souvent exotiques, y ont semé un peu partout des graines fourragères, qui ont ensemencé, de la façon la plus curieuse et la plus riche, des terrains incultes et ordinairement arides.

« A l'heure présente, dit M. de Vibraye, les plantes médi-
« terranéennes, algériennes pour la plupart, ayant bravé la
« rigueur des frimats, ayant supporté victorieusement les
« épreuves d'un hiver tout exceptionnel, se propagent avec
« une excessive abondance, au point de constituer artificielle-
« ment de remarquables spécimens de prairies naturelles,
« véritables oasis implantées sur des sols arides où nulle
« végétation de quelque importance ne s'était montrée jus-
« qu'alors. C'est très probablement le point de départ de l'in-
« troduction définitive d'un nombre inespéré de plantes fourra-
« gères qu'on s'étonnerait à bon droit, si le fil des traditions
« venait à s'interrompre, de rencontrer plus tard en aussi
« grande abondance et en espèces aussi variées, au centre
« même de la France, dans un habitat exceptionnel, dans
« une zone beaucoup trop septentrionale, pour le milieu
« qu'elles devraient naturellement occuper et préférer. C'est
« à l'intelligence, à la bonne volonté de l'homme, à mettre à
« profit cette introduction spontanée d'une ressource fourra-
« gère exceptionnelle que le hasard met à notre disposition. »

Aux environs d'Orléans, de Vendôme, localités où le phé-
nomène a été particulièrement étudié, de véritables prairies artificielles offrent jusqu'à 150, 157 espèces fourragères algé-
riennes, robustes, résistant aux froids les plus rigoureux et fournissant au bétail la plus savoureuse nourriture, tandis que nos prairies ordinairement ne nous présentent guère que 90 ou 100 plantes indigènes ou acclimatées.

Il y a là un fait d'une haute importance pour nos contrées centrales, où tant de terrains arides restent improductifs, et nous espérons que nos agriculteurs intelligents sauront favoriser cette invasion d'un nouveau genre, pleine de promesses et de bienfaits.

COUP DE SOLEIL.

L'érythème solaire est direct ou indirect : — direct lorsque l'insolation atteint la peau de la partie exposée au soleil ; —

indirect par toute surface réfléchissant des rayons solaires. — Les effets en sont légers ou graves : légers chaque fois que l'action est superficielle et circonscrite sur un point ; en ce cas, des onctions faites avec un corps gras et tous les remèdes dits de bonne femme suffiront ; — graves, lorsqu'ils déterminent des accidents cérébraux ou atteignent les yeux. Signes et symptômes : rougeur de la partie, douleur cuisante, avec sensation de brûlure, fièvre, mal de tête, délire, frénésie et enfin quelquefois la mort.

En 1859, des moissonneurs furent pris tout à coup de frénésie sous l'influence d'un soleil ardent ; ils s'enfuirent en poussant des cris de possédés, et communiquèrent leur état à des individus non exposés au soleil.

Ces phénomènes sont loin d'être rares.

Traitement : depuis le mal de tête simple jusqu'aux accidents cérébraux graves, il faut, à l'aide d'un arrosoir, pratiquer sur la tête une ou plusieurs effusions d'eau *très*-froide, garantir le corps avec une couverture de laine, faire boire un demi-verre d'eau sucrée additionné de 10 gouttes d'éther, entretenir sur les parties de la peau affectées des compresses imbibées d'une décoction de fleur de sureau.

Voilà ce qu'il est urgent de faire avant l'arrivée du médecin.

MOYEN PRÉVENTIF CONTRE LES MULOTS
ET LES CAMPAGNOLS.

Le moyen d'éviter le ravage des mulots et des campagnols dans les plants de pois ou autres légumes, consiste à y répandre des tourteaux de cameline écrasés, ou du guano, et d'arroser ensuite avec de l'urine de vache. Leur odeur forte éloigne ces rongeurs.

DESTRUCTION DES GUÊPES.

Un procédé de destruction des guêpes, dont les heureux résultats ont été maintes fois constatés, consiste à délayer un peu de miel dans la moitié d'un litre d'eau et à attacher la bouteille à un arbre, dans l'endroit le plus exposé à la visite de ces insectes, qui viennent s'y noyer.

Niort. — Typographie de L. Favre.

CHRONIQUE AGRICOLE.

La moisson est presque terminée dans le Midi ; elle est en pleine activité dans le reste de la France. Les pluies d'orage ne peuvent faire du mal, car elles sont momentanées et partielles. Dans le cas où elles deviendraient générales et d'une longue durée, il faut se hâter de mettre les gerbes en *moyettes*. Pourquoi, d'ailleurs, ne pas les disposer ainsi de suite, au fur et à mesure du sciage ? Un bon cultivateur ne néglige jamais ce moyen. Quel risque court-il ? Une bien légère peine et la certitude de conserver sa récolte, si les pluies survenaient. Que tout fermier adopte donc le système des *moyettes*. C'est un progrès bien facile à faire et qui peut, en certaine année pluvieuse, sauver une récolte.

Toutes les lettres qui nous parviennent confirment de nouveau la satisfaction générale de la culture. Les dernières pluies n'auront causé qu'un retard de quelques jours dans la moisson, et pour quelques contrées seulement.

Des correspondances particulières ont signalé la présence du noir dans les champs de blé, et dans d'autres beaucoup de rouille ; ces mêmes plaintes se produisent toutes les années ; elles sont plus ou moins fondées, dans tous les cas, elles n'auront aucune influence sur l'ensemble de la production de 1872, et l'abondance de la récolte ne fait plus de doute aujourd'hui pour personne.

A l'étranger, on est également satisfait de l'ensemble des récoltes. La moisson commencée sur les bords du Danube donne les plus belles espérances ; l'Italie et l'Espagne qui, trop souvent, sont réduites à demander des blés à l'étranger, semblent assurées d'une récolte satisfaisante. En Espagne, la moisson est terminée, et depuis l'apparition des blés nouveaux sur les marchés, la baisse fait chaque semaine des progrès très sensibles. L'Italie, qui paraissait vouloir se raffermir, accuse de nouveau une tendance très faible. En Hongrie et en Suisse, la vente n'est possible qu'avec des concessions, et les marchés de l'Allemagne du Nord accusent du calme et une légère baisse. En Belgique et en Hollande, les pluies de ces jours passés avaient provoqué une légère hausse que le retour du beau temps paralyse complètement. En Angleterre, le temps s'est remis au beau, et les cours sont depuis quelques jours purement nominaux en présence du calme absolu des affaires. Telle est la situation générale des céréales en Europe.

Sur nos marchés français, le calme est l'élément dominant, les blés et les autres grains continuent leur mouvement en baisse, et la vente est d'autant plus difficile pour la marchandise disponible en blés vieux, que les offres en grains nouveaux sont de plus en plus abondantes et écrasent les cours. Sur nos grandes places maritimes, les prix sont stationnaires, et les affaires n'ont donné lieu qu'à de rares transactions.

La qualité des grains sera très bonne. Nous pouvons déjà en juger par des échantillons de pains fabriqués avec les blés de la nouvelle récolte.

Ainsi, nous pouvons espérer pour cet hiver du pain de bonne qualité et à bon marché. C'est une excellente nouvelle pour tout le monde.

Nous n'avons pas, hélas! la même espérance pour la viande de boucherie. Les bestiaux sont rares et, malgré l'abondance des fourrages, ils resteront à un prix élevé. Aussi ne saurions-nous trop engager les cultivateurs à s'attacher à l'élève des bestiaux. C'est une industrie productive, qui leur donnera des bénéfices certains. Ils n'ont plus à redouter la peste bovine. Le Ministre de l'Agriculture a publié une note, dans le *Journal officiel*, qui constate qu'il n'est plus signalé de cas de typhus; le dernier remonte au 13 juin, c'est-à-dire à plus d'un mois. L'épidémie est donc éteinte en France, grâce aux énergiques mesures prises par le gouvernement.

La peste bovine a coûté à l'agriculture française près de 57,000 animaux abbattus, représentant 15 millions de francs, qui ont été en partie remboursés aux cultivateurs. Il n'ont donc pas lieu de se plaindre, puisqu'ils ne subissent aucune perte d'argent, et que si le gouvernement n'eût pas fait abattre les animaux qu'il a payés, la peste bovine se serait étendue sur toute la France et ne se serait éteinte qu'après avoir frappé la presque totalité des bestiaux. C'eut été une ruine et une désolation.

Les agriculteurs voient que ce n'est pas sans raison qu'il faut être prévoyants, mais on ne doit pas laisser ce rôle seulement au gouvernement; chaque individu, dans la mesure de ses forces, est intéressé à agir avec prévoyance et avec vigueur. C'est là le secret de la prospérité de ces races anglo-saxone et anglo-américaine, qui comptent un peu sur le pouvoir central, mais beaucoup sur leur activité individuelle et sur la protection de la Providence.

Nous entrons dans la période des concours départementaux et généraux. M. Drouyn de Lhuys, au concours départemental de Seine-et-Marne, a fait entendre de belles et encourageantes paroles, qui ont vivement touché son auditoire :

« Naguère, a-t-il dit, une homicide moisson de lames et de baïonnettes se dressait sur nos champs ravagés : on rencontrait partout l'image de la terreur, de la désolation et de la ruine. Ne semblait-il pas alors que l'impitoyable épée du vainqueur allait graver sur une pierre sépulcrale : « Ci-gît la France. »

« Dieu ne l'a pas voulu, et grâce aux infatigables efforts, à l'indomptable énergie de nos populations rurales, la scène a changé d'aspect ; le mouvement régulier de la vie succède aux convulsions de la mort.

« Mais, sachons-le bien, messieurs, pour que cette résurrection soit complète, le labeur matériel ne suffit point : il faut y ajouter le progrès moral et intellectuel.

« N'admirez-vous pas les prodiges accomplis déjà par la science pour assurer la domination de l'homme sur la nature entière ?

« L'homme dit au tonnerre : « Fixe-toi sur la pointe de fer que je « t'indique, et, en suivant ce fil, enseveli sous la terre ta rage im- « puissante. » — Et le tonnerre obéit en grondant comme un monstre apprivoisé.

« L'homme dit à la lumière : « Prends ton invisible crayon et fais mon portrait. » — Et la lumière obéit.

« Il dit à l'air : « Allume-toi ; deviens le soleil et la nuit, éclaire, « dans les ténèbres, mes travaux et mes fêtes. » — Et l'air obéit.

« Il dit à la foudre : « Donne-moi ton électricité : qu'aussi rapide « que la pensée, elle porte mes messages à travers les espaces de « l'air et les profondeurs de l'Océan. » — Et la foudre obéit.

« Il dit au feu : « Fais alliance avec l'eau ton ancienne ennemie : « j'attellerai des chevaux de vapeur à mes voitures et à mes charrues. » — Et le feu obéit.

« Voilà, messieurs, quelques-uns des miracles de la science appliquée à l'industrie.

« Quoique l'agriculture reçoive de la Providence plus directement et pour ainsi dire de première main, les éléments de sa production, elle est résolûment entrée dans cette voie, surtout depuis ces dernières années. Elle a demandé de dociles et puissants auxiliaires à la mécanique et à la chimie.

« J'en ai été le témoin : je me souviens avec tristesse qu'au commencement de l'été 1870, j'assistais, comme président de la Société des agriculteurs de France, à un concours de charrues et de moissonneuses mues par la vapeur, poursuivant leur tâche paisible dans ces champs que devaient bientôt dévaster les abominables engins de guerre.

« Vous avez repris cette bonne tradition, et je vous en félicite : vous avez inscrit dans votre programme un concours et un prix pour les instruments perfectionnés.

« Courage, messieurs ! En face des arsenaux où la science moderne prépare incessamment des nouveaux moyens de destruction, multiplions ces ateliers de la paix où l'agriculture forge ses armes bienfaisantes... »

M. Drouyn de Lhuys a raison: ne nous bornons pas seulement à perfectionner les armes de guerre, attachons-nous aussi à produire d'ingénieux instruments d'agriculture, qui économiseront la main-d'œuvre en accélérant les travaux des champs. Voilà l'un des buts importants des concours départementaux et régionaux. Les cultivateurs feraient volontiers l'acquisition des nouveaux instruments mécaniques agricoles, mais ils ne sont pas encore bien fixés sur le choix qu'ils doivent faire, et ils attendent que des voix autorisées viennent leur dire : Voici la meilleure faucheuse, la meilleure moissonneuse et le meilleur semoir. Ce moment n'est pas éloigné, car les concours, qui se tiennent sur un grand nombre de points de la France, finiront par mettre un terme à toute hésitation.

L. F.

LE PETIT JACQUES BUJAULT.

(Suite.)

LE FROMENT.

Différent du seigle et des prés, le froment n'aime pas un guéret fin.

Il veut une terre liée, rassemblée et se tenant bien.

Les petites mottes ne lui font pas de mal.

Son grain veut être appuyé sur une terre un peu ferme.

Si, après la récolte binée, la terre est en cendre, mets à plat, et passe une ou deux fois le rouleau, pour la tasser et la lier.

L'agriculture est une science de localité, en ce sens qu'on ne fait pas la même chose partout.

Il y a mille espèces de terres dont chacune veut sa culture.

Il fait froid ici, et il fait chaud là-bas.

Il pleut beaucoup dans un pays, et il ne pleut presque jamais dans l'autre.

Cette terre est légère et chaude, et cette autre forte et froide.

Pour le froment, mieux vaut un bon hiver que tous ces petits gels qui font périr la semence.

Sème les premières, les terres fortes, froides et humides, du premier au vingt octobre.

L'hiver arrivé, le grain est enraciné.

Sème les dernières, les terres mi-fortes et les terres légères, du quinze au trente-un octobre.

L'année de celui qui sème trop tard vient une fois au plus tous les six ans.

Semaille tardive, récolte chétive.

Ne dis pas : j'ai vu du bon blé tardif dans mon champ.

Une fois n'est pas coutume.

Une hirondelle ne fait pas le printemps.

Ton grain mis en terre pousse une racine en bas et une feuille en haut ; toute petite et branchue au bout, la racine s'enfonce, et, au printemps, du premier ou des deux premiers nœuds du dessus du grain sortent plusieurs racines filant entre deux terres.

Or, la première racine durcit et meurt, et du collet des autres racines sortent des tiges qui donnent des épis.

C'est ce qu'on appelle taller.

Plus il y a de talles, mieux vaut le froment.

Si le froment talle mal, mauvaise récolte.

Dans certaines terres, le froment talle avant l'hiver, et, dans ce cas, le moissonneur ne trouve pas assez bonne poignée.

C'est parce que les racines de tallage s'enfonçant peu, la gelée les prend en lait, les tue, et n'épargne que le maître brin qui n'est presque rien.

Si tu enterres le fumier trop au-dessous du grain, le grain ne fait presque rien.

Mets du fumier partout, étends-le bien.

Quand tu n'as ni assez fumé, ni bien étendu le fumier, tu ne vois rien dans la moitié de ton champ.

Eh bien ! le blé ne tallera pas, ou les talles mourront sans donner d'épis.

Examine où tu as mis les monceaux de fumier.

N'aurais-tu pas triple récolte si toutes les parties de ton champ avaient été fumées de la sorte ?

Pour récolter, il faut fumer et bien répartir la fumure.

Un hectare bien fumé en vaut deux qui ne le sont pas bien.

Pour mieux fumer, sème moins de grain.

Pour bien fumer, fais des prés et nourris du bétail.

Ne sème pas le même blé partout.

De la terre forte, froide et humide à la terre faible, légère et chaude, il y a très loin.

Il te faut autant d'espèces de froment que tu as d'espèces de terres.

Si tu sèmes un blé hâtif dans une terre froide, il tallera mal.

Il en sera de même du blé tardif que tu sèmeras dans une terre légère et chaude.

(*La suite à la prochaine livraison*).

EXTRAIT DE L'AGRICULTûRE PRATIQUE.

L'ASSAINISSEMENT DES TERRES, D'APRÈS M. LAMBEZAT.

Assainir un terrain trop humide est une des plus importantes améliorations agricoles à exécuter.

Il faut, dans ce cas, pouvoir disposer d'une pente qui permette de conduire hors du sol les eaux surabondantes, sans dommage pour les terrains inférieurs.

Si la pente n'existe pas, on peut, ce qui coûte beaucoup plus cher, en créer une artificielle.

Pour des terrains qu'il s'agit de débarrasser d'un excès d'humidité capable de compromettre le succès des récoltes, on a le drainage et les fossés à ciel ouvert.

La dépense pour le drainage peut varier de 150 à 500 fr. par hectare.

Quant à l'assainissement par fossés à ciel ouvert, il offre tant d'inconvénients, au point de vue de la culture, qu'il faut n'y recourir que comme à un pis-aller.

D'une manière générale, l'approfondissement du sol par le labour est un moyen d'assainir une terre trop humide, car, en donnant à la couche supérieure une plus grande épaisseur, il peut dispenser du drainage.

Dans la plupart des cas, le labour de défoncement non-seulement assainit le sol, mais encore le préserve d'une sécheresse excessive.

En effet, le cube de terre étant devenu plus considérable qu'avant le défoncement, le sol emmagasine une proportion d'eau de pluie d'autant moins nuisible, que, disséminée dans le sol, elle ne fait obstacle ni à l'action de l'air, ni à l'action de la chaleur.

Tout ceci soit dit sans préjudice de ce fait que certains

terrains risquent d'être stérilisés pour une longue suite d'années, par un labour très profond.

L'eau de pluie, pourra-t-on dire, entraîne dans le sous-sol de fortes quantités de matières solubles.

Il n'en est rien, par ce motif que son action dissolvante est rapidement neutralisée par la propriété que possède la plupart des terrains de retenir énergiquement les substances solubles du sol et des engrais.

Exemples : l'eau de drainage, dont il faut deux millions de litres pour enlever au sol un demi-kilogramme d'amoniaque, et les eaux de rivière, de source ou de drainage, où l'analyse ne constate nulle trace d'acide phosphorique.

Comme on le voit, le sol, dans ce cas, fait comme le filtre.

Plus un sol est compact, plus aisément il retient ses principes solubles.

LE RÔLE DE L'EAU EN AGRICULTURE, D'APRÈS M. LEMBEZAT.

L'excès d'humidité ou de sécheresse joue un grand rôle dans la végétation.

Très souvent, sur certains sols, nous voyons des récoltes qui, pendant la saison des pluies, croissent magnifiquement, pour s'arrêter tout-à-coup.

C'est l'humidité qui est venue à manquer.

Dans la végétation, le rôle de l'eau est considérable.

Elle entre dans la constitution des plantes pour une si forte proportion que souvent celles-ci, sur cent parties, en contiennent de soixante-quinze à quatre-vingt-dix.

Un autre rôle de l'eau est d'être le plus grand dissolvant de la nature.

En effet, c'est par son action que tous les éléments fixes qui entrent dans la constitution des plantes y arrivent sous l'influence de l'acide carbonique dissous qu'elle entraîne avec elle.

Elle désagrège les roches les plus dures et rend assimilables à la plante les silicates alcalins, les carbonates, etc.

L'eau apporte jusqu'aux limites les plus extrêmes du végétal les substances servant à son développement.

Enfin, elle est à la plante, dans une certaine mesure, ce que le sang est à l'être animal.

Il faut donc au sol, pour que les plantes en utilisent ses principes utiles, une certaine proportion d'eau.

L'excès d'humidité rend le sol froid, la récolte tardive et les produits peu nutritifs.

Que dis-je ? Pendant la saison de végétation, les plantes périssent sous une immersion de longue durée.

Plus délicates que les herbes des prairies, les céréales, les crucifères et les légumineuses, par exemple, donnent des produits à tous égards médiocres dans les sols trop humides.

En ce qui concerne le sol, l'idéal est une terre ne présentant, à aucune époque de l'année, une humidité excessive, et conservant, pendant tout l'été, la fraîcheur qui fournit aux plantes d'abord l'eau, puis les éléments solubles que celle-ci entraîne.

LES MATIÈRES COLORANTES.

Les matières colorantes paraissent jouer un rôle si important dans l'économie des êtres, qu'on peut souvent juger du degré de vigueur des animaux ou des végétaux, en considérant la coloration de leurs tissus.

Les roses peuvent être facilement décolorées par l'action du gaz sulfureux, et au contraire, ont leur teinte avivée par l'action du gaz acide sulfurique.

LE CHANCRE DES ARBRES.

Le chancre des arbres se guérit en frottant avec de l'oseille, à l'époque où la sève est abondante, la partie opérée.

PRÉSERVATIF DES SEMIS DE POIS.

Trempez les pois à semer dans une dissolution de suie ou d'aloès, dont l'amertume éloignera les moineaux et les rats, qui n'aiment pas ces purgatifs.

LE CHERVIS.

Le chervis ressemble à la scorsonère.

Il est adoucissant et facile à digérer.

On le multiplie par semis ou par éclats.

En excellent terrain, profondément bêché, il produit des racines de 30 centimètres de longueur et de 3 centimètres de diamètre.

LE CHOU MOELLIER.

Le chou moellier mesure en hauteur jusqu'à 160 et en circonférence jusqu'à 36 centimètres.

Dans les parties moyenne et supérieure, sa tige se remplit d'une grande quantité de moelle succulente dont le bétail raffole.

Sensible à la gelée, il doit être récolté dans les parties les moins chaudes de la France, dès la fin de l'automne.

Il convient particulièrement pour l'engraissement des bœufs.

Un hectare en peut produire un poids de 40 mille kilogrammes équivalant à 8 mille kilogrammes de foin.

Pour un hectare, le prix de revient est de 350 à 450 fr., et le produit brut a une valeur de 550 à 600 fr.

LES ENGRAIS POUR RIEN,

Par L. de Vaugelas.

Les habitants des campagnes se plaignent toujours qu'ils n'ont pas assez d'engrais pour fertiliser leurs terres, et cependant ils en laissent se perdre chaque jour des quantités considérables. Eh! bien, s'ils utilisaient ces engrais perdus, on pourrait parfaitement dire qu'ils les obtiennent sans dépenses. Vraiment, les agriculteurs sont parfois bien négligents, et nous pouvons ajouter qu'ils sont impardonnables d'agir de la sorte; car enfin ils gaspillent leur fortune et portent ainsi un grave préjudice à la société tout entière, puisqu'ils la privent d'un excédent de production qui exercerait sans contredit une influence sur le prix des denrées, et la vie deviendrait plus facile. Les cultivateurs ne devraient jamais perdre de vue que les engrais constituent le plus puissant agent de la production agricole; et cependant toutes les fois que l'on met le pied dans une ferme on voit avec peine, qu'à peu d'exception près, les fumiers sont mal tenus, mal soignés; que les purins se perdent, que de grandes quantités de matières propres à faire des engrais sont complètement laissées de

8*

côté. Et cependant, que de services elles rendraient pour la fertilisation du sol ? Nous appelons donc sur ce point toute l'attention des habitants des campagnes. Qu'ils soignent leurs engrais, qu'ils ne perdent rien, et bien certainement la fortune leur sourira. Les faits suivants, signalés dans la *Revue agricole et forestière* de Provence, viennent à l'appui de ce que nous venons de dire :

Dans une ferme de peu d'importance, on a recueilli, au bout d'un an, des matières fertilisantes qui n'avaient auparavant d'autre effet que d'embarrasser et de salir les abords du logement. On a dirigé les eaux d'évier, les eaux savonneuses, dans un creux établi pour les recueillir ; on a eu le soin d'y apporter les détritus de la cuisine, quelquefois on y mêle des herbes coupées le long des rives. Les eaux contenant des huiles, des sels, provoquent la décomposition des détritus. et des végétaux jetés dans la fosse ; elles communiquent une puissance que l'on constate facilement, en examinant les récoltes obtenues dans le champ qui a reçu le fumier préparé dans cette nouvelle fosse.

On a cherché à se rendre compte de ce que l'on faisait, et on a trouvé qu'au bout de l'année on retirait environ cinquante charges de fumier. La première année, la valeur du fumier a suffi et au delà à indemniser le propriétaire de la dépense qu'il a faite en creusant la fosse et en la rendant étanche, ne voulant rien perdre.

Il ne faudrait pas prendre beaucoup de peine pour suivre un pareil exemple, avec d'autant plus de raison que la santé des habitants exige que les abords des maisons soient tenus propres et non souillés de matières qui entrent facilement en putréfaction. Je vous demande à tous s'il y a quelque chose de plus simple que d'agir de la sorte et de s'assurer ainsi des récoltes magnifiques sans débourser un seul centime ?

Extrait du *Journal de la Société centrale d'Agriculture de Belgique* (décembre 1871).

LES ENGRAIS DU COMMERCE,

D'après M. PASQUAY.

Les éléments de fertilité qu'on paie dans les engrais se réduisent à cinq ou six, dont trois seulement, l'azote, la potasse et l'acide phosphorique, ont une grande valeur.

Quant à la chaux, à la magnésie, etc., elles n'ont pas assez de valeur vénale pour que le prix de l'engrais s'en puisse ressentir.

L'acide phosphorique est de valeur différente, suivant qu'il provient des os, de fabrique de gélatine, de l'apatite, des nodules de la Meuse ou des Ardennes, etc.

Les os renferment environ 25 pour cent d'acide phosphorique.

Pulvérisés fin, ils produisent immédiatement une certaine action.

Torréfiés et pulvérisés, ils ont un effet plus prononcé.

Additionnés, dans ce dernier état, d'acide sulfureux, ils n'emploient pas plus de deux ans à s'assimiler presque en totalité.

Comme phosphates de chaux, l'apatite et les nodules, soit de la Meuse, soit des Ardennes, ne valent que pulvérisés et acidifiés.

La potasse la moins chère s'achète dans le nitrate de potasse, dans le sulfate de potasse et surtout dans les sels bruts extraits des eaux de la mer.

Par suite, dans ce dernier état, elle est mélangée de chlorure de sodium, de magnésium, etc.

Il va de soi que la potasse épurée et le nitrate de potasse tiennent le haut de l'échelle.

Plus un engrais est riche en éléments solubles, plus cher il se paie, car il y a grand avantage à transformer promptement les engrais en récoltes.

Défions-nous des engrais dont on ne nous donne pas l'analyse exacte.

Sachons donc :

1° De quels éléments l'engrais est composé ;

2° En quelles proportions ces éléments se trouvent dans l'engrais ;

3° Si l'indication du dosage se rapporte au poids de l'engrais sec ou au poids de l'engrais à l'état normal ;

4° Quelle proportion d'eau l'engrais contient à son état normal ;

5° En quel état de solubilité les éléments se trouvent dans l'engrais ;

6° De quelles matières ces éléments proviennent, car les matières azotées d'origine animale et végétale perdent un tiers par leur transformation, et les phosphates sont plus ou moins solubles, suivant la matière d'où ils proviennent.

Achetons les engrais en commun, et supportons en commun les frais de vérification des matières dont le vendeur les a dit composés.

Le mode d'emploi des engrais du commerce le plus à recommander, consiste à les mélanger, couche par couche, avec le fumier de ferme.

En effet, par la fermentation du fumier il se dégage des torrents d'acide carbonique qui contribuent puissamment à rendre les engrais plus solubles.

S'il s'agit de répandre les engrais directement sur le sol, il suffit de les mêler avec deux ou trois fois leur poids de terre pulvérisée, de plâtre ou de sciure de bois.

Les meilleurs moments pour répandre les engrais pulvérulents sont le soir, un temps calme ou une pluie tiède.

Après avoir répandu l'engrais, enterrons-le par un léger labour.

L'ALIMENTATION DU BÉTAIL,
D'après M. KOPP.

Cent kilogrammes d'avoine écrasée nourrissent autant que de 170 à 190 kilogrammes d'avoine non écrasée.

Cent kilogrammes d'herbe fraîche hachée nourrissent autant que 125 kilogrammes d'herbe non hachée.

Cent kilogrammes de foin haché nourrissent autant que 140 kilogrammes de foin non haché.

Cent kilogrammmes de pois, féveroles ou vesces en farine nourrissent autant que 300 kilogrammes des mêmes graines entières.

Cent kilogrammes de graines égrugées nourrissent autant que de 130 à 160 kilogrammes de graines non égrugées.

Cent kilogrammes de paille hachée détrempée nourrissent autant que 112 kilogrammes de paille hachée sèche.

Cent kilogrammes de graines détrempées nourrissent autant que 125 kilogrammes de graines sèches.

Cent kilogrammes de légumineuses détrempées nourrissent autant que 136 à 150 kilogrammes de légumineuses non détrempées.

Cent kilogrammes de pommes de terre cuites nourrissent

autant que de 160 à 180 kilogrammes de pommes de terre crues.

Cent kilogrammes de foin infusé nourrissent autant que 170 kilogrammes de foin sec.

Cent kilogrammes de balles de graines nourrissent autant que 90 kilogrammes de grains, en ce que tout grain n'est pas digéré.

La fermentation avec addition de sel est plus économique que la cuisson, mais exige beaucoup plus de soins.

LA VIANDE DE BOUCHERIE.

« La *Grenzpost* (de Bâle) donne une statistique intéressante du mouvement ascensionnel qui s'est produit dans les prix de la viande de boucherie, de 1841 à l'époque actuelle. De 1841 à 1851, le prix de 35 centimes pour la livre de bœuf, première qualité, offre peu de variations. Dès 1852, la hausse commence et ne cesse de se faire sentir graduellement d'année en année. En 1854, la même livre de bœuf est à 45 centimes ; en 1857, nous la voyons à 50 centimes ; en 1860, on la paye 55 centimes ; en 1866, 60 centimes, et aujourd'hui elle a atteint le chiffre de 80 centimes, soit plus du double du prix primitif.

« Il faut tenir compte, sans doute, des circonstances exceptionnelles, de la consommation énorme de la viande par les armées combattantes, de la peste bovine qui a sévi à nos portes, et enfin de l'abondante récolte de fourrage de l'année, qui engage les cultivateurs à garder plutôt qu'à vendre leur bétail. Mais en supposant ces divers contre-temps écartés, il y a peu de probabilité, dit la *Grenzpost*, que nous revoyions les prix redescendre au-dessous de 70 centimes. La tendance à la hausse est telle qu'elle se maintiendra en toutes occasions.

« En regard de ces renseignements, il n'est pas sans intérêt de connaître la progression du renchérissement de la vie en Allemagne et ailleurs.

« Voici, d'après une revue allemande, ce que coûte la vie actuelle dans quelques grands centres européens :

« A Berlin, pour un misérable logement, très-étroit, et encore quand ils le trouvent, les pauvres gens ont à payer proportionnellement le double de ce que payent les riches pour leurs grandes habitations.

« A Vienne, les loyers, les chevaux, les voitures, les meubles, ont augmenté dans les 20 dernières années de 100 p. %. Ceux qui autrefois pouvaient mener avec leurs revenus une vie de luxe, sont aujourd'hui forcés d'en rabattre ; leurs ressources étant les mêmes.

« En moyenne, on a maintenant, pour vivre en Allemagne, besoin de 80 p. % de plus qu'il y a vingt ans.

« Pendant la même période, les prix pour les objets de première nécessité ont haussé à Munich, mais dans des proportions inégales. La viande de mouton a augmenté de 100 p. % ; celle de veau et de bœuf, de 70 p. % ; le pain et le gibier, de 50 p. % ; le froment, de 88 p. % ; la bière, de 47 p. % ; le combustible, de 11 p. %. Les plus beaux logements coûtent aujourd'hui le double ; les inférieurs, de 50 à 70 p. % de plus qu'il y a vingt ans, ce qui forme encore un heureux contraste avec ce qui se passe à Berlin.

« Et pourtant, pendant la même période, les salaires d'ouvriers n'ont augmenté à Vienne que de 15 à 20 p. %, et à Berlin pas beaucoup plus proportionnellement.

POULOTE LA COMMÈRE.

Poulote sourit d'une manière adorable; le ciel est dans ses yeux; son geste est caressant, et elle a l'air de se fondre de tendresse.

Elle se signe devant le propos que cependant elle dit ne pas comprendre.

C'est en pleurant qu'elle avertit les mères des fautes de leurs filles.

Elle montre à qui l'ignore le chemin du salut.

Mais, allez-vous dire, Poulote est un ange.

Attendez un peu.

Elle prétend n'aimer que les jeunes filles disposées à rester pures.

Elle console la femme battue mal à propos par son mari, ou bien l'engage à corriger à son tour le tyran.

Sa parole est de miel.

Sa langue est dorée.

Sa répartie est fine.

Pour avoir du plaisir, il faut l'entendre dire combien Lise est naïve et Colas gauche.

Bref, elle ferait, tant elle est amusante, mourir de rire un tas de pierres.

Mais, allez-vous vous écrier, Poulote est un archange!

Avant de lui sauter au cou pour l'embrasser, écoutez encore.

Dans le temps elle a commis de grosses fautes, à ses yeux si petites, que ce n'est pas la peine d'en parler.

Elle pourvoit de nouvelles de son crû la gazette du village, qui, sans elle, n'aurait presque rien à publier.

Elle y grossit et commente le propos.

Elle y dit que Gertrude a violé le serment fait à son mari, de ne pas révéler que, chaque jour, il pond un œuf.

Elle y donne à ses amis des coups d'épingle qui ont les mêmes suites que des coups de poignard.

Elle tient de source sûre que le marchand d'étoffes qui lui a dit : crédit est mort, est mal dans ses affaires.

En regardant par un trou de serrure, elle a vu la honte du voisin.

Elle mord à belles dents dans la vertu du garde-champêtre, qui a tort d'en savoir long sur la sienne.

Elle brouille les amis et attise la haine des ennemis.

Dans tout ménage et dans toute famille, elle met le feu de la discorde.

Enfin, il n'y a que de sa maison qu'elle néglige de s'occuper.

Aussi, chez ce tambour du village, la soupe ne se fait pas ou ne vaut pas le diable, l'enfant crie la faim ou la soif dans son berceau, et le bétail est condamné à l'abstinence.

Quant au mari, qui s'est lassé d'espérer qu'elle cesserait un jour de ne filer, de ne tricoter et de ne bavarder que chez les voisines, il élit domicile au cabaret, où il jure à ses amis que, s'il était à recommencer, il se garderait bien de s'unir à Poulote.

DEFRANOUX.

—

CONSEILS HYGIÉNIQUES POUR LES TRAVAILLEURS DE LA CAMPAGNE.

Pour préserver les travailleurs des effets d'un soleil ardent et remédier aux accidents qui résultent de la température, il y a lieu de suivre les indications suivantes, formulées par les hommes les plus compétents au point de vue de l'hygiène pratique : 1° Disposer sur la tête, au-dessous du chapeau dont se coiffent habituellement les travailleurs, un mouchoir dont les coins flotteront sur le cou et les épaules, comme cela se pratique dans les pays très-chauds, notamment en Algérie et dans les colonies ;

2° Eviter que le soleil frappe directement la poitrine et les épaules. Il vaut mieux conserver la veste ou la blouse que de s'exposer sans vêtement contre l'ardeur du soleil.

3° Ne pas rechercher les boissons trop fraîches, surtout pour un usage fréquent et en quantités considérables. L'eau est nuisible ; il faut la couper avec de l'eau-de-vie, à raison d'un litre d'eau-de-vie pour vingt litres d'eau. L'usage de l'eau froide mêlée au café, de la piquette et du vin étendu d'eau est aussi de nature à prévenir les accidents.

4° Enfin prolonger le plus possible le repos pendant la plus grande chaleur.

Si des accidents surviennent (accidents de la nature des coups de sang), les précautions à prendre en attendant l'arrivée du médecin, sont : 1° soustraire le malade à l'action du soleil ; 2° mettre des linges mouillés d'eau froide sur la tête ; il faut entretenir la fraîcheur de ces linges ; 3° faire prendre des bains de pieds dans de l'eau chaude, sans cesser de tenir les linges mouillés d'eau froide sur la tête. Si le bain n'est pas possible à cause de l'état du malade, il faut envelopper les pieds dans des linges imbibés d'eau chaude ; il sera bon de mettre une poignée de sel de cuisine ou un peu de cendre dans l'eau que l'on fera chauffer pour cet usage.

S'il s'agit d'un coup de soleil, accompagné de fièvre ou de malaise, il faut appliquer, sur la partie rougie par le soleil, de la pâte molle composée de farine délayée dans de l'eau, ou encore de la graisse douce (non salée).

J. RAMBOSSON.

PENSÉES DIVERSES.

Il ne faut qu'un juste, pour transformer une multitude de méchants.

Pour le juste, la vie est un sommeil, et la mort un réveil.

Le plus beau jour du juste est celui de sa mort.

Le juste se garde aujourd'hui pour demain.

La vertu est, dans l'âme, un parfum.

La vertu est le charme de toute heure et de toute demeure.

Sans la vertu, l'homme ressemble à ces chansons qui n'ont qu'un temps.

La preuve de la vertu est dans l'épreuve.

C'est seulement par un dur exercice que la vertu s'acquiert.

L'âme pure est riche.

Par l'imitation, devenez meilleurs au lieu de pires.

Ne mettez aucun bien au-dessus de l'honneur.

Ouvrez à la vérité, source de tout bien spirituel.

Sages désirs et modérés désirs.

Si votre nom est grand, que la vertu en augmente le lustre.

La vertu est le pain de l'âme.

Soyez plutôt misérables que de cesser d'être vertueux.

Qu'est la gloire sans la vertu ?

Rien ne vaut le plaisir d'être vertueux.

La pratique de la vertu trouve en elle-même sa récompense.

La vertu est le seul trésor qui ne vous embarrasse pas.

La vertu est le seul bien que l'on emporte au ciel.

L'homme le plus riche entre tous est le plus vertueux.

Donner de bons exemples, est pratiquer la vertu.

Un seul chemin nous mène à la vertu, et cent nous en éloignent.

Sagesse des nations.

CONSERVATION DES OISEAUX.

La Société protectrice des animaux, reconnue d'utilité publique, a adressé aux instituteurs des départements limitrophes de Paris une circulaire pour les inviter à veiller à la conservation des oiseaux.

Les oiseaux, sans la guerre acharnée qui leur est faite, pourraient, seuls, détruire les myriades d'insectes qui dévorent nos plantes et nos fruits, nos semences et nos récoltes de tous genres.

C'est au moment où les insectes exercent leurs plus grands ravages que les petits oiseaux reviennent dans nos contrées. Ils sont les meilleurs gardiens de nos champs, de nos vignes, de nos bois. Leur arrivée devrait être appréciée comme un bienfait ; on les traite, au contraire, comme s'ils étaient le fléau de l'agriculture. L'enlèvement des nids, au printemps, détruit des milliers de ces intéressants et utiles auxiliaires.

Nous voyons, contrairement à ce qui se fait en France, que l'Australie fait venir, à grands frais, de l'Europe, des oiseaux insectivores destinés à protéger ses végétaux. Il en est de même aux Etats-Unis ; à Philadelphie, des centaines de moineaux, venus de nos contrées, ont été lâchés pour détruire les chenilles qui dévastaient les jardins publics.

Chez nous, ce sont les enfants qui font la guerre la plus cruelle aux oiseaux. C'est donc aux familles, surtout aux instituteurs, qu'il appartient de venir en aide à l'administration et même de devancer l'action des arrêtés préfectoraux et municipaux.

Eclairez vos élèves, parlez à leur cœur, à leur raison. Parlez aussi à ce bon sens pratique qui fait rarement défaut aux habitants de nos campagnes.

Dites-leur que c'est un triste plaisir, une action mauvaise et nuisible, que de faire périr les petits oiseaux gardiens de nos blés et de nos fruits, doux hôtes de nos bois et de nos haies, dont ils sont la gaieté et la vie.

Apprenez leur aussi qu'il existe en France et en Belgique des sociétés de petits protecteurs déjà nombreuses, mais encore insuffisantes pour éviter tout le mal.

Les jeunes membres de ces associations, dues à l'initiative des instituteurs, s'engagent à ne pas détruire les nids et à les protéger, au besoin, contre leurs camarades moins compatissants ou moins éclairés.

Sur 347 nids reconnus et surveillés par les membres d'une de ces sociétés, 318 couvées ont parfaitement réussi.

Il est facile de calculer approximativement le nombre d'oiseaux qu'elles ont produit, le nombre d'insectes qu'ont mangé ces derniers, et enfin la quantité prodigieuse de produits agricoles qu'auraient détérioré ces mêmes insectes, s'ils eussent continué à vivre.

Chaque année, la Société protectrice des animaux décerne des récompenses honorifiques ou pécuniaires aux enfants qui se sont signalés par la mise en pratique de ses doctrines, et aux instituteurs qui ont contribué le plus à obtenir cet heureux résultat.

Les efforts que vous voudrez bien faire pour nous seconder trouveront, d'ailleurs, une autre récompense, dans la conscience du bien que vous aurez fait.

HORTICULTURE

CALENDRIER HORTICOLE DE LA SOCIÉTÉ D'HORTICULTURE DE NANTES.

Août. — TRAVAUX GÉNÉRAUX. — Il faut que dans ce mois la terre continue d'être couverte de tous les légumes de la saison, et les entretenir en état de fraîcheur et de propreté. C'est au mois d'août que commence réellement l'année horticole : en effet, c'est alors que se font les récoltes de graines, les semis et les plantations des végétaux destinés à donner leur produit pendant l'année suivante, et que l'on prépare le terrain pour les semis d'arbres fruitiers. C'est aussi le temps de réunir le fumier de cheval, dont il faudra faire une prodigieuse consommation depuis novembre jusqu'en avril. La récolte des graines dont nous venons de parler mérite toute l'attention de celui qui attache quelque importance à la culture du jardin ; car l'abondance et la bonne qualité des légumes qu'il recueillera dépendront essentiellement du choix et de la bonne conservation des semences qu'il aura employées, et les graines les plus sûres sont toujours celles que l'on a récoltées soi-même.

A cette époque, il est prudent de recueillir toutes les graines parvenues en état de maturité, afin de ne pas être exposé à les perdre par l'effet des pluies qui surviennent toujours en septembre.

A mesure que les semences ont mûri, on a dû couper les tiges qui les portent, et, pour quelques espèces qui s'égrènent facilement, il est bon de devancer l'époque de la complète maturité. Lorsque les tiges sont coupées, on se gardera bien de les laisser au soleil ; mais on les transportera aussitôt dans un lieu couvert et aéré, où on les suspendra par paquets, que l'on formera en liant ensemble une poignée de tiges par leur extrémité inférieure. Pour quelques plantes, dont toutes les parties ne mûrissent pas à la fois, comme les carottes, etc., on coupera les têtes à mesures qu'elles mûriront, et on les déposera sur des toits.

Lorsque les plantes chargées de graines sont parfaitement sèches, on les froisse pour en séparer les semences, et on enferme celles-ci dans des courges et des coloquintes séchées, vidées et bouchées avec du liège, ou dans de petits sacs de toile ou de papier ; dans tous les cas, il faut avoir soin d'étiqueter, en indiquant *lisiblement* chaque espèce de graine et l'année de sa récolte. On s'apercevra par la suite combien ces précautions sont importantes ; car, sans elles, on se trouve souvent dans l'alternative de semer des graines trop vieilles ou d'une espèce différente de celle qu'on désire, ou de jeter des semences encore bonnes, mais dont on ne connaît pas exactement l'âge ou l'espèce. Enfin la provision de graines sera logée dans un lieu très sec, où l'on ne fasse pas de feu pendant l'hiver, et parfaitement à l'abri des dégâts des souris.

ARBRES A FRUITS. — Si des palissades restent encore à faire, il faut se hâter de les exécuter ; de même, si des fruits paraissent trop cachés, il faut les découvrir, pour faciliter leur maturité. On continue de greffer à œil dormant les arbres fruitiers, et l'on enlève le bois mort jusqu'au vif, lorsque la plaie ne s'est pas cicatrisée sur les sujets greffés.

Si la saison est sèche et aride, si les rosées sont rares, si les arbres sont exposés à la poussière d'une route ou de tout autre lieu public, il faut, autant que cela peut se faire, non-seulement les arroser, mais on doit, au moyen d'une pompe à main, répandre sur leur feuillage, après le coucher du soleil, une pluie fine qui fait grossir les fruits, entretient la santé des arbres, et en éloigne les insectes.

POTAGER. — Les premiers jours de ce mois conviennent parfaitement pour l'époque principale des semis de mâche : on y consacre un terrain dont l'étendue est proportionnée à la consommation ordinaire. On éclaircit la mâche après la levée, si elle est trop drue ; car elle a besoin d'espace pour devenir belle. On peut aussi répandre quelques semences de cette plante dans un carré de choux-fleurs d'automne, au moment du dernier binage : celle-ci sera nécessairement fort claire, puisque une grande partie du terrain est couverte ; mais on pourra la consommer au commencement de l'hiver, si elle a été semée en temps convenable, en sorte que cela n'empêchera pas de bêcher la terre au moment opportun. On effile les fraisiers ; on sème les haricots de Hollande, pour être consommés verts en automne ; on les couvre d'une légère couche de terreau, et on les arrose de temps en temps ; à l'approche des premières gelées, il est prudent de les couvrir de toiles ou de châssis.

On sème des oignons blancs pour être piqués au printemps. On donne de fortes mouillures aux cardons, céleris, choux-fleurs, poireaux, cardes-poirées, à l'oseille, à l'estragon ; mais on n'arrose que modérément la scarole, la chicorée, les concombres, à moins que le temps ne soit à la grande sécheresse.

Beaucoup de légumes peuvent encore se semer ; nous citerons notamment les choux-pommes hâtifs destinés à la consommation du printemps ; des radis noirs pour être mangés en hiver. Quant aux choux et aux choux-fleurs qu'on doit récolter en automne, on peut hâter leur végétation en répandant autour du collet de la racine une petite quantité de noir de raffinerie. Les artichauts réclament de l'eau durant les chaleurs d'août ; on coupe au niveau du sol les tiges qui n'ont plus de pommes. Le mois d'août convient assez bien pour l'établissement des meules à champignons. Nous engageons les personnes qui voudraient se livrer à la culture de ces cryptogames à consulter le traité de feu Victor Paquet sur cette matière : l'extrait que nous pourrions en faire ne suffirait pas pour guider convenablement ceux qui n'ont aucune idée de la formation et de la conduite des couches.

PARTERRE. — On greffe encore à œil dormant les arbres et arbustes d'ornement. On sèvre les marcottes d'œillets, qu'on replante en pots ou en pleine-terre. On donne des tuteurs aux dahlias. On repique les œillets-de-poète. Si on veut avoir de jolies pensées au printemps, il faut les semer en août. On bouture les pétunias pour leur faire passer l'hiver en orangerie. C'est aussi le moment de bouturer les passe-roses dont on craint de voir perdre les variétés ou de voir disparaître les nuances par suite du semis, qui les ramène insensiblement au type sauvage. On fait sous châssis des boutures de chrysanthênes, qui fleuriront *nains*, et tard ; on peut même, pour obtenir des fleurs avant l'hiver, opérer sur des branches à fleurs dont on commence à apercevoir le bouton : on les coupe à vingt ou trente centimètres de hauteur. Tous les soi-disant nains sont faits ainsi ; car l'année suivante, ces plantes reprennent leur grandeur naturelle. On sépare et on replante les juliennes.

On sème des quarantains pour repiquer, et on sème en place le réséda, les pieds-d'alouettes, les pavots, les coquelicots, le thlaspi, les digitales, les mauves, le sainfoin d'Espagne, etc.

Il est grand temps, si la saison a été chaude, de récolter la graine des ancolies, reines-marguerites, mûriers, balsamines, etc.

A mesure que les plantes annuelles sont défleuries, on les remplace par des plantes en pots, que l'on enterre : sauges, pétunias, crassules, *pelargonium*, etc. C'est le moyen d'avoir un parterre toujours fleuri.

ORANGERIE ET SERRES. — On s'occupe du rempotage des plantes de serres et d'orangerie, dont les pots ont été enterrés pendant l'été, et particulièrement de celles qui ont poussé des racines par les trous du fond de ces pots.

VITICULTURE.

ÉCOLE PRÉPARATOIRE DU VIGNERON ET DE L'HORTICULTEUR.

En ce qui concerne la culture, la multiplication et la transplantation de la vigne. Par DEFRANOUX, ancien président de la Société d'émulation du Jura. A l'usage des vignerons, des horticulteurs, des instituteurs et des écoles normales.

— Suite. —

L'EXPOSITION ET LE LIEU LES PLUS FAVORABLES OU LES PLUS DÉFAVORABLES A LA VIGNE.

Mieux le sol est exposé, mieux l'est la vigne.

L'exposition au sud est celle qui suscite le raisin le plus sucré.

Par suite, elle est celle qui procure au vin le plus de force alcoolique.

Après l'exposition au sud, vient l'exposition à l'est.

Après l'exposition à l'est, vient l'exposition à l'ouest.

Après l'exposition à l'ouest, vient l'exposition au nord.

L'exposition à l'est provoque la perte à peu près immédiate de la rosée, et fait flétrir, par le soleil trop tôt venu, les pousses qui viennent d'être gelées.

L'exposition à l'ouest est assez longue à provoquer la perte de la rosée.

L'exposition au nord est la plus longue à provoquer la perte de la rosée.

Même sous nos climats tempérés, on peut lui devoir, sur le flanc d'un mont élevé, des vins de haute qualité.

Elle est celle qui empêche le plus le cep d'entrer trop tôt en végétation.

Elle est celle qui donne au bois le plus de développement.

Par malheur, elle est l'exposition la moins favorable, surtout en année froide, à l'aoûtage des pousses.

Plus, dans les contrées non méridionales, la vigne reçoit de soleil, plus tôt elle mûrit son fruit et plus généreux est le vin qu'on lui doit.

Un lieu chaud, sans l'être trop, est nécessaire à la vigne.

L'air n'est pas moins nécessaire à la vigne que la chaleur.

En effet, partout où il n'y a pas assez d'air, il y a trop d'humidité, et, dès lors, la vigne est exposée à la gelée et à la coulure.

Tout lieu encaissé est un lieu où la vigne n'a pas assez d'air.

Tout lieu encaissé constitue un appel au brouillard, et, par suite, à la gelée.

Le lieu concave est un diminutif du lieu encaissé.

Bien que, dans la plaine, il y ait plus d'air que dans le lieu encaissé ou concave, il n'y en a pas assez.

Aussi, les fortes gelées, qui épargnent souvent les lieux qui dominent la plaine de quelques mètres, sévissent-elles sur les produits de celle-ci.

En ce qu'il est suffisamment aéré, un lieu convexe convient beaucoup à la vigne.

Le sommet et les environs du sommet d'un mont élevé ne conviennent pas à la vigne.

A une altitude excessive, la vigne est infertile ou ne mûrit pas son fruit.

Le coteau en pente raide est trop exposé à être raviné par l'eau de pluie, mais est, sur la maturation du fruit de la vigne, jusqu'à un certain point, du même effet que le mur.

Près des côtes de l'Océan, les vignes à vins rouges ne peuvent pas produire des vins aussi fins que celui qu'on doit aux vignes à vin blanc.

(La suite à la prochaine livraison.)

LE CHAUFFAGE DES VINS
(D'APRÈS M. HEUZÉ).

Pour les négociants comme pour les producteurs, le chauffage n'est utile que quand les grands vins sont succeptibles de s'altérer.

En effet, il n'est pas bien démontré que les grands vins non malades conservent, après avoir été chauffés, toutes les qualités qui les distiguent.

Quant au chauffage des vins communs mal faits ou susceptibles de s'altérer, il est utile.

Cependant, le chauffage n'améliore pas les vins troubles, n'empêche les vins fabriqués avec des raisins terreux ni de fermenter, ni de s'altérer, et rend plus secs et moins agréables les vins communs.

En conséquence, ne chauffons qu'en cas de nécessité absolue.

(Extrait de l'*Agriculture pratique*).

LA CLEF DE LA SCIENCE

Ou les phénomènes de tous les jours, expliqués par le docteur E.-C. Brewer, membre de l'université de Cambridge, du collége des précepteurs de Londres, etc., auteur de plusieurs ouvrages littéraires, historiques, scientifiques, mathématiques, etc.

LA FOUDRE (1), L'ÉCLAIR (2).

Nature et aspect de la foudre, orages.

Qu'est-ce que la FOUDRE? — La foudre n'est autre chose qu'une étincelle électrique d'une grande puissance qui met deux nuages ou un nuage et la terre en communication.

Combien y a-t-il de différentes ESPÈCES de foudre? — Il y a deux espèces de foudre, aussi bien que d'électricité.

Quelle est la CAUSE d'un éclair? — L'une de ces électricités

(1) FOUDRE, c'est-à-dire l'exhalaison enflammée, ou la substance, ou le fluide qui sort de la nue électrique.
(2) ÉCLAIR, c'est-à-dire l'éclat de lumière qui jaillit de la nue.

s'échappant d'un nuage pour se réunir à l'autre espèce, qu'elle soit dans un autre nuage ou dans la terre.

Qu'arrive-t-il quand les deux espèces d'électricité se RENCONTRENT? — Elles se neutralisent l'une l'autre, et leur combinaison produit une explosion.

Qu'est-ce qu'un ORAGE? — Un dérangement de l'atmosphère, produit par les explosions successives de l'électricité accumulée.

Quelle est la SOURCE de l'électricité qui s'accumule dans les nues? — 1° L'évaporation de l'eau à la surface de la terre; — 2° les changements chimiques qui ont lieu sur le sol, ainsi que dans l'atmosphère; — 3° le frottement qui s'accomplit dans l'air quand des courants d'une température inégale passent les uns près des autres.

A quelle HAUTEUR de la terre se trouvent les nuages électriques? — La hauteur des nuages orageux varie entre 2,000 et 5,000 mètres; mais il arrive rarement qu'un éclair éclate d'un nuage qui est élevé à plus de 600 mètres au-dessus du sol.

Comment a-t-on vérifié l'IDENTITÉ de l'électricité et de la foudre? — En 1749, Franklin en avait signalé l'analogie probable; une expérience faite en France, en 1752, vint réaliser ces prévisions.

Une barre de fer de 40 pieds de hauteur, isolée et terminée en pointe, placée dans un jardin de Marly, fut électrisée par l'approche d'un nuage orageux et pendant un quart d'heure elle fournit en abondance des étincelles électriques. — Franklin ignorait le succès de cette expérience lorsqu'il fit, la même année, l'essai ingénieux du *cerf-volant* armé d'une pointe de métal, qui lui donna les mêmes résultats.

Quand l'éclair est-il DIRECT? — Quand la distance qu'il parcourt est petite, parce que l'air qu'il trouve sur son passage n'est pas assez condensé par la foudre pour la forcer à se détourner.

Pourquoi l'éclair se bifurque-t-il quelquefois à son extrémité? — Parce qu'il est divisé par les objets terrestres dont il approche.

Pourquoi les éclairs se dessinent-ils ordinairement sous la forme d'une ligne brisée en zigzag? — Parce que la foudre condense l'air à mesure qu'elle avance, et qu'elle saute de côté et d'autre afin de trouver le passage où elle a le moins de résistance.

La foudre sillonne l'atmosphère en lignes brisées, pour suivre les parties de l'air les plus chargées d'humidité.

Pourquoi les éclairs sont-ils quelquefois des lueurs qui embrâsent une partie de l'horizon et le rendent tout FLAMBOYANT? — Parce que la lumière des éclairs est réfléchie par les nuages, quant les éclairs sont eux-mêmes cachés à nos yeux.

Quelle AUTRE forme les éclairs prennent-ils quelquefois? — Ils se dessinent quelquefois sous la forme de masses lumineuses arrondies traversant l'atmosphère, où l'œil peut les suivre pendant plusieurs secondes.

Pourquoi la foudre produit-elle une FLAMME en traversant l'air? — Parce que l'air n'est point un conducteur, et conséquemment ne peut conduire la foudre à la terre sous une forme invisible.

La foudre ne produit-elle pas de lumière, lorsqu'elle traverse un bon conducteur? — Non, le fluide électrique passe par un bon conducteur sans bruit et sans être vu.

Pourquoi l'éclair est-il en général suivi d'une AVERSE? — Parce qu'il produit dans l'état physique de l'atmosphère un changement tel que l'air ne peut pas soutenir en dissolution autant d'eau qu'auparavant; la surabondance en tombe en averse. Le proverbe dit :

> Après gros tonnerre,
> Force eau sur la terre.

Pourquoi l'éclair est-il en général suivi d'un COUP DE VENT? — Parce que l'état physique de l'air est dérangé par le passage de la foudre; le vent est l'effet de ce dérangement.

Quels sont les éclairs connus sous le nom D'ÉCLAIRS DE CHALEUR? — Des éclairs sans tonnerre, qu'on observe souvent à l'horizon, dans les beaux soirs d'été.

Pourquoi ne tonne-t-il pas lorsqu'il fait des éclairs de chaleur? — Parce qu'ils ne sont que le reflet des éclairs d'orages situés au-dessous de notre horizon, et que le bruit du tonnerre est perdu avant d'arriver jusqu'à nos oreilles.

La foudre passe-t-elle aussi DE LA TERRE aux nuages? —

Oui: l'une des deux électricités s'élance vers les nues toutes les fois que l'autre se précipite sur la terre.

La foudre de la terre s'appelle communément *choc en retour.*

Laquelle des deux électricités s'échappe des nuages? — Le plus généralement, c'est l'électricité vitrée; mais quelquefois c'est la résineuse.

Quelle électricité s'élance de la TERRE? — Le plus souvent l'électricité résineuse, mais quelquefois la vitrée.

Dans quelle saison de l'année les éclairs sont-ils le plus FRÉ-QUENTS? — Ils sont le plus fréquents en été, puis en automne, et ils le sont le moins en hiver.

Si nous désignons par *cent* le nombre total des orages dans l'année, nous aurons la distribution suivante pour les contrées de l'Europe occiden-tale: été, 53; automne, 21; printemps, 17; hiver, 9.

Les orages sont très-communs dans le nord de l'Italie; mais, dans le nord de l'Europe, ils sont très-rares.

Pourquoi les orages sont-ils plus communs en ÉTÉ et en AUTOMNE que pendant le printemps ou l'hiver? — Parce que la chaleur de l'été et de l'automne produit des évaporations continuelles: or, la conversion de l'eau en vapeur développe toujours de l'électricité.

La plupart des orages nous sont amenés par des vents de sud-ouest. C'est surtout le cas en hiver.

Pourquoi un orage suit-il généralement un temps SEC? — Parce que l'air sec, étant un mauvais conducteur, ne peut pas soutirer l'électricité des nuages: ainsi le fluide s'accumule jusqu'à ce que les nuées se déchargent avec une explosion.

Pourquoi un orage vient-il très-RAREMENT après un temps pluvieux? — Parce que l'air humide, ainsi que la pluie même, conduit assez bien l'électricité; de sorte qu'ils trans-mettent le fluide électrique graduellement et sans bruit à la terre.

(La suite à la prochaine livraison.)

OPINION DE LA QUINTINIE

SUR L'INFLUENCE DE LA LUNE.

Je proteste de bonne foi que, pendant plus de trente ans, j'ai eu des applications infinies pour remarquer au vrai si toutes les lunaisons doivent être de quelque considération en jardinage.

Eh! bien, au bout du compte, tout ce que j'ai appris par ces observations longues, fréquentes, exactes et sincères, a été que ces discours ne sont que de vieux discours de jardiniers mal habiles.

Greffez en quelque temps que ce soit, pourvu que vous le fassiez adroitement, dans les saisons propres à la greffe, pourvu que vous le fassiez sur des sujets convenables à chaque sorte de fruit, et pourvu que, bon et bien disposé, le plant n'ait ni trop ni trop peu de sève.

De même, plantez toutes sortes de graines et de plantes, en quelque quartier de lune que ce soit.

Je vous réponds d'un égal succès, si votre terre est bonne et bien préparée, si vos plantes et vos semences ne sont pas défectueuses, et si la saison ne s'y oppose pas.

OPINION D'OLIVIER DE SERRES
SUR L'INFLUENCE DE LA LUNE.

Le point de la lune n'est point observable pour les arbres fruitiers, étant bon de les planter en croissant et en décours, car l'un et l'autre terme se pratiquent heureusement, pourvu que la terre et le ciel soient bien disposés.

Donc le bon ménager, sans s'amuser d'attendre par trop les lunes, les signes, les mois et les jours, expédiera ses affaires lorsque par bon tempérament le ciel et la terre s'accorderont ensemble,

Il prendra par les cheveux l'occasion venant des bonnes saisons qui, n'étant de longue durée, ne vous donnent pas toujours loisir de parachever vos affaires.

A cette fin, il se munira de diligence, comme du plus secourable outil duquel il puisse se servir en toutes actions.

NOUVELLES AGRICOLES.
COLONIES AGRICOLES.

Plusieurs journaux annoncent qu'un certain nombre de colonies agricoles pour les jeunes orphelins indigents vont être instituées, sous le patronage de l'*Œuvre du Sou de chaumières.*

Il s'agit de faire en France, pour les jeunes filles des campagnes que la mort de leurs parents laisse sans ressources, ce qui a si bien réussi en Angleterre sous le nom de *Home-Villages*.

PRIX POUR LA DESTRUCTION DES HANNETONS.

La Société des Agriculteurs de France décernera, en 1873, un prix de 3,000 francs à l'inventeur d'un procédé efficace pour la destruction des hannetons, et un prix égal à l'inventeur d'un remède contre la maladie des vers à soie.

On sait qu'en 1872 un prix de 2,000 francs est affecté au meilleur travail sur les irrigations.

EXPOSITION DES ANIMAUX ACCLIMATÉS.

On prépare, au jardin d'acclimatation, une exposition permanente des produits obtenus avec les animaux acclimatés en France.

APPLICATION DE LA LOI GRAMMONT.

On sait que la loi Grammont punit d'une amende de 5 à 15 jours de prison, ceux qui auront exercé publiquement et abusivement de mauvais traitements envers les animaux domestiques.

La cour de cassation, par un arrêt rendu le 5 juin 1872, vient de décider que le fait de laisser un cheval passer la nuit à la porte d'une auberge, sans nourriture, constitue la contravention punie par cette loi. On ne peut qu'accueillir avec sympathie cette décision, car il est vraiment déplorable que certains hommes abusent avec autant de cruauté de ces pauvres animaux, qui nous rendent de si grands services.

Il est malheureusement souvent à regretter que les pénalités inscrites dans loi Grammont ne soient pas assez sévères dans une foule de circonstances ; car la compassion pour les animaux tient une grande place dans le Code de la moralité publique.

CRÉATION D'UN INSTITUT AGRONOMIQUE ET D'UNE ÉCOLE DE JARDINAGE.

Deux projets de lois importants, concernant l'Agriculture et l'Horticulture, ont été présentés à l'Assemblée nationale.

Il s'agit, dans le premier projet, de rétablir à Versailles

l'Institut agronomique supprimé en 1852. Le domaine consistera en un champ d'essai de 50 hectares environ.

Le second projet est relatif à la création d'une école nationale de jardinage au potager de Versailles, destinée à former des praticiens éclairés.

Nous publierons le texte de ces lois, quand elles auront été adoptées par l'Assemblée nationale.

REMÈDE CONTRE LE PHYLLOXERA.

Voici un remède indiqué par un grand viticulteur autrichien :

L'*allyle* ou l'*huile d'ail* détruit immédiatement les hémiptères. Elle doit donc exercer le même effet sur le *Phylloxera*. Il suffit d'arroser les ceps des vignes envahies par le terrible insecte, avec une décoction concentrée d'ail, pour s'en débarrasser.

Le remède est facile et peu coûteux. Nous souhaitons qu'il ait un plein succès.

GUÉRISON DES VOLAILLES MALADES.

Prenez un blanc d'œuf, battez-le avec une cuillerée d'eau et deux gouttes de phénol; puis, d'heure en heure, faites avaler une cuillerée de ce remède à la poule malade. La guérison est certaine, si vous agissez dès le début de la maladie.

Ce remède pourrait être administré aux lapins.

ÉMIGRATION DES ALSACIENS DANS LE MIDI DE LA FRANCE.

Les bras pour l'Agriculture manquent dans le Midi de la France. Les familles des émigrants d'Alsace-Lorraine qui se dirigeront de ce côté, notamment dans le département de l'Aude, y trouveraient un bon accueil. On réclame, dans ce département, des vignerons, des laboureurs, des charretiers, des jardiniers, des charrons, des bourreliers, des tonneliers, etc.

EXPOSITION UNIVERSELLE DE VIENNE 1873

Une souscription recueillie parmi les fabricants de sucre et les cultivateurs de betteraves austro-hongrois a mis à la disposition de M. le directeur général une somme de 11,700 florins pour être distribuée en prime aux meilleurs instruments servant à la culture et à la récolte de la betterave.

Une somme de 2,000 florins sera également répartie entre les meilleurs instruments non dénommés servant à la culture ou à la récolte de la betterave à sucre.

Pour plus amples renseignements, s'adresser à l'Union des exposants, 21, rue du Château-d'Eau.

LA BOUTEROLLE.

On vient d'expérimenter, à l'abattoir de la Villette, à Paris, un nouvel instrument d'abattage, de l'invention de deux taillandiers, et destiné à remplacer le merlin traditionnel, qui ne faisait qu'assommer la bête en laissant à la saignée le soin de déterminer la mort. L'instrument nouveau, au contraire, amène la mort foudroyante. La *bouterolle*, tel est le nom de l'instrument expérimenté, est composée d'une tige d'acier emmanchée par le milieu, comme un marteau. Cette tige, qui mesure 30 centimètres de longueur, est pleine par un bout et creuse par l'autre. La partie pleine forme crochet et n'a pour objet que de donner l'appoint de force nécessaire ; la partie creuse qui frappe la tête de l'animal, est d'un diamètre de 10 millimètres.

Au moment de l'abattage, le bœuf reçoit le coup au milieu du front, et le creux de l'instrument forme un trou dans lequel l'abatteur introduit un jonc de 60 centimètres de long, qui atteint et refoule la moelle épinière, épargnant à la bête par une mort rapide, les souffrances de l'agonie.

Quand il s'agit de l'abattage d'animaux vicieux, on se sert de la *bouterolle à masque*. Cette variété de l'instrument se compose d'un masque de cuir dans lequel on a ménagé un trou. Dans cette ouverture on place une *bouterolle* terminée par un bouton plein au lieu de crochet, et alors l'instrument entre dans la tête frappé par un maillet en bois de fer. Les deux systèmes procurent une mort instantanée.

DROIT DE TUER LES VOLAILLES QUI CAUSENT DU DOMMAGE AUX RÉCOLTES.

Dans les campagnes, il s'élève souvent des discussions à propos de volailles. Il n'est pas sans intérêt de connaître la solution que la cour de cassation a donnée à ce sujet :

Dans le département de l'Eure, deux femmes étaient dans un perpétuel désaccord. L'une laissait habituellement sa basse-cour butiner chez sa voisine; l'autre, de guerre lasse, s'est fâchée et a menacé de détruire les maraudeurs. Voyant qu'on ne tenait pas compte de ses observations, elle a semé dans ses récoltes des boulettes enduites de phosphore, et cinq poules de la voisine, après un nouveau repas de contravention, sont venues expirer au logis.

Ce cas fut porté devant le tribunal de simple police, qui acquitta l'empoisonneuse, puis devant la cour de cassation, qui approuva l'acquittement prononcé. La cour de cassation a considéré que le Code pénal de 1791 donne au propriétaire le droit de « tuer sur le lieu et au moment du dégât, » les volailles qui causent du dommage à ses récoltes.

RÈGLE DE PRÉDICTION DU TEMPS.

Le maréchal Bugeaud, alors qu'il n'était que capitaine, avait découvert en Espagne un manuscrit contenant une règle de prédiction du temps basée sur une série d'observations effectuées sans discontinuité aucune pendant cinquante années. M. Bugeaud vérifia cette règle en Algérie, et après quelques années, sa conviction dans sa justesse s'affermit au point qu'il n'entreprenait plus aucune expédition militaire, aucune opération agricole, sans consulter les données de la règle météorologique qu'il a formulée ainsi :

Pendant la durée d'une lunaison, le temps se comporte *onze* fois sur *douze* comme il s'est comporté le cinquième jour de cette lune, si le sixième jour le temps est resté le même qu'au cinquième, et *neuf* fois sur *douze* comme le quatrième jour si le sixième ressemble au quatrième.

Autrement dit, il y a onze chances contre une qu'il fera beau pendant toute la lunaison s'il fait beau les cinquième et sixième jours, et neuf chances contre trois que le temps sera pendant la lunaison ce qu'il a été les quatrième et sixième jours.

Niort. — Typographie de L. Favre.

CHRONIQUE AGRICOLE.

La moisson est presque terminée en France ; encore quelques jours de beau temps, et toutes les récoltes seront rentrées. Les mauvais temps du commencement d'août auront causé quelques déceptions, non pas sous le rapport de la quantité qui ne peut être contestée, mais sous celui de la qualité qui offre des différences assez sensibles. Le Midi a des blés d'une qualité exceptionnelle, pesant à l'hect. de 80 à 83 kil. L'Ouest, très-favorisé dans certaines contrées, l'est moins dans d'autres. L'Est et le Nord sont dans le même cas. Le Centre et le Rayon de Paris, pour les blés rentrés avant les pluies, accusent une satisfaction complète ; on parle même de rendements extraordinaires dans certaines localités ; pour ceux qui ont eu à souffrir de l'excès d'humidité, on peut compter tout au plus sur un cinquième de mauvais. Dans le Nord et le Nord-Ouest, où la moisson a été plus tardive, les résultats sont encore plus favorables.

Malgré ces quelques déceptions partielles, il y a longtemps que la France aura eu une récolte aussi abondante en céréales. On compte 42 départements où la récolte est estimée très-bonne, 37 où elle est bonne, 3 où elle est assez bonne, et 3 où elle est passable.

A l'étranger, les résultats des récoltes sont loin d'être les mêmes.

En Angleterre, la récolte est au-dessus de la moyenne, à la réserve toutefois des blés, dont le déficit serait, dit-on, d'un cinquième sur une année moyenne.

En Italie, le Piémont et la Lombardie auront des besoins ; on estime que les deux tiers du royaume Italien ont une mauvaise récolte comme il n'y en avait pas eu depuis 1858.

Dans les provinces Danubiennes, si la quantité laisse un peu à désirer, la qualité est supérieure.

En Russie, les résultats sont très-variés ; dans le gouvernement de Taganrog, elle est belle en qualité, médiocre en quantité. Dans celui d'Odessa, le résultat de la récolte de blé est au-dessus de la moyenne. Dans les provinces du Don, mauvaise récolte ; dans les autres gouvernements, on compte sur une bonne moyenne.

En Allemagne, les appréciations sont très variées jusqu'à

présent ; en Hongrie, elle ne dépassera pas une moyenne ordinaire.

L'Espagne, comme quantité et qualité, a une récolte exceptionnellement belle ; en Belgique, elle peut être considérée comme bonne moyenne pour le blé ; en Turquie, elle sera moyenne comme qualité,

Aux États-Unis, les rendements seront supérieurs aux chiffres qui ont été primitivement donnés par le bureau de l'agriculture.

En présence de ces résultats, notre commerce n'ayant pas à redouter la concurrence des exportateurs russes et américains, nous serons à même de tirer de notre abondante récolte un parti avantageux, et les exportations de nos produits agricoles atteindront cette année un chiffre considérable. La consommation annuelle de la France, en blé, est de 60 à 65 millions d'hectolitres. Il en faut environ 10 à 12 millions pour les semences. C'est donc un total de 70 à 80 millions d'hectolitres. La production, pendant une moyenne de dix années, varie de 70 à 97 millions, chiffres extrêmes. Une récolte de 100 millions d'hectolitres constitue l'abondance ; quand ce chiffre est dépassé, ce qui arrive assez rarement, il y a surabondance.

A la halle aux blés de Paris, le dernier cours commercial des bonnes qualités de blés paraît fixé de 27 à 28 fr. les 100 kilos. La meunerie, dominée par des idées de baisse, n'achète que le nécessaire aux besoins de sa fabrication. Depuis l'ouverture de la navigation par les canaux, les seigles donnent lieu à quelques affaires avec le Nord ; les prix sont tenus en disponibilité et à livraison de 17 75 à 18 fr. les 115 kilos. Les orges vieilles, de belle qualité, sont tenues de 15 à 15 50 les 100 kilos. Les nouvelles ne paraissent pas encore sur le marché. Les avoines sont fermes et en hausse de 16 à 17 50, suivant qualité. Les farines de consommation sont cotées de 61 à 68 et 69 ; la boulangerie, aux cours actuels, n'achète que quelques petits lots en disponible ; elle continue à être très réservée dans ses achats, en présence des résultats de la récolte.

Les résultats de la récolte des colzas sont bons, mais il ne faut pas oublier que la mauvaise récolte des graines de colza aux Indes donne un déficit d'environ 15 millions de kilog. d'huile qu'il faudra combler, et pour cela nous ne pourrons avoir recours aux huiles auxiliaires, qui sont plus rares cette année et à des prix beaucoup plus élevés que le colza. Nous devons ajouter à ces considérations l'impôt des matières premières, qui engagera certainement la spéculation à faire ses approvisionnements en magasin, en présence des cours peu élevés de l'article. Devant toutes ces considérations, une nouvelle baisse paraît impossible et une reprise semble très probable dans un avenir prochain.

La situation des betteraves en terre continue à être très satisfaisante, et si les conditions atmosphériques se maintiennent, tout fait prévoir que la production, comme quantité et qualité, sera supérieure à celle de l'année dernière. La situation paraît être semblable en Belgique, dans une partie de l'Autriche et dans l'Allemagne du Sud, mais il n'en est pas de même dans l'Allemagne du Nord, où sont les plus importantes plantations de betteraves; on se plaint d'une sécheresse qui compromet la quantité et la qualité de la plante.

REVUE AGRICOLE.

Nous sommes encore en pleins concours régionaux. La dernière série de ces solennités agricoles se tiendra du 1er au 8 septembre à Rennes et à Tulles; du 7 au 15 septembre à Nevers, à Auch et à Grenoble; du 14 au 22 septembre, à Saint-Étienne; du 21 au 29 septembre, au Mans; du 12 au 20 octobre, à Montpellier.

Nul doute que ces concours soient aussi brillants que ceux qui ont eu déjà lieu et qui ont prouvé l'activité et les progrès de nos agriculteurs. C'est de ce côté que nous prenons notre revanche, en profitant de la fécondité de notre belle et bonne terre de France, bénie par le ciel.

Voici des paroles prononcées dans un concours de moissonneuses par le Préfet de la Vienne, que nous ne voulons pas laisser sans écho.

M. Lavedan rend hommage en ces termes aux *ruraux :*

« Tout avait été emporté dans nos désastres, les institutions, les lois, la fortune, la gloire, l'ordre social lui-même; il ne nous restait plus sous les pieds que la terre, toujours fidèle à ceux qui ne l'abandonnent pas. C'est à elle que vous vous êtes courageusement adressés pour lui demander la réparation de nos maux : elle ne vous a pas trompés; elle ne trompe jamais le travail, la persévérance et l'effort.

« Attachez-vous à elle comme à la source la plus assurée du bien-être et de la moralisation. Sans doute, les grands ateliers avec leur puissant outillage, les manufactures avec leurs merveilleux produits, les industries diverses, où le génie de l'homme prend son essor, nous donnent d'admirables spectacles et sont de précieux foyers de richesses, mais l'agriculture n'en reste pas moins la première, la plus incomparable des richesses nationales, la mère et la nourricière de toutes les industries.

« On a parlé quelquefois avec dédain des *ruraux*. Les *ruraux !* Glorifiez-vous, messieurs, de ce titre digne de toutes les sympathies et je ne crains pas d'ajouter de tous les respects.

« Que serions-nous sans les *ruraux ?* Ce sont eux qui ont fourni le plus de bras à la défense désespérée du sol; et après avoir prodigué leur sang, ce sont eux qui vont donner demain leur épargne dans cette grande manifestation du crédit national qui va montrer la France relevée dans la confiance et dans l'estime du monde.

« Ce sont les ruraux qui nourrissent le pays, qui cicatrisent ses blessures, qui le réconfortent et lui préparent les compensations de l'avenir. Honneur, Messieurs, honneur aux ruraux ! »

Ces patriotiques et émouvantes paroles ont été applaudies par les auditeurs, comme elle le seront par nos lecteurs.

Les nombreuses épreuves auxquelles les faucheuses et les moissonneuses ont été soumises, dans les divers concours de cette année, paraissent enfin avoir résolu le problème de la fauchaison mécanique. C'est aux propriétaires, aux cultivateurs à faire choix d'instruments solides et expérimentés. Ils ne doivent point s'en rapporter aux réclames, si généreusement payées, qui s'étalent dans certains journaux d'agriculture ; ils trouveront toujours un guide sûr et éclairé dans le président de la société d'agriculture de leur département. Cependant, il ne suffit pas de faire l'acquisition de mécaniques agricoles plus ou moins perfectionnées. Le premier devoir des cultivateurs est de niveler le sol des prairies et des champs, de manière que ces instruments puissent fonctionner sur un terrain dont les inégalités n'entravent pas la marche des machines. Puis, œil du maître doit chercher et trouver des domestiques intelligents et actifs, qu'il dressera à la manœuvre de ces instruments. L'agriculture, comme l'industrie, n'entre dans la voie du progrès qu'avec beaucoup de peines et d'énergiques efforts ; c'est à ce prix qu'on obtient le succès.

La *Gazette de Normandie* fait remarquer qu'il est beaucoup de petits cultivateurs qui ne peuvent, pour eux seuls, se procurer d'utiles instruments aratoires. Est-ce qu'il ne serait pas possible, ajoute ce journal, d'avoir quelques instruments communaux pour être mis à leur disposition et servir de modèle ?

Cette idée est bonne ; nous la livrons à la méditation de nos lecteurs. Une société pourrait établir, dans les chefs-lieux de cantons, des agents qui loueraient à bas prix des faucheuses, des moissonneuses et des batteuses. A propos de ce dernier instrument, nous voudrions y voir apporter une amélioration devenue indispensable. Ce serait d'établir le batteur de manière qu'il ne pût saisir les doigts ou la main du domestique chargé de présenter le blé à la machine. Chaque année, nous entendons parler de nombreux accidents causés par l'imprudence ou la maladresse ; il faut les rendre impossibles. Le problème est facile à résoudre.

A Grenoble, dans le même jour, deux jeunes gens mutilés par des batteuses mécaniques ont été apportés à l'hospice. Tous les deux ont dû subir l'amputation. Il faut que de pareils accidents ne puissent se renouveler.

La *Gazette du Midi* donne de tristes détails sur l'invasion des vignobles par le *phylloxera*. Une dizaine de départements sont déjà frappés dans leur principal revenu. Le fléau, qui, depuis deux ans, s'était abattu sur l'Hérault et le Gard, étend maintenant ses ravages.

En effet, dit la *Gazette du Midi*, le mal semble ne plus s'arrêter. Malgré le froid si intense de cet hiver qui a dû tuer les insectes nuisibles à l'agriculture, et aussi malgré les abondantes pluies qui rendaient la végétation plus vigoureuse et plus résistante, le phylloxéra a triomphé de tous les obstacles.

Les départements de l'Aude et les Pyrénées-Orientales sont à leur tour envahis, les excellents vins du Roussillon vont devenir plus rares, ceux même de Bordeaux sont menacés, enfin, tout près de nous, dans l'arrondissement d'Aix, la maladie s'étend, et l'on sait qu'il ne lui faut pas plus de deux ans pour dessécher et faire périr les plus beaux ceps de vigne.

On va jusqu'à parler, dans les journaux de Montpellier, de

certains plants qui ont été, pour ainsi dire, foudroyés par la rapidité du mal ; peut-être se fait-on illusion sur ce dernier point et a-t-on mal connu le travail sourd et latent des pucerons dans les racines, en ne voyant que les symptômes extérieurs. A la suite des grandes pluies, la végétation pouvait conserver une fraîcheur superficielle qui n'empêchait pas les myriades d'insectes adhérents aux racines de dessécher l'arbuste qui a semblé ensuite succomber brusquement.

L'Académie des sciences a chargé une commission d'aller étudier dans le Midi, la maladie de la vigne causée par le *Phylloxera Vastatrix*. *Le Bulletin de la société des agriculteurs de France* signale un moyen très efficace que les Indiens emploient pour détruire les myriades d'insectes qui pullulent dans leurs cultures. Ils se servent de sulfure jaune d'arsenic. Ils le pulvérisent dans un mortier recouvert d'une toile attachée au pilon ; ils mélangent la poudre impalpable ainsi obtenue avec 30 fois son poids de chaux grasse, bien éteinte, bien sèche, et réduite en poudre fine et blanche par le foisonnement causé par l'action combinée de l'air et de l'eau appliquée graduellement et par petites quantités. On agite ce mélange dans une grande jarre en terre cuite de la contenance d'à peu près un hectolitre ; lorsque l'amalgame est bien intime, on ajoute graduellement de la cendre bien tamisée, en agitant toujours au moyen d'une forte spatule en bois ; la quantité de cendres de bois à employer doit être, comme pour la chaux, de 30 fois le poids de l'arsenic. En rapportant les mesures indiennes à notre système métrique, on trouve que, pour un hectare de terre à riz, on emploie six cents grammes d'arsenic. Lorsque le mélange indiqué ci-dessus est prêt, on prend la quantité de semence pour laquelle on a préparé l'insecticide, et on la mélange avec la poudre dans la jarre, de façon à la répartir également ; puis, sans retard, on sème à la volée sur la terre fraîchement labourée. On passe un lourd fagot d'épines pour recouvrir le grain qui ne tarde pas à germer. Nul doute que cette même préparation appliquée au pied des vignes détruisît en un seul jour et pour longtemps le *Phylloxera Vastatrix*, sans inconvénient pour le raisin ni pour les buveurs de vin.

Ce procédé est facile à essayer sur une petite échelle, et s'il réussit on s'empresserait de l'appliquer dans la région infestée par le *phylloxera*. Nous devons, par tous les moyens possibles, lutter contre ce petit insecte qui, jusqu'à ce jour, s'est joué de nos efforts, mais qui, nous l'espérons, finira par succomber dans cette lutte avant d'avoir accompli sa terrible œuvre de destruction.

Nous ne terminerons pas cette *revue agricole* sans remercier nos abonnés qui veulent bien nous adresser les plus chaleureux encouragements. Dès aujourd'hui, nous leur donnons l'assurance, comme ils le demandent avec de vives instances, que notre publication deviendra hebdomadaire, tout en conservant son édition mensuelle, à dater du 1er janvier 1873.

Nous pourrons ainsi donner un bulletin agricole très complet, et apporter de grandes améliorations dans notre journal, tout en maintenant l'abonnement à un prix très minime.

L. F.

LE PETIT JACQUES BUJAULT.

LE FROMEMT DE SEMENCE.

Soigne bien ta semence.

Pour faire la semence, femmes, enfants et vieillards peuvent tirer aux gerbes les plus beaux épis. *(Méthode très bonne, mais rendue inutile par les trieurs).*

Enlève la mauvaise graine au-dessus du lien et bats en pointe.

Il faut être bien sot, pour semer de la graine de nielle ou d'ivraie.

Vanne et crible deux ou trois fois ta semence, et, cela fait, étends-là, s'il le faut, sur un drap, pour en ôter la mauvaise graine.

Tu auras encore de la mauvaise graine pendant quatre ou cinq ans, et la raison en est qu'il y en a dans la terre, dans la paille et dans le fumier.

Moins on sème de mauvaise graine, moins il en lève; plus on fait dire au marchand : « Voilà de beau froment, » et plus cher on le vend.

Chaule toujours ta semence, car on perd gros par la pourriture. *(Le sulfatage prime le chaulage).*

Chaule dans l'air, par un beau temps.

Verse la chaux presque bouillante avec un poëlon, pendant qu'on remue avec la pelle.

Fouettons, chaque matin, celui qui s'abstiendra du chaulage du grain.

Négligence et paresse dissipent grande richesse.

Fermier sans soin sera, retiens-le bien, toujours dans besoin.

Au bas de la gerbe, il y a souvent de mauvaises grain qui rendent le pain soit violet ou amer, soit, tout à la fo violet et amer.

Le soleil est bon batteur, et, sans lui, tu te tues et ne f rien. *(La machine à battre a pris la place du fléau).*

Bats en pointe de bon matin et repasse au haut du jour.

Laisser dans la paille la moitié, un tiers, ou le quart (grain, est travailler pour le pailler au lieu de travailler pour grenier.

Bats, te dirai-je encore, en pointe : on tient plus longtem et l'on ne laisse rien.

DEFRANOUX.

LE PATURAGE AUTRE QUE LE PATURAGE LIBRE,

D'après M. NEUZÉ.

Faisons pâturer quand l'herbe n'est plus trop aqueuse quand elle est sapide et nutritive, et avant que les fleur soient développées.

Avant l'abandon d'un pâturage, l'herbe doit avoir été en tièrement consommée ou broutée rez-terre.

Si le sol du lieu de pâturage est très-humide, ou si l'herbe est très-aqueuse, il faut probablement donner dans l'étable des substances alimentaires sèches.

Les animaux ne doivent pas arriver pressés par la faim dans un gras pâturage.

De peur de gaspillage, il faut retirer, dès qu'ils sont rassa- siés, les animanx de la prairie où l'herbe abonde.

Le cheval et le mouton doivent pâturer de préférence sur des sols secs et sur des terrains perméables.

La vache et le bœuf réclament un terrain frais et bien herbu.

Le porc peut vivre, depuis la fin du printemps jusqu'à la fin de l'été, sur des sols marécageux, et pendant l'automne, dans les forêts de chênes et de hêtres.

Quand un herbage doit nourrir plusieurs espèces d'animaux, il est très-utile d'y confiner d'abord les vaches et les bœufs, puis les chevaux et les juments.

Cependaut, si les juments étaient suivies de leurs petits, on devrait leur accorder la préférence sur les bœufs et les vaches qu'on se propose d'engraisser.

Quant aux moutons, ils ne doivent venir qu'en dernier lieu.

Il va sans dire que la surveillance du pasteur doit être incessante, et que sa douceur doit égaler sa vigilance.

(Agriculture pratique.)

DONNÉES DÉTACHÉES.

Tous les métaux brûlent dans le gaz oxygène.

Placée sur une coupelle et enflammée dans l'oxygène par un peu d'amadou, une pincée de magnésium en poudre brûle avec une clarté éblouissante.

C'est principalement dans les couches épidermiques de la plante que la silice se trouve accumulée.

Associé à des légumineuses vivaces, sur le sol qui lui convient, le ray-grass donne, la première année, de pleines récoltes qu'on n'obtiendrait pas avec des légumineuses occupant exclusivement le terrain.

Le guano et le ray-grass, le premier fumant le second, sont par excellence deux improvisateurs de fourrage.

A la plante qu'on veut voir croître vite, un engrais facilement et promptement assimilable.

Au moyen de hache-paille, divisons le fourrage trop ligneux.

Le but de l'exploitation raisonnée d'un domaine rural est d'en tirer constamment le revenu le plus élevé possible, dans les conditions où il se trouve, tout en lui conservant sa fertilité, ou même en l'augmentant d'année en année.

Les plantations multiples sont comme une espèce d'assurance contre les mauvais résultats totaux, en ce que jamais tout ne manque à la fois.

Aucune exploitation agricole placée dans des conditions normales ne peut, en ce qui concerne les matières fertilisantes, se suffire entièrement : dès lors, toutes sont obligées d'importer des matières fertilisantes en quantité au moins égale à la quantité exportée par les produits.

9*

Mille kilogrammes de fumier de ferme contiennent : eau 790, azote 4, acide phosphorique 2, potasse 5, plus de l'humus, de la chaux, de la soude, de la magnésie, du soufre, du chlore, de la silice, etc.

Les engrais du commerce ont ceci d'avantageux qu'ils peuvent être répandus sur les plantes en pleine végétation.

La houille renferme une assez forte proportion d'azote ; mais cet azote est de nul effet sur la végétation, s'il n'est transformé en sulfate d'ammoniaque.

Pour constater la quantité d'eau contenue dans un engrais du commerce, sécher un kilogramme de l'engrais à au moins quatre-vingts degrés centigrades de chaleur, et voir combien il a perdu en poids.

Comme l'homme et les animaux, les végétaux ont besoin d'une alimentation appropriée à leur nature.

L'énergie avec laquelle la terre s'empare de la potasse est telle qu'il faut mettre cet engrais à portée des racines.

Tout cultivateur doit savoir que, retiré de terre et laissé en contact avec l'atmosphère, le ver blanc meurt en quelques instants.

La France a tout intérêt à voir s'accroître son capital territorial, en ce que le nombre et l'aisance des citoyens augmentent proportionnellement à la fertilité du sol.

On disait autrefois, en parlant du bétail : il n'y a que le nourri qui sauve.

MÉLANGES AGRICOLES.

Dans les pays où la période de végétation est courte, le fumier doit agir vite, c'est-à-dire être à peu près consommé.

L'excessive fermentation du fumier cause une perte de chaleur, et, dès lors, doit être combattue par des arrosages.

Le fumier frais ne livre ses éléments fertilisants qu'au fur et à mesure des besoins de la plante.

L'amoindrissement des animaux a pour cause directe l'ingratitude du sol et la faible valeur nutritive des plantes qui y croissent spontanément.

Un semoir doit réunir les qualités suivantes : distribution régulière et graduée du grain, socs mobiles pour son enterrement régulier, sillon étroit pour le dépôt, possibilité de marcher dans toutes les circonstances, construction solide et simplicité dans le maniement.

L'industrie de la betterave, non seulement fait le pain et la viande en abondance, mais elle rend au sol les principaux éléments de la matière première.

D'après le docteur Sacc, l'évaporation sous bois se fait trois fois moins vite qu'en plein air, et l'arbre rend au sol, sous forme de rosée, l'humidité qu'il a évaporée par ses feuilles.

Le mouton est très réfractaire à la contagion de la peste bovine.

Quand le chlorure de chaux agit comme désinfectant, c'est toujours en faisant subir une altération plus ou moins profonde aux matières auxquelles il est appliqué.

L'acide phénique préserve de la décomposition les matières auxquelles il est appliqué, et, par exemple, les peaux expédiées par l'Amérique.

Plus une plante évapore d'eau, plus sa croissance est rapide.

L'eau absorbée par le sol irrigué et celle qui est évaporée par l'air et le soleil ne sont pas entièrement perdues par les cours d'eau, car, restant dans l'atmosphère, elles y entretiennent, en temps de chaleur, une humidité bienfaisante.

Où sont de vastes prairies irriguées, il pleut plus que là où l n'y a que des champs cultivés.

L'agriculture alimente l'industrie, soit en lui fournissant les matières premières, soit en achetant ses produits, et l'industrie fait vivre l'agriculture: donc, il ne faut pas favoriser 'une aux dépens de l'autre.

Celui qui nourrit son pays est l'égal de celui qui le défend.

Sans le pain on meurt, et avec la pomme de terre on vit.

Le temps est long à reproduire ce que la hache est prompte à abattre.

La courbure des branches de l'arbre à fruit rend l'arbre ertile, mais en précipite la caducité.

Dans la culture de la terre, dans la recherche des causes ui altèrent ses produits, et dans le perfectionnement de ses ons, il y a une carrière digne de tout homme qui a l'amour l bien, le sentiment du beau et le dévouement à la patrie.

Meaux expédie annuellement à Paris, pour plus de cent mille francs de cornichons destinés à l'exportation.

Il n'y a pas de caractères sûrs auxquels on puisse reconnaître les champignons vénéneux : on doit toutefois rejeter ceux qui ont une odeur fétide, ceux qui ont une saveur âcre, amère ou fétide, et ceux dont la chair, quand on les casse, change de couleur.

Livrez-vous à diverses plantations, car jamais tout ne manque à la fois.

Tant que, dans les villes, le travail sera plus rénuméré qu'au village, il y aura émigration rurale.

L'AGRICULTURE,
D'après M. MICHEL.

A bon droit, l'agriculture a été surnommée le premier des arts.

Elle est certainement celui qui nous moralise au plus haut degré.

Toujours en contact avec la nature, l'agriculteur éclairé admire le grand producteur ; ses idées s'agrandissent ; ses sentiments s'épurent, et, dès lors, il devient meilleur.

A n'en pas douter, cet art est aussi un élément puissant de sociabilité.

Tous nous sommes producteurs.

Producteur est l'homme de peine s'efforçant de maîtriser la nature et de centupler ses produits.

Producteur est l'industriel transformant la matière première en produit manufacturé.

Producteur est le marchand mettant à la disposition du consommateur les produits de l'industrie.

Producteur est le savant pâlissant sur les livres pour arriver à des procédés plus économiques.

Enfin, producteur est le jeune homme sacrifiant à l'instruction de l'enfance sa jeunesse, sa vie et ses illusions.

Oui, tous nous poursuivons un but commun, et cette poursuite du mieux nous rend tous solidaires les uns des autres, en nous constituant les anneaux d'une vaste chaîne économique.

Non-seulement l'agriculture nous moralise, mais encore elle nourrit l'homme.

Le végétal et l'animal, sortant de son sein ou vivant sur sa surface, sont les deux pivots d'une bonne culture.

C'est elle qui fournit à l'industrie les matières premières.

Sans elle la richesse manufacturière et commerciale manque de base solide, et les nations les plus puissantes, comme les plus suceptibles de durer, sont celles où elle prospère.

HYGIENE.

LA RESPIRATION, LA TRANSPIRATION, LA POITRINE ET L'ESTOMAC.

Respirer est vivre.

Meilleur est le poumon, organe de la respiration, plus aisément on respire.

Le poumon est l'organe le plus essentiel à la vie, et une preuve en est que l'âge du déclin commence avec le déclin du poumon.

Où vient l'asphyxie, la respiration s'arrête, et, dès lors, une insufflation d'air dans les poumons devient indispensable.

Il ne suffit pas de respirer ; il faut transpirer.

Que de malades on sauve, en provoquant en eux la transpiration.

Ce que notre corps renferme d'insalubre s'en va par la transpiration.

La transpiration nous aide à digérer.

Mettons, si nous voulons rester en santé, tous nos soins à prévenir en nous l'arrêt absolu de transpiration.

Autant que du poumon, ayons soin de son voisin, le cœur, qui est le siége du principe de la vie.

Si le cœur s'en va, on emploie la thériaque à le faire revenir.

La poitrine et l'estomac sont en nous le meilleur du système.

Laissons, de peur d'un grand malheur, un libre jeu aux parois de la poitrine où sont les deux machines, si précieuses, qu'on appelle le cœur et le poumon.

Plus l'estomac est chaud, mieux il digère.

Il n'est, pour l'estomac, sauce que l'appétit.

Une douce joie aide à la digestion.

Pour digérer plus aisément, les anciens, pendant leur repas, avaient près d'eux un bouffon, un lecteur, ou un déclamateur.

Ne perdons jamais de vue que, quand l'estomac souffr
le poumon et le cœur ne sont pas à leur aise, et que
il digère mal, les intestins nous font sentir qu'ils ne s
contents.

LE MOYEN DE S'ASSURER, EN FIÈVRE, DE L'ÉTAT DU

Pour savoir à quel degré nous avons la fièvre, tâtor
le pouls.

Le pouls est le mouvement des artères qui se fait se
plusieurs endroits du cœur, et particulièrement vers
gnet.

Le battement du pouls est, dans l'artère, le contre-cor
battements du cœur.

Dans la course effrénée du sang, qu'on appelle la
le cœur de l'homme fait bat aussi vite que celui des
petits enfants.

Le cœur bat, par minute, dans les tout petits en
environ cent quarante fois; dans l'enfant, environ cent
dans le jeune homme, environ quatre-vingts fois; dans l'ho
mûr, environ soixante-quinze fois, et dans le vieillard, en
soixante fois.

DEFRANOUX.

HORTICULTURE

CALENDRIER HORTICOLE DE LA SOCIÉTÉ D'HO TICULTURE DE NANTES.

SEPTEMBRE. — *Travaux généraux.* — Les soins de propr
sont beaucoup moins considérables, et les arrosements
viennent moins fréquents en ce mois. On continue l'appr
visionnement du fumier, en y comprenant, bien entendu, ce
qui sera tout-à-fait indispensable pour les couches à mont
en novembre et décembre.

C'est en septembre que l'on pourra achever la récolte d
graines des plantes potagères, et que les jardiniers prévoyan
commenceront à mettre les coffres et les châssis en état, e
même à faire des paillassons afin qu'aux premières gelées, il
trouvent ces objets sous la main.

Le mois de septembre convient aussi parfaitement pour

exécuter des mouvemens de terre, pour creuser le lit des pièces d'eau, de même que pour défoncer les terrains destinés aux plantations.

ARBRES FRUITIERS. — Si le besoin s'en fait sentir, on refait de nouveau le palissage des arbres à fruits. On récolte les fruits d'automne, dont la maturation s'accomplira sur les planches du fruitier ; on surveille ceux qui restent aux arbres, afin de les préserver des insectes et des autres animaux destructeurs. Si le mois est chaud et humide, les fruits passent vite ; on doit alors, dans les campagnes surtout, ne pas négliger d'en tirer parti, soit en les convertissant en confitures, soit en les desséchant, soit encore en en préparant une boisson saine et agréable.

POTAGER. — On sème encore les choux hâtifs, tels que le chou d'York, le pain-de-sucre et le cœur-de-bœuf, pour être répiqués plus tard en pépinière, mais en plants fort petits, parce qu'autrement il serait à craindre qu'ils fussent trop forts pour l'hiver. Si l'on s'aperçoit que ces plantes s'avancent trop, on les enlèvera pour les mettre en nourrice, en les plaçant à quatre ou cinq centimètres de distance, dans un petit carré, à l'abri d'un mur, plutôt à l'exposition du levant ou du couchant qu'à celle du midi. Par ce moyen, on retardera leur végétation, et on les mettra en place, selon le besoin, soit en octobre, soit en mars.

Au reste, la terre du potager doit encore être parfaitement garnie dans toute la durée de ce mois, et les semis doivent être tout aussi multipliés que par le passé, si l'on ne veut s'exposer à manquer de légume pendant la mauvaise saison.

Vers la fin du mois, et par un beau temps, on retire de terre les carottes, et peu après on les met dans du sable, au pied d'un mur, à l'exposition du midi.

C'est dans le mois de septembre que l'on rétabli les bordures de fraisiers, pour en obtenir des fruits au printemps. Les fraisiers de tous les mois se placent en plates-bandes ou sur carrés, à quarante centimètres de distance en tous sens. Il faut avoir soin de supprimer les courants au fur et à mesure qu'ils paraissent.

C'est l'époque la plus convenable pour planter les lauriers ; cependant on peut encore le faire dans le mois suivant.

En septembre, on renouvelle les bordures du thym et de lavande, d'hyssope, lorsque cela n'a pas été fait en février ou en mars.

PARTERRE. — La récolte des graines se poursuit activement, en saisissant le moment de la maturité de chacune des plantes.

C'est la meilleure saison pour établir ou pour renouveler les gazons : leur réussite est assurée, si le sol a été convenablement ameubli, et si on recouvre le semis par un léger paillis, ou mieux encore par une bonne couche de bon terreau. Généralement les gazons réclament encore quelques arrosemens. On doit s'attacher à supprimer les plantes qui nuisent à leur beauté : nous, citerons entre autres la carotte sauvage et les chicorées, qui tendent à envahir les pelouses, lorsque l'on n'y prend garde.

On peut encore semer la plupart des plantes vivaces et de pleine terre, qu'on repique en pépinière avant l'hiver, pour les mettre en place au printemps. On sème également en pleine terre ou en terrines, des graines d'anémones, renoncules et autres plantes bulbeuses, dans l'espoir d'obtenir des variétés nouvelles. On commence à mettre en terre les pattes et griffes d'anémones et de renoncules, pour en obtenir une floraison précoce ; il doit en être ainsi des oignons de fleurs, tels que jacinthes, tulipes, narcisses, couronne impériale, lis et crocus.

On éclate les pieds de violette de Parme, pour les replanter en bordures ou en plates-bandes. A défaut de châssis, on garnit le tour de la planche d'un bourrelet de paille, et on plante, entre les lignes de violettes, de petits piquets pour soutenir les paillassons, qu'on placera et enlèvera, selon que le froid se fera sentir ou que le temps deviendra doux ; par ce moyen, on aura des fleurs pendant tout l'hiver.

Quelques plantes bulbeuses, telles que jacinthes, tulipes hâtives, narcisses, crocus, iris de Perse, fritillaires, méléagres, ont la propriété de végéter sur l'eau et de produire des fleurs aussi belles et aussi odoriférantes, et d'une coloration presque aussi intense que si elles avaient été plantées en terre. On met cette observation à profit, lorsqu'en hiver on veut garnir les appartements de fleurs ; à cet effet, pendant le mois de septembre, on prend de petites carafes en verre, en porcelaine ou en faïence : on les remplit d'eau, en y ajoutant quelques grains de sel ; on place l'oignon sur la carafe, de manière que la radicule seule plonge dans l'eau. Cette eau se renouvelle tous les quinze ou vingt jours. On dépose les carafes dans un appartement où règne la température uniforme et modérée. Ces fleurs réussissent aussi lorsqu'on les fait végéter dans de

la mousse humide : des coquilles marines, corbeilles ou vases
élégants peuvent, dans ce cas, remplacer les carafes ; mais un
point essentiel, beaucoup trop négligé, est de donner de l'air
et de la lumière à ces jolies pl... , notamment pendant que
dure leur développement, après quoi on peut les mettre où
l'on veut. Quelques personnes se servent d'un navet creusé,
qu'elles suspendent ensuite la tête renversée et garni d'un
peu d'eau. Les feuilles du navet poussent en même temps
que l'oignon se développe : l'ensemble produit un très singulier
effet. Il est important de ne point placer ces fleurs dans une
chambre à coucher ; car elles vicient l'air pendant la nuit, et
sont susceptibles, sinon d'asphyxier, du moins d'occasionner
des migraines ou des vertiges. Cette observation s'applique à
toutes les fleurs, même coupées, notamment à celles dont
l'odeur est forte et pénétrante.

ORANGERIE ET SERRES. — On continue le rempotage des
plantes ; on rentre celles qui exigent la serre-chaude ; enfin,
on visite soigneusement et on nettoie les camélias, les pelargonium, etc.

PLANTES POTAGÈRES NOUVELLES OU PEU
RÉPANDUES,

D'après M. CARRIÈRE.

Haricot intestin. — M. de la Babhie, propriétaire à Albert-
ville, signale sous ce nom une variété très remarquable de
haricot, cultivée depuis longtemps en Savoie, mais inconnue,
paraît-il, dans le reste de la France.

Ses excellentes qualités la placent au premier rang parmi
les haricots à manger en gousses vertes.

La plante est volubile, rameuse et très-fructifère, et peut
s'élever, en bon sol, à deux mètres.

A sa maturité, la gousse est d'une couleur jaune de paille,
et contient de quatre à huit graines très-blanches.

C'est une variété précoce, productive et à semer dans une
terre fraîche et légère.

Sa gousse, succulente et remplie d'un abondant tissu cellu-
laire, en fait le meilleur des haricots à manger en cosse.

Betterave rouge d'Egypte. — Elle représente un navet plat
et n'a rien de commun avec ses congénères.

Elle est rustique et pousse bien.

Sa chair est rouge pourpre, rayée de blanc à l'intérie
rouge violet à l'extérieur, tendre à la cuisson et délicie
dans la salade.

Aralia Sieboldii. — C'est une plante non seulement jo
mais encore singulièrement rustique.

Bien que vigoureux et d'une croissance rapide, l'Ar
Sieboldii atteint de faibles dimensions.

Vivant très-bien en pot, et ne se dénudant pas, il est p
pre à l'ornementation des appartements.

Il aime la terre qui, légère, est riche en matières orga
ques.

LA PLANTATION ET LA VÉGÉTATION DE LA POMM
DE TERRE,

D'après M. ROYER

Quand on plante par morceaux, faut couper la pomm
de terre longitudinalement, car si elle était coupée transve
salement, la moitié inférieure constituerait une mauvais
semence.

En effet, la moitié inférieure résultant d'une coupe tran
versale a des bourgeons latéraux beaucoup moins vigoureu
et précoces que les bourgeons, et surtout que le bourgeo
terminal de la partie supérieure.

Souvent les bourgeons ont pris un certain développemen
avant la plantation, et il est difficile de n'en pas rompre, c
qui est une cause de déficit dans la récolte, en ce que l
végétation est obligée de se reporter sur les contre-bourgeon
ou sur les bourgeons inférieurs, qu'on sait être les moin
vigoureux et les moins hâtifs.

Une bonne précaution consiste à éviter que le sommet
organique du tubercule soit dirigé en bas.

Sans doute, les bourgeons parviennent à prendre une
direction verticale, mais, comme cela arrive aux boutures
renversées, il y a, pour la plante, fatigue extrême et perte de
temps.

A l'arrachage, il y a deux sortes de tubercules :

Les uns, à peau rugueuse et souvent gercée, sont nés au
printemps et au commencement de l'été, et, par suite, ont
eu le temps de mûrir.

Les autres ont une peau très-mince, et deviennent promptement flasques au grand air.

Il va sans dire que les premiers sont les seuls à employer comme semence.

LES FRUITS A CIDRE.

Le meilleur fruit est celui qui, sans le concours d'un autre, peut servir à la fabrication d'un cidre de qualité supérieure.

Ce fruit doit être sucré, amer et parfumé.

Sucré, parce que le sucre est le principe qui, dans la fermentation, se transforme en alcool, et donne au liquide une de ses précieuses qualités.

Amer, parce que ce principe contribue à la conservation du cidre et lui donne des propriétés hygiéniques.

Parfumé, parce que cette qualité rend la boisson agréable au goût et à l'odorat.

Aucune pomme n'est parfaite et ne possède, dans les proportions convenables, les trois qualités précitées, et, dès lors, il devient nécessaire de recourir à un mélange.

Les éléments souverainement utiles dans les fruits de pression sont le sucre, le mucilage, le tannin, l'acide malique, le principe amer et le parfum.

Les pommes les plus riches en principes mucilagineux et toniques sont les plus pauvres en acide malique.

Voici, marquées d'un astérisque, les pommes qui jouissent de la plus haute renommée :

Pommes de première saison, mûrissant en août et septembre.

'Blanc-Mollet, amer, sucré et légèrement parfumé.

Petit-Joannet, doux-sucré.

Petit-Muscadet, surtout parfumé.

Paradis rouge, sucré et très parfumé (première et deuxième saisons).

Pommes de deuxième saison, mûrissant en octobre et novembre.

Amer-Doux, amer, un peu sucré et parfumé.

Barbarie, doux, amer et parfumé (deuxième et troisième saisons).

'Binet blanc, sucré, légèrement amer et parfumé.

Cul gris, amer et parfumé.

Gros-Muscadet, sucré et parfumé.

Martin-Pessard, légèrement amer et parfumé.

Pomme de Côte, sucrée.

Rayé rouge, sucré.

Rosette, amer.

˙Vagnon, sucré, amer et parfumé (deuxième et première saisons).

Pommes de troisième saison, mûrissant en hiver, et faisant le gros cidre qui, moins agréable à boire immédiatement, peut se conserver longtemps sans altération sensible.

˙Argile grise, sucré, amer et parfumé.

˙Bédan blanc, amer, sucré et un peu parfumé.

Marin-Anfray, ou d'Ameret, sucré, amer et légèrement parfumé.

Rouge-Bruyère, sucré, parfumé et légèrement amer.

Vieux-Moulin, sucré et parfumé (troisième et deuxième saisons).

Le développement de tous les sucs des fruits n'a lieu qu'à leur maturité complète.

Donc, il ne faut employer que des pommes parfaitement mûres, qu'on met en tas, à couvert, pour en préparer la fermentation, et ne pas y mêler des fruits verts ou pourris.

Les pommes sont broyées au moyen du moulin à cylindres crénelés.

On laisse cuver la pulpe pendant douze heures.

Après la cuvaison, on extrait le jus, qu'on loge dans un lieu à température régulière de dix à douze degrés.

(*Société horticole de Troyes*).

CONSERVATION DES FRUITS.

Au rez-de-chaussée de votre demeure, cherchez un endroit sain et sec.

Placez sur le sol une couche de 10 centimètres de paille de seigle, et disposez-y un litre de fruit, que vous saupoudrez de plâtre.

Ajoutez sur ce lit une nouvelle couche de seigle et de plâtre, et ainsi de suite, jusqu'à ce que vous ayez cinq ou six litres de paille et de fruits.

CONSERVATION DES POMMES DE TERRE.

Dans la cave où vous les déposez, saupoudrez-les de chaux vive.

QUAND IL S'AGIT DE PLANTER DES POIRIERS, FAUT-IL PAVER LE FOND DES TROUS?

A cette question, M. Charles Baltet répond ainsi, en substance :

Si vous couvrez le tuf avec des pavés, des laves ou des tuiles, pour contraindre la racine à glisser sur le carrelage, que se passera-il ?

L'appareil radiculaire du poirier étant à grande expansion, les racines s'étendront horizontalement, et ne tarderont pas à dépasser l'obstacle, pour se trouver en contact avec le sous-sol inerte.

Au lieu de sauver le patient, vous aurez prolongé son supplice.

Mieux vaut enlever le tuf, la craie ou la roche, mais, à cette opération coûteuse, nous préférons augmenter l'épaisseur de la couche arable par des apport de bonnes terres, et couvrir le pied de l'arbre avec un paillis d'herbages, de tan, de sable ou de cailloux.

VITICULTURE.

ÉCOLE PRÉPARATOIRE DU VIGNERON ET DE L'HORTICULTEUR.

En ce qui concerne la culture, la multiplication et la transplantation de la vigne. Par DEFRANOUX, ancien président de la Société d'émulation du Jura. A l'usage des vignerons, des horticulteurs, des instituteurs et des écoles normales.

— Suite. —

LES PRINCIPALES MANIÈRES DE DISPOSER LA VIGNE.

La vigne mûrit mal son fruit, si, pendant toute la saison de végétation, elle ne reçoit pas une très-forte somme de chaleur, que la science a déterminée.

En conséquence, disposons le vignoble de telle manière

que toutes ses parties soient aussi longtemps et aussi également que possible, frappées par les rayons du soleil.

Un appui, en ce qu'il favorise sa tendance à monter, et en ce qu'il l'empêche d'être trop agitée par le vent, ajoute singulièrement à la fertilité de la vigne.

Tant que, pour résister avec succès à la gelée, la vigne a besoin d'être agitée par le vent, ne lui rendons pas l'échalas.

Pour prolonger la durée de l'échalas, plongeons-le dans un bain de sulfate de cuivre, ou carbonisons-en la partie à enfoncer en terre.

C'est la vigne sur souche qui donne le vin de haute qualité.

A la vigne basse, dit Olivier de Serres, que de nos jours nul ne songe à contredire, l'honneur de marcher la première.

En effet, la vigne basse est celle qui mûrit le plus tôt son fruit, et qui le mûrit le mieux.

Pour échapper aux atteintes de la gelée, la vigne basse a besoin de croître sur un sol sec.

C'est dans nos contrées les moins méridionales, qu'il est le plus nécessaire à la vigne d'avoir son raisin si près de terre, que la chaleur réfléchie par le sol se joigne à celle qui lui vient directement du soleil.

Aux sols frais les vignes de hauteur moyenne.

La raison en est que, leur tête étant située plus haut que celle des vignes basses, leur raisin est moins exposé aux atteintes de la gelée.

En ce que leur raisin n'est pas assez près de terre, les vignes de hauteur moyenne ne produisent, sous nos climats tempérés, des vins de la plus haute qualité qu'en année exceptionnellement chaude.

Les hautains sont des ceps dont les pampres courent sur les arbres.

Leur fruit ne peut suffisamment mûrir que dans nos contrées les plus méridionales, et donne un mauvais vin.

La raison en est qu'il est trop ombragé, et que la chaleur réfléchie par la terre ne peut parvenir jusqu'à lui.

Le docteur Jules Guyot donne au cep à soumettre à la taille longue, une longue branche à fruit qu'il dispose horizontalement, et une branche de remplacement qu'il taille court, et qui est située plus bas que la branche à fruit.

La taille dont il s'agit exige, pour un hectare, l'emploi de dix mille forts échalas destinés à servir de tuteurs à la branche de remplacement.

Elle exige, en outre, l'emploi de dix mille petits échalas destinés à maintenir la branche à fruit à quelques centimètres au-dessus du niveau du sol.

On peut substituer aux petits échalas du fil de fer galvanisé.

Faute de petits échalas ou de fil de fer galvanisé, on peut courber en arc de cercle la branche à fruit, et en piquer en terre l'extrémité.

Cette taille longue ne convient qu'aux fins cépages.

Elle fait merveille dans les sols qui ne sont ni trop pauvres, ni trop peu profonds, et la raison en est que la vigne à laquelle on fait porter beaucoup de fruit, est celle qui a le plus besoin d'être bien nourrie.

Elle fait merveille, soit dans les sols qui ne sont pas trop frais, soit sous les climats qui ne sont pas trop froids, et la raison en est que, dans les sols frais et sous les climats froids, la vigne ne mûrit pas assez tôt une fructification abondante.

Elle fait aussi merveille, là où la vigne de hauteur moyenne a ses branches à fruit disposées en forme d'ellipses, appelées courbes ou plous.

Dans nos contrées méridionales, une vigne aussi fertile qu'elle est belle, est la vigne en quenouille.

En grand honneur dans la Moselle, la forme en cuveau fait récolter jusqu'à cent cinquante hectolitres de vin par hectare.

La vigne en kammerbau ne peut prospérer que dans un sol fertile, profond et parfaitement exposé, et la raison en est qu'elle a une arborescence très-considérable.

En ce que l'air ne circule pas aisément dans sa charpente, elle est encore, plus que la vigne de hauteur moyenne, exposée aux atteintes de l'oïdium.

La vigne en gobelet n'est attachée à un échalas que pendant ses premières années.

Dès qu'on lui a ôté cet échalas, elle est trop agitée par le vent.

Nécessairement taillée court, elle ne prospère pas longtemps dans un sol maigre et très-peu profond.

Nécessairement pincée avec sévérité, elle ne fournit point de sarments pour boutures, ne mûrit pas assez tôt son abondante fructification, et ne fructifie pas abondamment pendant assez de temps.

Au reste, on ne peut employer à la former que des cépages ayant besoin d'être soumis à la taille courte, et dès lors, la préférer à la vigne échalassée, équivaut presque à vouloir la suppression des fins cépages.

Le fruit de la vigne dont on laisse les pousses traîner sur le sol, non-seulement se terre, mais encore est entamé ou sali par les mollusques.

La vigne en ligne, vigne dont nous parlerons plus loin, est la meilleure.

La pire des vignes, est la vigne en foule, vigne dont nous parlerons plus loin.

Le palissage, et surtout le palissage en ligne, est ce qui permet le plus au viticulteur de disposer la vigne de manière à lui faire produire, s'il sait comment agit la sève, assez de bois en même temps qu'assez de fruit.

La vigne palissée en éventail mûrit de bonne heure son fruit.

La vigne dont le raisin mûrit le plus tôt et le mieux, est celle qui est palissée contre un mur ou contre un paroi de rocher.

Pour vivre très-longtemps, et pour offrir longtemps une production soutenue de fruit, la vigne en treille haute a besoin d'être de franc-pied, de ne pas être taillée à l'épaisseur d'un écu, et de pouvoir étendre loin devant elle ses racines dans un sol fertile et profond.

La vigne en treille haute, qui ne peut être uniquement composée de francs-pieds, doit être provignée par dressement en sautelle non d'un bras, qui rend hideuse sa partie inférieure, sans compter qu'il risque de ne pouvoir s'enraciner assez, mais d'un très-long sarment ressortant de terre avec au moins dix yeux.

La raison en est que ces dix yeux fourniront autant de bras dont les cinq ou six qui seront conservés par la taille sèche suivante feront constituer à la sautelle sevrée, dès la chute de sa deuxième feuille, un franc-pied si haut et si vigoureux que, dès sa quatrième feuille, il fructifiera avec une abondance extrême.

A la vigne en treille haute ou basse on peut donner utilement des branches à fruit disposées horizontalement ou arrangées en courbe.

La vigne en treille basse produit des vins beaucoup plus fins que ceux qu'on doit à la vigne en treille haute.

N'employons que des fins cépages à la formation de la vigne en cordon élevé.

N'employons que des cépages communs à la formation de la vigne en cordon très-peu élevé.

La raison en est que la taille courte, sans l'être trop, est la seule qui convienne au cépage commun.

La taille longue des fins cépages assure à ce point une production de fruit abondante et soutenue, et prolonge à ce point la vie du cep, surtout s'il est de franc-pied, que nous croyons devoir y revenir, avant de terminer.

La vigne à taille longue horizontalement palissée possède au moins une branche de remplacement qui, pourvue d'au moins deux bons yeux, reçoit une direction verticale.

Elle possède également au moins une branche à fruit qui, formée par un sarment horizontalement maintenu un peu au-dessus du niveau du sol, est supprimée après la récolte, et remplacée, au printemps, par une des pousses de la branche de remplacement.

La branche à fruit horizontalement abaissée reçoit beaucoup plus de sève que si elle était inclinée au-dessous de la ligne horizontale.

Dès lors, préférons une branche à fruit inclinée à un centimètre au-dessus de la ligne horizontale, à une branche à fruit inclinée à un centimètre au-dessous de la ligne horizontale.

Dès lors aussi, et à plus forte raison, n'usons pas de la branche à fruit hoïbrenck, si inclinée au-dessous de la ligne horizontale.

Quand la vigne à branche à fruit horizontale est située sur une pente, dirigeons du côté du haut de la pente la branche à fruit.

Abaissons sans torsion la branche à fruit à disposer horizontalement.

La raison en est que la courber, au lieu de la tordre, est ne pas causer dans ses canaux séveux des solutions de continuité susceptibles de s'opposer à une assez libre circulation de la sève.

A la vigne que nous pourvoyons de deux branches à fruit horizontalement disposées, ce qui ne doit avoir lieu que là où le sol est assez fertile et assez profond, donnons deux branches de remplacement, mais, dans ce cas, ne faisons pas des branches à fruit trop longues.

Si, pour les fins cépages, nous ne voulons ni de la branche à fruit horizontalement disposée, ni de la branche à fruit qui, appelée versadi, dans nos contrées méridionales, a son extrémité fichée en terre, recourons à la branche à fruit appelée courbe.

L'extrémité de la courbe doit regarder le sol.

Comme la branche à fruit horizontalement disposée et comme le versadi, la courbe force la sève à circuler avec une lenteur qui lui permet de déposer son suc dans tous les yeux, et qui, dès lors, profite singulièrement au fruit.

Quand, en fin d'avril ou au commencement de mai, il gèle, la branche à fruit très-longue n'a pas encore de pousses à sa partie inférieure, et, dès lors, ne perd pas tous ses fruits.

Celui qui de presque tout sarment ferait une branche à fruit disposée horizontalement, un versadi ou une courbe ne verrait pas sa vigne produire longtemps des récoltes extra-abondantes.

De tout ce qui précède, il résulte que la manière de disposer la vigne est principalement déterminée :

Par la nature du cépage.

Par la nature du climat.

Par la nature de l'exposition.

Par la nature du lieu.

Par la nature du sol.

Par la sorte d'appui qu'on destine à la vigne.

Par l'espèce et par la quantité de vin qu'on a en vue de récolter.

Par la mesure dans laquelle on peut entretenir la fécondité du sol.

Par le nombre de bras dont on peut disposer.

Et surtout par ce que vaut le viticulteur.

(*La suite à la prochaine livraison.*)

UN FAIT VITICOLE INTÉRESSANT.

En avril 1861, le général Pléasonton planta dans une serre chaude, garnie de verres violets, des boutures de vigne d'un an, et de la grosseur d'environ 7 millimètres.

En quelques semaines, les boutures plantées au ras du sol s'étaient couvertes de feuillage et avaient projeté leurs pousses sur les murs jusqu'au toit.

Les vignes n'avaient alors que cinq mois, et cependant elles mesuraient déjà quinze mètres de longueur sur trois centimètres de diamètre à la base.

On estime qu'une jeune vigne provenant d'une jeune pousse exige de quatre à six ans pour produire une seule grappe.

Eh ! bien, sous l'influence de la lumière violette, la vigne de la serre, composée de trente sujets, a donné, au bout de dix-sept mois, six cents kilogrammes de raisin.

La deuxième année, en 1863, elle a donné dix tonneaux de raisin.

Les vignerons avaient prédit qu'elle s'épuiserait rapidement.

Or, neuf ans après la plantation, elle fournissait la même récolte avec une nouvelle pousse extraordinaire de bois et de feuillage.

Avis à ceux qui, contrairement à ce qu'enseigne le docteur Jules Guyot, prétendent que plus la vigne a d'arborescence, plus elle s'épuise.

LE NOCTUA RUBIS,

D'après le *Bulletin de la Société d'Acclimatation.*

Depuis plusieurs années, les vignes de certaines contrées du Midi éprouvent des dommages considérables par le fait d'une chenille qui en ronge les bourgeons au fur et à mesure de leur développement.

Il est d'autant plus utile d'attirer l'attention des vignerons sur cet ennemi de leurs cultures, qu'on peut ignorer sa présence dans la vigne qu'il dévaste.

C'est quand l'arbuste commence à pousser qu'il est le plus redoutable.

On ne le voit jamais de jour, et la raison en est que, enterré au pied du cep, il se tient hors de la vue.

La nuit venue, il sort de sa retraite, escalade le cep, et, parvenu au bourgeon naissant, le dévore au point de creuser les parties vives du bois fait.

Au jour, il rentre en terre pour recommencer de nuit son travail destructeur.

Or, il s'acquitte si bien de ce travail et annule si grandement tout effort de végétation, que la vigne semble ne pas se réveiller de son sommeil hivernal.

La mort peut être la conséquence de cette suppression incessante de tous les organes foliacés du végétal.

Le moyen de se délivrer de cet ennemi est un problème qui n'est point encore résolu pratiquement.

Le procédé le plus direct consiste à rechercher l'insecte dans la terre ; mais, pratiqué en grand, il n'est pas assez efficace, en ce que la chenille est d'un gris verdâtre qui se confond facilement avec la couleur du sol.

Pour l'entomologiste, l'insecte est la noctuelle des champs.

A l'état parfait, il est une petite phalène que les oiseaux détruiraient, si la guerre insensée et incessante qui leur est faite n'en réduisait pas tant le nombre.

LE CONTREBANDIER.

Combien de déceptions attendent le laboureur auquel sourit le dégradant métier de contrebandier !

On doit m'en croire, moi qui, sur mille voleurs de cette espèce, en ai à peine vu dix s'enrichir aux dépens du pays.

Je dis aux dépens du pays, parce que le tort fait au trésor national par la contrebande est pécuniairement réparé par la masse des contribuables à laquelle, de la sorte, ses sympathies pour la fraude coûtent assez cher.

Si l'on savait ce que c'est que le contrebandier, on se garderait bien d'embrasser la profession qui semble lui offrir plus de profit net que le travail honorable.

Mais presque nul ne le sait, et il faut avoir guerroyé contre lui pour dire quel agent de démoralisation il est dans les campagnes.

Etant partout, excepté dans son champ et chez lui, il cultive pour la frime, comme on dit au village.

Il jette au jeu et à l'orgie l'argent qu'il gagne, et même sa charge de tabac.

Soi-disant dépouillé de cette charge, que peut-être il avait volée, par les agents de la gabelle, il va tendre la main de porte en porte.

Il réunit tout aussitôt de quoi faire un achat, et, dans sa barbe, rit de ses bienfaiteurs.

Délivré de la prison par une cotisation publique, il enroule son sac autour de lui, prend son gourdin ferré, et vole à de nouveaux délits.

Le travail, qu'au reste il n'aimait guère, lui devient insupportable.

Ses habitudes vagabondes lui ôtent son peu d'amour de la famille.

Les vauriens qui s'emparent de lui en font un chenapan.

Il oublie qu'il y a un Dieu qui le voit et le suit jour et nuit dans la forêt, à travers champs et dans les âpres solitudes de la montagne.

Sans le gendarme, surveillant qu'il redoute, il volerait de toutes façons, s'il n'attaquait.

Cependant il se ruine, et dès qu'il a perdu, avec son patrimoine, la santé et l'honneur, la misère s'établit à son foyer, et là étiole et tue sa femme et ses enfants qui, chargés d'une besace, vont mendier pour lui.

Quand donc cet ignoble ennemi de la bourse de tous cessera-t-il d'être populaire.

Rien que dans un département, j'ai vu six cents chefs de famille s'adonner à la contrebande.

C'étaient six cents familles perdues pour la vie agricole.

C'étaient trois mille individus qui, eux et leurs bêtes, étaient souvent tourmentés par la faim.

C'étaient trois mille misérables qui étaient en haillons, qui étaient dévorés par la vermine, et dont beaucoup, par groupes où j'ai vu les deux sexes mêlés, couchaient sur une paille infecte.

Enfin, c'étaient pour les populations rurales trois mille déplorables exemples.

DEFRANOUX.

UN INSTITUTEUR MODELE
(d'après M. HEUZÉ).

M. Sailly, instituteur à Nord-Leulinghem (Pas-de-Calais), consacre, chaque semaine, six heures à l'enseignement agricole.

Le mardi et le vendredi, il fait lire ses élèves dans un ouvrage d'agriculture.

Cette lecture lui permet de donner des renseignements et des explications utiles sur la culture de sa localité.

Après cet exercice, il donne à ses élèves, comme modèle d'écriture, des phrases propres à leur inspirer l'amour des travaux des champs.

Les dictées et les exercices de style ont aussi pour objet les méthodes de culture, à la fois les plus simples et les plus productives, les plantes les plus utiles et les meilleures races d'animaux.

Pour les devoirs de calcul, il choisit des problèmes se rattachant à l'industrie agricole, et faisant de l'arithmétique une application des notions agricoles développées dans les autres parties de l'enseignement.

Quant au dessin, il trouve dans cet art un précieux concours pour la description des instruments aratoires.

Enfin, dans l'étude de la religion, il trouve, à chaque instant, l'occasion de mille réflexions sur les œuvres si admirablement variées du Créateur, et sur les produits si nombreux et si précieux que l'agriculture tire du sol.

C'est surtout dans cet enseignement qu'il trouve le plus facilement le moyen de faire ressortir les consolations et les avantages offerts par la culture des champs; de relever, aux yeux des enfants, la condition de cultivateur, et de leur faire comprendre combien il importe aux habitants des campagnes de s'attacher au sol qui les indemnise si libéralement de leurs travaux.

Il ne borne pas son enseignement à des leçons diverses.

Le jeudi, il conduit ses élèves dans la campagne, où, après avoir expliqué et commenté ce qui leur a été dit dans la semaine, il les prévient qu'ils auront à répondre, de vive voix, et par écrit, à toutes les questions comprises dans un questionnaire spécial.

Il fait aussi converger vers l'art agricole les devoirs que ses élèves font, le soir, dans leurs familles.

Ces devoirs, non-seulement les fortifient dans l'étude de l'arithmétique, de l'orthographe et de l'agriculture, mais encore contraignent les familles à toucher du doigt le profit à tirer par leurs enfants d'une fréquentation assidue de l'école.

En effet, les parents voient, avec le plus vif intérêt, leurs enfants établir un compte, faire un mémoire, libeller une quittance, ou résoudre tous ces problèmes d'agriculture et de commerce agricole, qui surgissent, chaque jour, dans le moindre village.

M. Sailly a annexé à son enseignement, pour les enfants et pour les adultes, des notions sur les animaux utiles et nuisibles.

Il est bien pénétré de cette idée, que les hommes qui s'habituent, dès leur jeune âge, à traiter les animaux avec bonté, justice et compassion, deviennent bons, justes et compatissants avec leurs semblables.

Les promenades du jeudi lui fournissent de nombreuses occasions de prédication à cet endroit.

Ainsi, des oiseaux dans les haies, un troupeau dans un champ, des chevaux tirant une charrue ou des chenilles sur un végétal sont pour lui autant de sujets d'intéressantes observations.

Bien dit, M. Heuzé !

LA CLEF DE LA SCIENCE

Ou les phénomènes de tous les jours, expliqués par le docteur E. G. Brewer, membre de l'université de Cambridge, du collége des précepteurs de Londres, etc., auteur de plusieurs ouvrages littéraires, historiques, scientifiques, mathématiques, etc.

EFFETS PHYSIQUES DE LA FOUDRE.

— La foudre pénètre-t-elle dans l'ARBRE même, ou en suit-elle seulement la surface extérieure ? — Elle pénètre entre le bois et l'écorce, où se trouve l'aubier, l'endroit où la sève est la plus abondante.

— Pourquoi la foudre passe-t-elle entre le BOIS et l'ÉCORCE, l'un arbre ? — Parce qu'elle choisit toujours le meilleur conducteur, qui, dans l'arbre, est l'aubier.

— La foudre parcourt-elle la peau d'un HOMME ou pénètre-elle dans les fluides de son corps ? — Elle pénètre dans les fluides du corps humain.

— Pourquoi la foudre passe-t-elle à travers les FLUIDES du corps humain ? — Parce qu'ils sont un meilleur conducteur de l'électricité que la peau : la foudre, conséquemment, passe au dedans d'un homme et non pas le long de sa personne.

Le corps des animaux et celui de l'homme, en particulier, conduisent assez bien l'électricité.

— Pourquoi un ARBRE est-il quelquefois BRULÉ ? — Parce que l'arbre s'opposait au courant de la foudre dans son passage vers la terre ; et, toutes les fois qu'elle rencontre un obstacle, l'électricité fait naître une grande chaleur.

— Pourquoi l'écorce des arbres est-elle quelquefois ARRA-CHÉE par la foudre ? — Parce que la foudre, brisant la résistance que lui opposait l'arbre, en arrache l'écorce par sa violence mécanique.

— Pourquoi la foudre CASSE-t-elle les branches des arbres ? — Parce que la force mécanique en est grande ; les branches de l'arbre, étant des conducteurs imparfaits, se trouvent brisées par la foudre, au passage de laquelle elles s'opposent.

— Pourquoi les vieux CHÊNES et les troncs desséchés sont-ils frappés de la foudre plus souvent que les autres arbres ? — Parce qu'ils sont secs et pleins de nœuds ; par conséquent, ils sont de très-mauvais conducteurs.

— Comment la foudre FAIT-elle PÉRIR les animaux qu'elle frappe ? — Elle le fait, soit en lésant les organes et le système vasculaire, soit en paralysant le nerveux.

— Dans quel cas un homme peut-il être frappé de MORT par la foudre ? — Quand son corps fait partie de la ligne que la foudre parcourt, c'est-à-dire quand le fluide électrique dans sa course pénètre le corps.

Des personnes ont été tuées, des objts foudroyés, sans qu'on ait vu d'éclair, ni entendu de coups de tonnerre rapproché. C'est l'effet du *choc en retour*.

— Pourquoi les animaux sont-ils quelquefois BLESSÉS et non tués par la foudre ? — Parce que la quantité du fluide qui pénètre leur corps suffit pour les blesser, mais n'est pas suffisante pour les tuer.

— Pourquoi est-il dangereux de se trouver au milieu d'une grande FOULE pendant un orage ? — Parce que : 1° une multitude de personnes constitue un plus puissant conducteur qu'un seul individu ; — 2° la vapeur exhalée par la foule augmente le pouvoir conducteur de l'air qui l'environne.

(*La suite à la prochaine livraison.*)

Niort. — Typographie de L. Favre.

CHRONIQUE AGRICOLE.

Paris, 29 septembre 1872.

CÉRÉALES ET FARINES. — La situation générale de nos marchés français est à la hausse. Les offres de la culture en blé sont toujours abondantes, et les producteurs n'hésitent pas à vendre et à livrer les quantités qui leur sont demandées ; aussi les battages continuent-ils avec une grande activité dans tous les centres agricoles.

Les demandes pour l'exportation sont toujours actives.

Les cours des blés pratiqués sur les marchés français varient, suivant provenance et qualité, de 26 à 30 les 100 kil. En comparant ces prix avec ceux pratiqués sur les marchés étrangers, nos cours sont beaucoup moins élevés. A San Francisco, on cote 36 30 les 100 kil., coût, fret et assurance pour la cote anglaise. A New-York, le blé de printemps se paye à la parité de 32 50 les 100 kil., coût, fret, assurance à Londres. A Anvers, les prix extrêmes varient de 35 à 38 ; sur les autres marchés de la Belgique 32 à 36 ; à Zurich 36 50 à 40 les 100 kil. A Londres, les blés indigènes se payent de 21 50 à 28 40 l'hect. Pour les blés de provenance étrangère, les cours extrêmes varient de 24 à 30 50 l'hect. En Espagne, où les cours sont les plus bas, on cote de 25 15 à 27 les 100 kil. A Mannheim et sur les principaux marchés de l'Allemagne, 30 à 35 les 100 kil.

Ici, à Paris, notre grand marché de mercredi dernier n'a pas donné lieu à de grandes affaires. La meunerie met dans ses achats une certaine réserve. Les eaux sont tellement basses, que sur quelques points la fabrication a encore diminué dans de notables proportions. Les blés de choix ont été recherchés, mais les acheteurs étrangers étaient plus rares. Quant aux sortes secondaires, elles ont été d'une vente difficile, et le marché s'est terminé avec une baisse de 0 35 à 0 50. Les seigles ont été bien tenus de 18 75 à 19 les 115 kil. Les orges vieilles 17, et les nouvelles 18 50 à 18 75 et 19 les 100 kil. Les avoines calmes de 15 50 à 17 les 100 kil., suivant qualité.

Si les blés ont eu une tendance plus faible, il n'en a pas été de même des farines, qui ont continué leur mouvement de hausse. Partout, ou presque partout, les farines sont recherchées et obtiennent une plus-value très sensible. Les belles marques sont d'une vente courante de 44 à 46 fr. les 100 kilos; les autres varient de 41 à 43 fr. Cette situation de hausse, causée par l'épuisement de nos stocks et les demandes faites par l'étranger, peut encore durer quelques semaines, en présence de la réduction de la fabrication des farines. Mais les pluies d'automne vont heureusement alimenter les cours d'eau et donner à la meunerie les moyens d'activer la production. Les farines de consommation ont été tenues sur notre place en nouvelle hausse; la marque Darblay est cotée 73 fr., et les autres marques varient de 67 à 74 fr. le sac de 159 kilos, toile à rendre, ce qui constitue une plus-value de 5 fr. par sac sur les bas cours du mois d'août. Au prix des blés, la meunerie trouve en ce moment un bénéfice de 10 à 12 fr. par sac au minimum. Les farines 8 marques ont haussé d'une manière sensible pour le courant, qui a été coté 73 fr. 50 et 73 75; il est aujourd'hui à 73. La tendance de notre marché s'accuse avec d'autant plus de force, qu'une réaction n'est plus possible, et nous approchons de la fin du mois où il faudra régler toutes les affaires engagées fin septembre, et elles sont nombreuses. Sur les marchés de l'étranger, la tendance est restée ferme, mais les affaires ont eu généralement moins d'animation que les semaines précédentes.

L'Angleterre, en ce moment, est la contrée qui nous intéresse le plus, à cause des besoins considérables de ce pays. La récolte y est maintenant terminée, et les avis de l'Ecosse constatent un déficit de prix de deux tiers sur une année moyenne. Les craintes sur la production des pommes de terre sont toujours très vives; on croit à un déficit très important; cependant, les derniers renseignements sont encore contradictoires. Les prix des blés et des farines ont été fermes sur tous les marchés de l'intérieur de l'Angleterre et aux cargaisons flottantes, mais vers les derniers jours de la semaine, on a constaté plus de calme dans les transactions. La France ayant un excédant qu'on évalue de 20 à 25 millions d'hectolitres, et l'Espagne un excédant évalué à 10 millions d'hectolitres, l'Angleterre n'a pas à s'inquiéter. Les pays importateurs comme la Belgique et la Suisse n'ont également rien à craindre, puisque en sus des excédants de la France et de l'Espagne, il leur reste les ressources de l'Amérique et du littoral de la mer Noire. Nous ne pouvons maintenant connaître au juste l'importance de ces ressources ; nous savons seulement que la Californie et les Etats-Unis d'Amérique auront encore cette année des quantités considérables pour l'exportation.

NOUVELLES AGRICOLES.

Nous avons eu un instant d'alarme. Allions-nous revoir la peste bovine? Dieu merci, de promptes mesures nous ont mis à l'abri de la contagion. Dès que le fléau a été signalé à Hambourg, M. le Ministre de l'agriculture et du commerce a pris un arrêté interdisant l'entrée en France des animaux de l'espèce bovine de la race grise, ainsi que de leurs cuirs frais, et celle de toutes les bêtes bovines de n'importe quelle race, ainsi que de leurs cuirs, provenant de la Russie, de l'Allemagne du Nord, de l'Autriche-Hongrie et des Principautés danubiennes.

Cette mesure a produit son effet, et nous sommes à l'abri du fléau qui fait d'effroyables progrès en Angleterre, surtout dans le Yorkshire et le Lincolnshire. L'alarme est telle, qu'à une assemblée spéciale de la chambre d'agriculture d'York, tenue jeudi, des résolutions ont été votées recommandant l'abattage immédiat, au port de débarquement, de tout le bétail importé, comme le seul moyen efficace d'empêcher l'invasion et la propagation du mal, et recommandant en outre que pleine et entière rémunération soit accordée par le gouvernement à l'occasion des animaux ainsi abattus sur les fonds de la caisse consolidée et sur l'ordre du conseil privé.

On avait aussi, mais à tort, annoncé que la peste sévissait en Suisse, et le Ministre de l'agriculture avait de suite donné des ordres pour empêcher l'introduction des bestiaux sur notre frontière, de ce côté. Une scrupuleuse enquête a démontré que les bestiaux suisses n'étaient point atteints, et les mesures prohibitives ont été levées.

Nous avons déjà trop du *Phylloxera*, qui détruit nos vignes du Midi, sans être encore envahi par la peste bovine. On est toujours à la recherche d'un remède certain. En voici un nouveau, indiqué par M. Boissy, de Cognac :

Il est essentiel de pratiquer l'opération de la taille dans le courant d'octobre, c'est-à-dire *avant le retrait de la séve*, sur tous les ceps atteints de la maladie. Les ceps parfaitemer sains n'ont besoin d'être taillés qu'à l'époque ordinaire.

Vers la mi-octobre, on dégarnit un peu le tour du cep, e l'on y dépose environ un demi-kilogramme de *chaux sulfu reuse animalisée*, que l'on recouvre ensuite avec la terr retirée. La température et les pluies de l'hiver se chargent du reste. On opère les façons du printemps comme d'habitude

La *chaux sulfureuse animalisée* peut se fabriquer dan: toutes les usines à gaz, d'après des procédés dont je suis le seul inventeur, et que je me réserve de faire connaître en temps utile. Elle est en même temps un *excellent engrais* pou la vigne.

Si le *Phylloxera* désole nos vignerons, les fermiers, de leur côté, ont à redouter le charançon. Un cultivateur emploie avec succès des branches de sureau-nain, qu'il place sur les tas de blés, dans ses greniers. C'est un moyen facile à essayer.

Nous voyons que nos ennemis les plus redoutables sont ces myriades d'insectes qui sont d'infatigables destructeurs de toutes choses, et que leur petitesse met à l'abri de notre atteinte. Aussi l'exposition d'insectes qui s'ouvre à Paris, au jardin du Luxembourg, du 1er au 15 octobre, offre un vif inté- rêt. Cette exposition comprend : collections de vers à soie et de cocons de toutes les races; échantillons de soie grége et moulinée: appareils propres à l'éducation des vers et à la pré- paration de leurs produits; espèces nouvelles. Produits des abeilles, bruts et appliqués; ruches et autres appareils apico- les. Collection d'insectes nuisibles aux divers végétaux ou des- sins réprésentant ces insectes sous leurs différents états; appareils propres à la destruction des espèces nuisibles. Col- lections de mammifères, oiseaux et reptiles insectivores, etc.

Nous rendrons compte de cette curieuse exposition qui nous montre les insectes utiles et ceux auxquels nous devons faire une guerre acharnée, surtout à l'aide des oiseaux et des reptiles que la nature nous a donnés pour auxiliaires dans cette chasse de tous les jours.

Voici le moment des semailles; nous avons une recomman- dation très importante à faire à nos lecteurs. Il ne suffit pas de fumer la terre d'une manière satisfaisante, de bien la labourer; il est aussi très essentiel de l'ensemencer avec de bonnes graines, si l'on veut avoir une abondante récolte.

Les graines destinées aux semailles doivent avoir été cueil- lies à parfaite maturité. Il ne suffit pas de choisir les grains les plus gros; les grains moyens, pourvu qu'ils ne soient ni ridés ni mal conformés, sont aussi bons. Autant que possible, il faut employer les graines de la dernière récolte; si l'on se sert des graines anciennes, il faut semer plus épais.

Un conseil à donner, c'est de débarrasser les grains de semence, de tous ceux qui sont ridés ou avortés et des graines de mauvaises herbes. Pour cela, il existe des trieurs. Nous signalerons celui de M. Marot, de Niort, qui a été primé dans une foule de concours, et qui nettoie les grains de la manière la plus rapide et la plus parfaite.

Après ce triage, il reste encore une opération indispensable à exécuter, c'est de détruire, à l'aide de procédés chimiques, les maladies ou les insectes qui attaquent les graines. Le meilleur moyen à employer, c'est le *chaulage*, ou mieux le *sulfatage*. On se sert pour cela d'acide sulfurique (huile de vitriol, de sulfate de cuivre (vitriol bleu), ou de sulfate de soude (vitriol de soude ou sel de Glauber.)

Les graines ne doivent être chaulées que peu de jours avant les semis, encore faut-il avoir le soin de les étendre en couches minces, de manière à éviter l'échauffement et la germination.

Les cultivateurs ne doivent pas oublier que les bonnes semailles préparent les bonnes récoltes.

Nous aurions beaucoup d'autres nouvelles agricoles à donner à nos lecteurs, mais l'espace nous manque. Nous n'aurons pas cet inconvénient l'année prochaine, car grâce aux nombreux encouragements que nous avons reçus de nos lecteurs, le *Nouveau Journal d'Agriculture* paraîtra chaque semaine. Nous pourrons ainsi tenir nos abonnés au courant de tous les faits agricoles qui offriront quelque intérêt.

Nous donnerons, en outre, un bulletin commercial hebdomadaire très-complet et qui contiendra une foule de renseignements puisés aux meilleures sources.   L. F.

LE PETIT JACQUES BUJAULT.

OU CONDUIT L'INTEMPÉRANCE.

Les vieux et le cabaretier Chopine causent toujours ensemble.

Les vieux ne bougent pas de la taverne.

Hirondelle, tu viendras et tu t'en iras.

Ruisseau, tu couleras.

Ivrogne, tu boiras.

La jeunesse a grand besoin d'être prêchée.

Qui mal commence, finira mal.

Une fois n'est pas coutume, mais toute coutume comm[ence] par là.

Mauvais exemple est dangereux.

Imitant les vieux, jeunesse boit, s'enivre et se rend mal[ade].

Vers le cabaret de Chopine, on s'achemine, et là, pet[it à] petit, le corps s'avine.

Pour y passer le dimanche, on cherche un mauvais su[jet] et toujours on le trouve.

On joue, on fainéante, on dépense son argent; on se fâ[che] en s'enivrant; on se bat pour un oui ou pour un non, et [au] tribunal on marche en prison.

Un ivrogne connu se gage mal et à petit prix.

La bonne ménagère ne voulant pas d'un ivrogne, on [le] marie avec la fille de Tailleboudin.

Au bout d'un mois, farine et pain manquent tout à la f[ois] et l'on emprunte un franc pour faire la cuisine et boire [la] chopine.

Le mari et la femme en viennent à ne rien faire, et, qua[nd] arrive la misère, se font mendiants.

C'est grand bonheur, si de gourmand et de buveur on n[e] devient voleur.

Heureux Chopine, c'est chez toi que va tout l'argent d[es] viveurs.

Aussi ta femme chopinette et ta fille portent-elles, la pr[e]mière la brodure, et la seconde les dentelles.

Plus nous en ruinons, disent-elles, mieux ça vaut, et tan[t] pis pour les imbéciles.

Boire du vin pur à sa soif, sans se griser, est difficile.

Le vin nous est donné, non pour nous enivrer, mais pou[r] nous restaurer.

Si je vous disais : Voilà une drogue qui rend fou à dir[e] sottise au monde et à se vautrer dans la boue, vous n'en vou[-] driez pas ?

Eh ! bien, la drogue est le vin bu jusqu'à l'excès.

L'homme ivre est sans bon sens et sans raison.

Quand on est dégrisé, on est tout hébété.

A trop boire on s'entête, et, dès lors, on se trouve au-dessous de la bête.

On perd, en s'enivrant, sa santé et son argent.

Fais comme l'âne, qui ne boit qu'à sa soif.

DEFRANOUX.

LES PRIMES DES GRANDS CONCOURS AGRICOLES,

D'après M. DESPIERRE.

Les cultivateurs primés dans les grands concours sont des agriculteurs dont la plupart ont de la fortune, ne font rien par eux-mêmes, raisonnent en capitalistes, ignorent les déceptions agricoles, et font de la prime principale une affaire d'argent et de gloriole.

Mais qu'importe! On a été primé, et le petit cultivateur, qui a fait un calcul sévère des produits et de leur coût, et qui a fourni un travail prodigieux n'a, au lieu du gros lot, que la coupe d'amertume.

Cependant, il mériterait mieux le lot d'honneur que son puissant voisin, pouvant disposer de beaucoup d'argent pour acheter au petit éleveur, six mois avant le concours, des bêtes maigres dont il fait des boules de graisse, et qu'il présente à ses juges, en leur disant: Voilà mes produits; en est-il de plus beaux?

Oui, c'est beau, mais ça ne peut travailler, et s'ils n'ont pas une prime, leur maître a jeté par ses fenêtres des centaines de francs.

Et puis, loyalement, doit-on faire concourir les cultivateurs des montagnes avec ceux des plaines?

Autant faire lutter notre soleil contre celui d'Afrique, ou la chèvre contre le bœuf, car les terrains et les climats ne se ressemblant pas, les cultures ne peuvent se ressembler.

Or, voyant de ce côté-ci de la graisse, et de ce coté-là de la maigreur, messieurs les distributeurs de primes s'abstiennent d'en rechercher les causes, et au pauvre la besace!

Les grands agriculteurs, je le répète, sont seuls récompensés, et le petit cultivateur dit à qui veut l'entendre: On ne prime que les riches.

Comme, quand on critique, on doit avoir du mieux dans son sac, je tire ceci du mien.

On devrait organiser ou plutôt faire organiser des concours cantonaux, donner aux organisateurs toute latitude, et les débarrasser de la surveillance officielle.

Ces concours appelleraient les cultivateurs qui ont à leur disposition les mêmes éléments, et l'on ne verrait pas le pot de terre aux prises avec le pot de fer.

On mettrait ensuite les gros cultivateurs en présence les uns des autres, et ils s'arrangeraient comme ils l'entendraient.

(Sud-Est.)

L'AVOINE DE SIBÉRIE.

Ses qualités sont précieuses.

Elle se sème avec succès au printemps ou à l'automne.

Le volume et le poids de son grain, la quantité et la qualité supérieure de ses panicules, la quantité supérieure de sa paille et la rapidité de sa végétation nous la font regarder comme la plus productive des avoines.

(Journal de l'Agriculture.)

LES COMMANDEMENTS DE LA PROTECTION ENVERS LES ANIMAUX

(d'après M. MAGNEVAL).

Dès le matin tu panseras
Tes animaux parfaitement,
Et tu les rationneras
En nourrisseur intelligent.

Pour les voir durer, tu voudras
Qu'ils soient logés salubrement.
En très-bon état tu tiendras
Le char et leur harnachement.

A tes charretiers, tu diras
De conduire attentivement,
Et tu leur recommanderas
De ne pas charger lourdement.

Par la douceur, empêcheras
Ane ou cheval d'être méchant.
Plus doux pour la vache seras,
Plus grand sera son rendement.

Bon pour le chien te montreras,
A cause de son dévouement.
Envers les bêtes t'abstiendras
De tout injuste châtiment.

A la volaille, tu devras,
Sois-en certain, beaucoup d'argent,
Lorsque, pour elle, tu seras
Et généreux et prévoyant.

Tous les oiseaux protégeras,
Car ils protégent ton froment,
Et sévèrement défendras
Le rapt de leurs nids à l'enfant.

MÉLANGES AGRICOLES.

Puisque, dès juillet, les nids de chenilles contiennent déjà, soit à l'état parfait, soit à l'état d'œufs, le fléau destructeur de vos arbres, n'attendez pas, pour les enlever, au printemps suivant.

Dans les choses de la nature, l'absolu n'est pas de mise.

Le colchique d'automne est un poison pour le bétail.

La pomme de terre qui produit est celle qu'on plante en février ou en mars, plutôt qu'en avril et en avril, plutôt qu'en mai.

Les semences incomplètement mûres donnent naissance à des plantes maladives.

M. Mousset, propriétaire du Bordelais, dit prévenir la coulure dans ses vignes en déchaussant les ceps dès la première façon donnée à la terre.

Les plantes font une espèce de choix parmi les substances assimilables qu'elles trouvent dans la terre.

10*

La nécessité de la présence de la potasse dans le sol est plus grande pour toutes les céréales que celle de la présence de la soude ou de toute autre substance.

Qui fait le dégoûté devant un fumier bien troussé et bien juteux, n'est pas digne de manger du pain.

Rien, plus que les démangeaisons, ne nuit à l'engraissement du porc.

Deux kilogrammes cinq cents grammes de sel empêchent le bétail de gaspiller un quintal de foin.

Planté à cent trente centimètres de distance, le chou cabus, de la Manche, donne une pomme de 20 à 25 kilogrammes.

Le plus hâtif des choux pommés est le chou de Tourlaville.

Alors même qu'une maladie est en pleine activité dans un vin, l'application du chauffage l'arrête au point où elle est arrivée.

Que le nombre de vos bestiaux soit en rapport avec les produits récoltés.

Le phénomène de la capillarité ramène à la surface du sol, au profit des plantes, les éléments solubles cachés dans les couches profondes.

Rechercher la raison des causes est le seul moyen d'arriver à trouver les lois agricoles.

En agriculture, tous les effets qui frappent nos regards sont dus à des causes naturelles qu'il faut découvrir.

C'est précisément parce que beaucoup de causes naturelles nous sont encore inconnues, que la science agricole éprouve beaucoup de peine à se fixer.

UN MOYEN DE RENDRE LA POUDRE D'OS SOLUBLE,

D'après M. Jacques BARRAL.

Faites des couches successives d'os en poudre et de fumier de ferme frais.

Faites du tout des tas coniques.

Pour prévenir les pertes de matières fertilisantes volatiles, couvrez les tas de terre.

Enfin, laissez la fermentation s'opérer.

(Journal de l'Agriculture.)

NOUVEAU REMEDE CONTRE LA CARRIE DU BLÉ DE SEMENCE.

On emploie cinq cents grammes d'acide sulfurique du commerce à soixante degrés, pour un hectolitre d'eau.

Ce liquide est préparé dans un cuvier en bois.

Le froment à sulfater est introduit dans le cuvier, et, après l'y avoir remué un instant, avec une pelle en bois, on en remplit un panier en osier placé au-dessus du cuvier, de telle manière que l'excédant du liquide puisse retomber dans celui-ci.

Quand le panier est rempli et suffisamment égoutté, on répand le froment en couche mince sur une aire de grange ou sur un plancher, et on le remue de temps en temps pour qu'il ne s'échauffe pas.

Le lendemain de l'opération, le froment est assez sec pour être semé.

Ce procédé, comme on le voit, est tout à la fois simple et peu coûteux.

Au reste, d'après M. Jules Bonhomme, l'acide sulfurique fait obtenir une levée de froment beaucoup plus prompte que l'emploi du bain de sulfate de cuivre ou vitriol bleu.

(Bulletin de la Société d'Agriculture de la Lozère.)

HORTICULTURE

CALENDRIER HORTICOLE DE LA SOCIÉTÉ D'HORTICULTURE DE NANTES.

OCTOBRE. — *Travaux généraux.* — Vers la fin de ce mois, on commence les labours d'hiver ; on achève de préparer les trous pour les plantations dans les terrains sains et ameublis ; on défonce et on fume les parties vides, à l'exception des terres fortes, argileuses, qu'il vaut mieux relever en sillon pour passer l'hiver ; si on a pris ce soin, la terre se trouve bien ressuyée au printemps ; enfin, on tond les haies, les char-milles ; les palissades, etc., car cette opération ne doit se faire que pendant le repos de la sève, c'est-à-dire d'octobre en mars. C'est l'époque de planter les lauriers, si cela n'a été fait en septembre.

On procède indistinctement à la récolte de tous les fruits.

Ce travail exige une grande habitude, car de la récolte faite à temps et avec les précautions convenables, dépend absolument leur conservation ; on peut, à ce sujet, consulter avec avantage le traité spécial sur la conservation des fruits, de feu Victor Paquet. Nous dirons seulement que cette opération doit se faire par un beau temps, de dix heures du matin à trois heures du soir. Les fruits que l'on veut conserver se cueillent à la main et se placent doucement dans des paniers ; puis ils se portent dans des locaux aérés, où ils restent quelques jours ; après quoi on les place dans le fruitier.

ARBRES FRUITIERS. — Il n'y a rien à faire aux arbres à fruits dans ce mois ; ils doivent rester en repos jusqu'au moment de la taille ; cependant il vaut mieux élaguer le bois mort avant la chute des feuilles.

On s'occupe, plus tôt que tard, de faire choix dans les pépinières des arbres que l'on se propose de planter, pour ne pas s'exposer à trouver tous les beaux sujets vendus et marqués.

POTAGER. — On sème encore dans ce mois la raiponce, les mâches, de la petite laitue noire. Si l'on veut avoir de la laitue tout l'hiver, c'est le moment de semer sur ados bien exposés et sous cloches les variétés que l'on destine pour cette saison. Il faut préférer l'espèce dite *petite-crêpe*. On repique sur un autre ados de terreau, à quatre ou cinq centimètres de distance, dès que le plant a quatre feuilles. On élève les laitues sous cloches ou tout au moins en côtière bien exposée. On peut de même semer la laitue romaine verte-hâtive ; mais elle ne se repiquera qu'en janvier.

On sème enfin du cerfeuil qui donnera au printemps.

Pour attendrir la scarole et les endives (1), on les lie en réunissant toutes leurs feuilles en un faisceau, et on les assujettit par un lien de paille, d'osier ou de jonc. Cette opération doit toujours se faire lorsque les plantes ne sont couvertes

---

(1) Dans les saisons sèches ou par des semailles hâtives, les endives ont une grande prédisposition à monter ; il paraît qu'il est facile de prévenir cet inconvénient, en ne faisant usage que des graines âgées d'au moins cinq années. C'est ce qui résulte d'expériences faites, à plusieurs reprises, par M. Parrain, horticulteur à Leuze (Aisne). *Moniteur des Campagnes, cahier de janvier* 1851, page 498.

d'aucune humidité ; car autrement elles se pourriraient très promptement. Au bout de huit ou dix jours, toute la masse de feuilles est parfaitement tendre et étiolée, et forme une salade aussi salubre qu'agréable. De quinze jours en quinze jours, on empaille des cardons et on les rechausse. On butte complètement du céleri pour le faire blanchir. On plante à demeure l'oignon blanc que l'on a semé en août ; on coupe les tiges d'asperges au niveau du sol, et on donne au plant un léger labour ; on récolte préalablement la graine des plus beaux pieds. Les asperges se plantent aussi à cette époque. Si la récolte des navets n'avait pu avoir lieu dans le mois précédent, il faudrait se hâter de la faire.

Pour obtenir des fraises jusqu'en décembre, et quelquefois même jusqu'en janvier, il faut traiter les fraisiers par le procédé indiqué en septembre pour les violettes.

Il paraît bien démontré, par six années d'expérience, que les pommes de terre plantées en automne, à trente ou quarante centimètres de profondeur, parviennent à une maturité parfaite avant l'époque où elles contractent ordinairement la maladie ; il faut donc, d'après l'assurance qui en a été donnée par MM. Le Roy-Mabile et de Rainneville, commencer à en mettre en terre dès le mois d'octobre.

PARTERRE. — On donne la dernière façon aux allées. On sème la Julienne de Mahon en bordure, pour la voir fleurir au printemps. A la fin du mois, quand les fleurs annuelles d'automne sont passées, on nettoie et retourne les plates-bandes pour y planter les mufliers, des campanules, polémoines, lychnides, œillets de poète, ancolies, scabieuses, etc., qui fleuriront au printemps. On refait les bordures de mignardise.

On met en place les boutures enracinées de quelques arbres d'agrément, tels que les chèvres-feuilles et rosiers du Bengale. On peu encore bouturer ces arbustes, si on a négligé de le faire plus tôt. Les boutures, faites en ce temps, réussissent presque toujours. Il est également à propos de semer les pavots, on peut même risquer de la quarantaine : si on parvient à lui faire passer l'hiver, elle fleurira de bonne heure au printemps.

Beaucoup de plantes cessent de fleurir en ce mois ; c'est le moment de couper leurs tiges au niveau du sol, ainsi que nous l'avons dit pour celles dont la floraison est moins tardive.

ORANGERIE ET SERRES. — On rentre les pelargoniums et ensuite les orangers, les myrthes et généralement tous les arbustes et autres plantes d'orangerie. On laboure et on arrose les plantes en caisse pour remédier aux fatigues du transport, après quoi on s'abstient de les mouiller trop souvent.

Il est très essentiel de ne rentrer les plantes que par un beau temps et quand les feuilles sont sèches ; il faut de même ne procéder à cette opération qu'après avoir recherché soigneusement les insectes ou autres animaux qui se tiennent cachés dans le feuillage ; en négligeant cette précaution, on aura plus de peine à faire cette recherche dans la serre.

On doit tenir les vitres des serres en état de propreté, et ne point oublier de les couvrir de paillassons pendant la nuit, si les froids sont précoces.

L'arrangement des plantes dans la serre n'est pas du tout arbitraire ; outre qu'il faut y mettre beaucoup d'ordre, il faut aussi avoir égard à la nature des végétaux qui composent une collection : les plantes grasses sont mises sur le premier rang, près du vitrage, afin de leur procurer beaucoup de lumière ; celles qui sont d'une substance herbacée tiennent le second rang ; celles à feuillage persistant et à bois tendre, moëlleux et spongieux, doivent occuper le troisième rang ; on placera au quatrième rang celles dont le feuillage est également persistant, mais coriace, et le bois sec et dur. Enfin, le dernier rang sera garni par les arbrisseaux à feuilles caduques et à bois sec.

PLANTATION D'ARBRES FRUITIERS SUR LES ROUTES ET LES CHEMINS DE FER,

D'après M. Baltet.

Par suite du développement des moyens de transport et de l'accroissement du bien-être général, la culture fruitière est devenue une branche très-lucrative de l'économie agricole.

Aussi, des propriétaires, des administrations, des villages et des départements se sont-ils enrichis par le seul fait de la culture des arbres fruitiers.

La France offrant, par la diversité de son sol et de son climat, un vaste champ à la culture des végétaux à fruits comestibles, il y a lieu de s'affliger de rencontrer encore soit des friches, soit des bordures de cours d'eau, de routes et de voies ferrées, sans l'ombre d'une végétation utile.

S'il s'agit de clore une propriété ou de la partager intérieurement, on emploie des broussailles de produit à peu près nul.

Pourquoi donc, là où le maraudage n'est pas à craindre, ne pas planter des poiriers ou des pommiers en contre-espalier, des haies de pruniers et des treilles de vigne?

En ce qui concerne le choix des fruits, nul besoin de s'égarer dans le labyrinthe des catalogues.

Il suffirait d'une bonne nomenclature restreinte d'espèces robustes, bonnes et fécondes.

N'avons-nous pas comme preuves les cultures suivantes :

Les cerisaies de Saint-Bris (Yonne), composées de la seule variété Royale d'Angleterre hâtive, et rapportant cent mille francs par an, sur cent hectares de superficie.

Les pruniers d'Ente répandus dans le Sud-Ouest pour la confection des pruneaux d'Agen, et dont, chez certains propriétaires, le produit s'élève à dix mille francs.

Les pruniers Sainte-Catherine, de l'Ouest, et les pruniers de Questsche, du Nord-Est, qui donnent lieu à un commerce considérable.

Dans l'Aube, la Reine-Claude et le Chasselas de Bar-sur-Aube.

Les châtaignes de Fumel, dans le Lot-et-Garonne, et de Saint-Prix, dans le Morvan.

Dans le Maine-et-Loire, où se fait une exportation de deux millions de kilogrammes de fruits, les poiriers dits William, Duchesse, Beurré Diel, Beurré d'Hardenpont et Doyenné d'hiver.

Dans la Gironde, 1° les pommes roses de Benauge, Bonne de mai et Azeroly; 2° les poires Monsallard, Boutoc et Mouille-Bouche.

Dans la Haute-Vienne, la poire Epine-Dumas.

Dans l'Allier, la poire dite sucrée de Montluçon.

Dans la Provence, la poire dite Royale d'hiver.

Dans la Brie, la poire de Rigault.

Dans le centre, la pomme de Lestre.

En Bourgogne, la pomme Reinette de Cusy.

Dans le Dauphiné, les pommes de Belle-Fleur et de Reinette.

Enfin, dans la Savoie, dans le Cher, dans Seine-et-Marne,

dans la Côte-d'Or, dans l'Isère, etc., les poiriers dont chacun produit de cinquante mille à cent mille fruits.

(Revue horticole.)

LE PLATANE.

Il y a deux principales espèces de platanes, qui sont le platane d'orient et le platane d'occident.

Le platane donne, dès ses premières années, un ombrage épais; son ample feuillage ne tombe pas de trop bonne heure; sa verdure est franche, bien qu'un peu claire, et aucune chenille de nos climats ne vit à ses dépens.

Il n'est pas, il est vrai, d'une très-grande longévité, mais il croît rapidement, acquiert au moins trois mètres de diamètre, et a un bois que les plus fortes gelées ne peuvent entr'ouvrir.

Par ses racines qui, ne drageonnant pas, s'enfoncent verticalement, il nuit peu aux cultures faites à la surface du sol.

Aucun arbre ne cicatrise mieux que lui ses blessures, et ne les recouvre plus promptement d'une nouvelle écorce, ce qui le rend très-propre à être soumis à la taille en têtard.

Comme l'orme et le charme, il brûle avec une flamme vive.

Comme bois d'ouvrage, il a beaucoup de rapport avec le hêtre, mais a un grain plus fin, et plus que lui résiste sous terre.

Par malheur, les animaux de ferme dédaignent ses feuilles.

(Bulletin de la Société académique de Poitiers.)

PROCEDÉ DE CONSERVATION DES GREFFES PENDANT TOUTE UNE ANNÉE,

D'après M. MARC.

Coupez les greffons un mois avant la chute des feuilles, en ne laissant à celles-ci que leur petiole.

Dans un lieu exposé au sud, enfoncez de quelques centimètres les greffons dans le sol, et laissez-les séjourner là jusqu'à la fin de janvier.

A cette époque, retirez-les de terre, pour les planter par leur extrémité supérieure à une exposition fraîche, c'est-à-dire au nord ou à l'ouest, où ils demeurent dans un état de

parfaite conservation, et peuvent servir toute l'année pour
greffer soit en écusson, soit en ramilles, soit en fente.

(*Société d'Horticulture de la Seine-Inférieure.*)

CONSERVATION DES FRUITS SUR UNE TABLETTE.

Mettre les fruits sur un lit peu épais de feuilles sèches, et
les recouvrir d'une autre couche de feuilles.

Trop épaisse, la couche de feuilles risquerait de fermenter.

(*Bulletin de la Société d'horticulture de Noyon.*)

MASTIC LIQUIDE A FROID REMPLAÇANT LA CIRE A GREFFER.

Pour préparation de ce mastic, M. Lucas emploie cent soixante-dix grammes d'esprit à quatre-vingt-cinq degrés centigrades, et huit cent trente grammes de résine.

Il chauffe la résine très-lentement et seulement assez pour
la rendre fluide, puis il y verse un peu d'esprit, en ayant soin
de remuer continuellement.

Cette composition reste assez molle pour pouvoir être
employée sans préparation.

TAILLE AUTOMATE DU PÊCHER, POUR ÉVITER LA GOMME.

M. Guigon taille, non en février, mais en octobre ou en
novembre, aussitôt après la chute des feuilles.

Jusqu'à ce jour, dit-il, aucun de mes nombreux pêchers
taillés à cette dernière époque n'a été atteint de la gomme.

Il attribue ce résultat à ce que les plaies résultant de la
taille d'automne ont, pendant l'hiver, le temps de se durcir
assez pour s'opposer à l'écoulement de la sève qui, à la suite
de la taille du printemps, s'extravase, fermente, et occasionne
la maladie dont il est question.

(*Bulletin de la Société autunoise*).

PLANTATIONS FORESTIERES ET D'AGRÉMENT.

La grosseur d'un arbre est proportionnée au développement de ses branches.

Le tronc d'un arbre, pourvu d'un grand nombre de bras, deviendra plus gros que celui qui est élancé et nu.

L'élagage à outrance entrave la croissance en diamètre de la tige, surtout dans la première année, et, dès lors, il ne faut pas émonder les arbres de haute futaie sur taillis.

Les espèces d'arbres d'agrément les moins rustiques résistent d'autant mieux aux fortes gelées, qu'on les place au nord, derrière de grands arbres ou derrière des bâtiments.

L'excès d'engrais est nuisible aux arbres et mortel pour les conifères.

LA CULTURE DU TABAC,

D'après M. DE TOUCHIMBERT.

Le sol doit être labouré à une profondeur d'environ trente centimètres.

Pour ameublir le champ, trois façons au moins sont nécessaires.

Procurer à la terre de deux à trois cents kilogrammes de sels potassiques par hectare ne suffit pas : il faut lui procurer environ cinquante mille kilogrammes de fumier.

Les engrais liquides seraient évidemment de bien meilleur effet que les engrais solides, en ce que ces derniers donnent toujours lentement leurs fécondes richesses.

Les fumiers et engrais chimiques ne doivent être enfouis que vers le mois de mai.

Dès le commencement du printemps on doit procéder au semis, car il faut transplanter les jeunes plants à la fin de mai.

Les graines à choisir sont celles qui donnent des tabacs combustibles à feuilles fines et délicates, tels que le Havane, le Brésil et le Kentucky.

Dans l'assolement, il est nécessaire de mettre le tabac en première ligne de la rotation, et surtout de ne pas le faire précéder par les légumineuses, toujours très-avides de potasse.

On admet que pour obtenir les meilleurs tabacs, qui sont

les tabacs combustibles, il faut repiquer de trente à quarante mille pieds par hectare.

Après le repiquage, il n'y a plus qu'à entretenir le champ en bon état de propreté.

Deux ou trois binages suffisent.

Au moment de la floraison, vers le milieu de juillet, on arrête la plante à une hauteur telle, qu'elle puisse porter de huit à dix feuilles.

Cette opération s'appelle écimage.

On bute en même temps.

A partir de cette époque, on ébourgeonne tout ce qui tendrait à se produire en dehors de ces feuilles réservées.

C'est généralement en septembre que se fait la cueillette après laquelle les feuilles passent aux séchoirs.

Le moment de la récolte est loin d'être indifférent.

La quantité de nicotine contenue dans les feuilles croît à mesure que celles-ci sont plus haut placées sur la tige.

Cette même quantité augmente avec le temps de végétation, et est en raison directe avec la quantité d'azote.

Cependant, la présence du carbonate de potasse est en raison inverse de la richesse en nicotine et en azote.

Les basses feuilles en contiennent plus que celles qui leur sont supérieures, et celles-ci plus que les fleurs, dans les pieds conservés pour production de la graine.

Si l'on abandonnait la plante à sa puissance végétative, on constaterait que la chaux, avec le temps, se substituerait au carbonate de potasse, si bien qu'à la formation de la graine un tabac combustible pourrait devenir incombustible.

Il résulte de là que, pour avoir des feuilles combustibles, il y a avantage réel à faire la cueillette de bonne heure.

Donc, la cueillette est une opération qui, très-délicate, demande une grande vigilance et le sacrifice d'une notable partie de la récolte.

HYGIÈNE.

L'IVROGNERIE. — Le vin dans notre corps pénètre doucement, puis mord comme un serpent.

Au cabaret, on vend le trépas en bouteille.

La première victime de l'épidémie est l'ivrogne.

L'ivrogne ne meurt point : il se tue.

Pour l'ivrogne, aller tuer par l'eau-de-vie le ver trouvé par le docteur Grégoire, équivaut à courir à la plus honteuse des morts.

Goutte par ci, goutte par là, et l'on devient bientôt l'ivrogne que voilà.

Vers l'affreux cabaret, Boisansoif s'achemine, et là son corps s'avine.

Au cabaret, vin entre, raison sort, et l'ivrogne s'endort, peut-être pour toujours.

Quelle lamentable fin inflige à l'ivrogne l'absinthe, poison qui, avant de le tuer, le rend fou ou idiot.

LA DÉBAUCHE ET LE LIBERTINAGE. — A sa tête déjà chauve et à son visage enflammé ou blêmi, on reconnaît le jeune débauché.

La débauche fait le galeux, le lépreux, et l'homme atteint de maladies secrètes que nous n'osons nommer.

Souvent le débauché est le voleur ou l'assassin du lendemain.

Usés par leurs excès, les débauchés ont toujours un fer qui loche.

Les débauchés vont à tombeaux ouverts.

Courte et bonne, s'écrient les débauchés qui, cela dit, ne tardent pas à s'en aller honteusement dans l'autre monde.

Les débauchés ne trouvent dans une fin prématurée que ce qu'ils ont cherché, car, tempérants, ils auraient pu vivre peut-être un siècle.

Si, chez les débauchés, les maladies du corps excitent le dégoût, celles de l'âme font horreur; en effet, aujourd'hui, ce sont eux surtout qui veulent le partage forcé des biens et la suppression du Dieu témoin de leurs désordres.

Bien malsaine et bien maladive descendance que celle des débauchés.

Que dire de la femme débauchée appelée par Salomon une fosse profonde, sinon que, même ayant porté rivière de diamants, elle meurt avant l'âge, dans la boue ou dans un bouge !

La débauche et le libertinage enlèvent, chaque année, à un pays, plus d'habitants que l'épidémie, la guerre et la famine ne pourraient en détruire, et cela, faute d'un enseignement public de l'hygiène.

DEFRANOUX.

DONNÉES ÉCONOMIQUES

(empruntées au JOURNAL D'AGRICULTURE PRATIQUE).

Bien de faire de la culture intensive, mais encore faut-il semer pour avoir assez de paille.

Le capital est le nerf de la culture intensive, culture qui ne peut prospérer que par les grosses récoltes.

L'Angleterre est parvenue, grâce à l'engrais liquide appliqué au ray-grass, à obtenir des récoltes d'herbe qui équivalent à une production de 15 à 20 mille kilogrammes de foin sec par hectare.

Le fourrage de la prairie richement fumée est le fourrage à bon marché par excellence.

L'élève du bétail a ceci d'avantageux qu'il pousse à la production des plantes qui absorbent beaucoup de nourriture dans l'air.

Les os, la chair, le lait et la laine qui quittent la ferme représentent une exportation d'azote, de phosphate et d'autres matières fertilisantes qu'il faut rendre au sol pour le maintenir en équilibre de haute production.

L'agriculture a besoin de varier ses engrais comme de varier ses fourrages.

Des gens se figurent que pour faire de la bonne culture, il s'agit simplement de savoir labourer, semer, biner, faucher et étriller.

Pour faire un agriculteur complet, il faut beaucoup de bon sens et d'instruction.

L'humus joue un rôle très important, en fournissant au sol une source d'acide carbonique qui sert à dissoudre les éléments minéraux de nutrition des plantes.

Il n'y a pas de plus sûr moyen de tarir les sources de la sécrétion du lait que de faire prédominer, chez la bête laitière, l'aptitude à produire abondamment la viande.

Pourquoi ne tient-on, ni dans les Alpes, ni dans les Pyrénées, les fromages qui font la fortune de la Suisse?

Il en est d'une ferme-école comme d'un lycée : si le proviseur est mauvais, l'établissement périclite, et il faut tout de suite en changer le directeur.

La fertilité d'un sol est la résultante d'un nombre considérable de forces sur l'action desquelles nous ne sommes pas encore suffisamment fixés.

La matière organique, animale ou végétale, se compose constamment de carbone, d'hydrogène, d'oxygène et d'azote : c'est ce que, par malheur, trop de laboureurs ignorent, car on ne cultive jamais avec plus de succès que quand on sait un peu de chimie.

En agriculture, toute récolte est un prélèvement fait sur la richesse du sol.

Les graminées tirent du sol et les légumineuses de l'air athmosphérique la plus grande partie de l'azote dont elles ont besoin.

RAPPORT

Fait par M. Defranoux, à la Société d'Emulation des Vosges, sur la première communication de M. Ravon Stéphani, viticulteur à Bratigny, près Charmes (Vosges) (1).

Continuateur de l'œuvre de progrès viticole entreprise par son maître, M. Brenier, de Charmes, M. Ravon, notre premier lauréat de 1871, tient, à partir de ce moment, sa promesse de nous faire connaître les excellents cépages auxquels il doit la plus rémunératrice des cultures, et de nous toucher, année par année, de ce que l'observation et l'expérience lui auront appris.

Autant dire que, grâce à la publicité donnée par nos annales à ses utiles communications, nous pourrons faire rayonner d'Epinal à tous les points de la partie vinicole des Vosges, et même de la France, l'enseignement qu'elles constitueront.

Première livraison des annales de la vigne-école de Bazerey, composée, en 1860, des cépages les plus susceptibles de procurer à la partie vinicole des Vosges, même en mauvaise année, des vins potables.

CÉPAGES DU PAYS.

Le Gamay fin de Liverdun. — Il èst le plus nain de nos cépages.

(1) Nous suspendons la publication de l'école préparatoire du vigneron, afin de donner à nos lecteurs l'intéressant rapport, fait par M. Defranoux, sur les cépages des Vosges.

Il s'arrange assez bien de notre climat.

Généralement sa feuille rouille.

En ce qu'à partir de la vernaison sa feuille devient caduque, son raisin est sujet à la brûlure, qui ôte au vin beaucoup de sa qualité.

Aussi, ne parvient-on à lui faire conserver sa feuille qu'en le fumant soit avec du fumier, soit avec des chiffons de laine, soit avec la boue des routes.

Dans certaines localités, où il arrive à sa souche de périr, on le remplace par l'Erycée.

Dans nos marnes irisées, où, chaque année, les autres cépages se déshabillent d'eux-mêmes, sa souche se recouvre d'une mousse jaune.

Il semble avoir fait son temps, et cela est d'autant plus regrettable qu'il résiste à la coulure et donne un bon vin qui se conserve bien.

Sa taille de 1871 a offert quelque ressource.

L'Erycée. — On tend, faute de mieux, à le répandre dans quelques communes.

Il reprend facilement de bouture.

Son jeune bois, et, quand celui-ci a été gelé, son vieux bois, crachent tant de raisins que, malgré la coulure à laquelle il est sujet, il lui en reste toujours assez.

En année chaude, il fait merveille, à cause de sa richesse en feuilles.

Par malheur, son fruit, en année froide, mûrit mal, et, en année chaude, pourrit, si l'on tarde à récolter.

Il donne un vin qui, un peu plat, passe pour ne pas durer assez longtemps.

Grâce à un espacement de soixante-cinq centimètres dans tous les sens, on lui procure une aération qui obvie à la coulure et favorise la maturation.

Pour prévenir un trop long séjour de la rosée et de la pluie sur ses fleurs, on doit le débarrasser de la végétation trop touffue constituée par ses entrefeuilles.

Une taille judicieuse en écarte suffisamment les bras et les coursons.

Cette année, ses sarments n'ont rien valu pour le bouturage.

Le cépage dit vulgairement grosse race commune. — Ne valant rien, il doit être supprimé.

Le Gamay vert. — Selon le docteur Jules Guyot, les rendements des vignes de la Meurthe sont les plus élevés de la France.

Séduit par ces rendements, j'ai planté, comme M. Brenier, qui a bientôt vu ses voisins l'imiter, des bois de Noudreville et de Pullignes, dont je n'ai pas cessé d'être très-satisfait.

Ces cépages sont ce que j'ai appelé ici Gamay vert, à cause de la verdure constante des feuilles, qui résistent à la rouille et ne succombent que sous des gelées intenses.

Egalant presque en fertilité l'Erycée, le Gamay vert, après une gelée, produit sur son vieux bois du fruit dont la grosseur prime celle du raisin de ce cépage.

Sous l'influence de feuilles d'une vitalité extrême, ses grains serrés mûrissent en même temps, sinon plus tôt, que ceux du fin Liverdun, et donnent un vin qui, un peu moins dur et coloré, est agréable, bouqueté et de garde.

Evidemment, c'est le Gamay vert qu'il nous aurait fallu adopter, car nos récoltes ont ressemblé à celles de la Meurthe.

Le premier envoi a été le plus pur de tous.

Aussi, me suis-je mis à éliminer la contrebande, à ce point que je n'ai plus eu qu'à faire la guerre à un certain nombre de coulards, qui semblent se venger de la coulure par de vigoureux entrefeuilles chargés de grapillons.

· En ce que l'œil le plus exercé confondrait ces coulards avec leurs voisins, je les ai soumis à l'épreuve de l'étiquette, lame de zinc sur laquelle, chaque année, j'écris avec une encre chimique la manière dont chacun d'eux s'est comporté.

Dès lors, quand un sujet persiste à couler, d'abord je l'arrache et en brûle le bois, puis je le remplace par marcottage.

Si je ne le remplace pas par marcottage, j'y ente une espèce à étudier.

Assez souvent j'ai prévenu la coulure, en faisant du plus beau sarment un versadi, branche qui, représentant une portion de cercle, a son extrémité piquée en terre.

C'est une opération à laquelle l'incision annulaire simple viendrait grandement en aide, et que j'essaierai de compléter par une taille tardive.

Je ne livre à la vente, comme on le voit, que ce qu'il est de plus rustique et de plus fertile.

LA CLEF DE LA SCIENCE

Ou les phénomènes de tous les jours, expliqués par le docteur E.-C. Brewer, membre de l'université de Cambridge, du collége des précepteurs de Londres, etc., auteur de plusieurs ouvrages littéraires, historiques, scientifiques, mathématiques, etc.

EFFETS PHYSIQUES DE LA FOUDRE (*Suite*).

— Pourquoi une MULTITUDE de personnes est-elle un meilleur conducteur qu'un seul individu ? — Puisque chaque individu est un conducteur de l'électricité, il s'ensuit qu'un grand nombre de personnes fournit un passage à beaucoup plus de fluide électrique que ne saurait le faire un seul individu.

— Pourquoi le danger s'accroît-il par la VAPEUR exhalée d'une multitude de personnes ? — Parce que la vapeur est un conducteur, et plus les conducteurs se multiplient, plus le danger augmente.

— Pourquoi un THÉATRE est-il dangereux pendant un orage ? — Parce que la multitude et la vapeur qui le remplissent forment un excellent conducteur du fluide électrique.

— Pourquoi un grand TROUPEAU est-il plus en danger que quelques bœufs ou quelques moutons ? — Parce que : 1° le pouvoir conducteur des fluides animaux est augmenté par le grand nombre d'êtres vivants ; — 2° les vapeurs qui émanent du troupeau accroissent le pouvoir conducteur de l'air qui l'environne.

— Un homme recouvert d'une ARMURE de métal est-il en danger d'être foudroyé ? — Non : parce que l'armure est un conducteur si excellent que la foudre parcourrait le métal sans toucher l'individu.

— Un LIT EN FER est-il dangereux pendant un orage ? — Non : parce que la foudre choisirait ce conducteur de préférence aux fluides du corps humain.

— Pourquoi un MATELAS, un lit de plume, un TAPIS de laine, etc., sont-ils autant de garanties contre les effets de la foudre ? — Parce que ce sont de mauvais conducteurs ; et, comme la foudre choisit toujours les meilleurs, elle ne prendrait pas ces objets pour passage.

— Pourquoi les CLEFS, les MONTRES, les BAGUES, les JOYAUX, une paire de LUNETTES, etc., accroissent-ils le danger que l'on court pendant un orage ? — Parce que ces objets de métal s'offrent comme conducteurs de la foudre, sans pouvoir la conduire jusqu'à terre.

— Quels sont les ENDROITS les plus DANGEREUX pendant un orage ? — Il est très dangereux d'être auprès d'un grand arbre ou d'un bâtiment élevé, ainsi que près d'une rivière ou d'une eau courante.

— Pourquoi est-il dangereux d'être auprès d'un ARBRE ou d'un BATIMENT ÉLEVÉ pendant un orage ? — Parce qu'un objet élevé, tel qu'un arbre, etc., cause fréquemment l'explosion d'un nuage orageux ; et, si quelqu'un s'en trouvait rapproché, la foudre pourrait passer par les fluides du corps humain, meilleur conducteur.

La foudre préfère les conducteurs *métalliques* aux corps des animaux, et ces *derniers* aux végétaux.

— Comment un ARBRE ou un CLOCHER peut-il causer l'EXPLOSION d'un nuage orageux ? — Parce qu'il diminue l'espace entre le nuage et le sol, espace qui eût été trop grand sans cet objet pour permettre une explosion.

— Pourquoi la foudre S'ÉCARTERAIT-elle d'un ARBRE pour venir frapper un HOMME qui serait auprès ? — Parce qu'elle passe toujours par où elle trouve les meilleurs conducteurs : comme les fluides qui sont chez l'homme sont un meilleur conducteur, la foudre pourra s'écarter de l'arbre pour passer à travers les fluides du corps humain.

— Pourquoi est-il dangereux d'être auprès d'une EAU COURANTE pendant un orage ? — Parce qu'elle est bon conducteur, et que la foudre se dirige toujours vers les meilleurs conducteurs.

— Pourquoi le pouvoir conducteur de l'eau rend-il dangereux le voisinage d'une rivière pendant un orage ? — Parce qu'un homme diminue l'espace entre le nuage orageux et le sol ; or le fluide électrique, s'il ne se trouve aucun objet plus élevé, peut prendre l'homme pour se guider vers l'eau.

— Dans les campagnes, on sonne les cloches aux approches d'un orage, pour l'écarter et fendre la nuée orageuse. Cette habitude rend-elle les orages moins redoutables ? —

Non : il est certain que le tonnerre tombe fréquemment aussi bien sur les clochers où l'on sonne que sur ceux où l'on ne sonne pas ; et, dans le premier cas, les sonneurs sont en danger d'être foudroyés, à cause des cordes qu'ils tiennent dans leurs mains, et qui peuvent conduire la foudre jusqu'à eux.

— Les églises offrent-elles un abri assuré pendant un orage ? — Non : parce que : 1° les clochers, après avoir attiré la foudre sur eux en raison de leur élévation, sans pouvoir toujours la conduire dans le sol, laissent les églises exposées à son action ; — 2° les individus rassemblés forment un grand conducteur sur lequel la foudre se jette de préférence aux objets environnants.

La prudence commande, tant que les églises ne seront pas armées de paratonnerres, de ne point s'y rassembler pendant un orage ; les paratonnerres garantissent de la foudre tous les édifices sur lesquels ils sont placés.

— Pourquoi est-il dangereux de S'APPUYER contre un MUR pendant un orage ? — Parce que la foudre, si elle parcourait la muraille, pourrait passer aux travers de l'homme, meilleur conducteur.

— Comment arrive-t-il que la foudre DÉTRUISE quelquefois des maisons et des églises ? — Le clocher ou la cheminée est d'abord foudroyé ; de là, la foudre se jette sur les barres et les crampons en fer employés dans la construction, et en se jetant d'une barre à l'autre, elle brise les briques et les pierres qu'elle rencontre.

En 1822, la flèche majestueuse de la cathédrale de Rouen fut foudroyée et renversée pendant un orage. Elle est remplacée aujourd'hui par une élégante flèche en fonte encore plus élevée que la précédente.

La foudre tomba, dans le dix-huitième siècle, sur l'église de Saint-Brides, à Londres, et la détruisit presque entièrement.

— Pourquoi la foudre se jette-t-elle ainsi d'un endroit à un autre, au lieu de se précipiter en ligne droite ? — Parce qu'elle prend toujours dans sa route les meilleurs conducteurs, et que, pour les trouver, elle se jette à droite et à gauche.

— Dans QUELLES PARTIES d'une maison est-il le plus dangereux de rester pendant un orage ? — Dans celles qui se lient avec la toiture par une ligne continue de substances conductrices, qui ne parviennent pas jusqu'au sol, comme le foyer.

— Pourquoi le foyer ne peut-il pas conduire la foudre jusqu'au sol ? — Parce que c'est une dalle de pierre ou de marbre qui n'a pas de pouvoir conducteur.

— La foudre sauterait-elle du foyer pour venir frapper
quelqu'un qui se trouverait auprès de la cheminée ? — Cela
pourrait arriver si, par ce moyen, elle trouverait un passage
plus direct vers des substances conductrices.

— Pourquoi est-il dangereux de TIRER une SONNETTE pendant l'orage ? — Parce que les fils d'archal sont d'excellents
conducteurs, et que la foudre, en suivant ces fils, pourrait
passer dans la main et la blesser.

— Pourquoi est-il dangereux de toucher à l'ESPAGNOLETTE
d'une fenêtre pendant un orage ? — Parce que la barre de
fer est un excellent conducteur ; le fluide électrique pourrait
courir le long de la barre et blesser la personne qui touche à
l'espagnolette.

— Pourquoi le MILIEU d'une CHAMBRE est-il l'endroit le MOINS
dangereux pendant un orage ? — Parce que la foudre, s'il
arrivait qu'elle frappât la maison, descendrait soit par la cheminée, ou le long des murs ; par conséquent, plus on est
éloigné de ces endroits, plus on est en sûreté.

— Un BATIMENT EN FER est-il dangereux pendant un orage ?
— Non : parce que les murs métalliques conduisent bien la
foudre jusqu'au sol sans causer de dommage.

Le globe terrestre absorbe entièrement et rend insensiblement toute
l'électricité développée sur une surface avec laquelle il est en contact.
C'est à raison de cette propriété qu'on lui donne le nom de *réservoir
commun*, et que les corps non conducteurs sont *isolants*, comme in-
terceptant toute communication sur le globe.

— Dans quel endroit est le MOINS exposée une personne
qui est surprise HORS de chez elle par un orage ? — A 6 ou
8 mètres de quelque grand arbre ou d'un batiment élevé, en
évitant d'approcher d'une rivière.

— Pourquoi serait-on en sûreté à 6 ou 8 mètres d'un
grand arbre pendant un orage ? — Parce que la foudre choisirait toujours le grand arbre pour conducteur ; nous ne serions pas alors assez près de l'arbre pour que le fluide électrique pût s'en écarter et venir nous foudroyer.

— Lequel vaut mieux d'être MOUILLÉ ou d'être SEC pendant
un orage ? — Il vaut mieux être mouillé ; si l'on se trouve
en plein champ, ce qu'on a de mieux à faire, c'est de se tenir

isolé, à environ 6 ou 8 mètres de quelque grand arbre, et d'y recevoir la pluie, dût-on être tout trempé.

— Pourquoi vaut-il mieux être MOUILLÉ que SEC pendant l'orage ? Parce que les vêtements mouillés sont de bons conducteurs, et conduiraient la foudre sur leur surface sans qu'elle touchât le corps humain.

Les vêtements eux-mêmes sont mauvais conducteurs ; mais l'eau, la vapeur et les liquides conduisent bien le fluide électrique.

Franklin a trouvé qu'il ne pouvait pas tuer un rat *mouillé*, bien qu'il pût tuer un *sec* au moyen d'une électricité artificielle accumulée.

— Quels sont les plus exposés à être frappés de la foudre des habitants des grandes villes ou des habitants des campagnes ? — Ce sont les habitants des campagnes. Dans l'intérieur des villes d'Europe, on est très peu exposé à l'action de la foudre ; mais on a observé dans les campagnes de nombreuses morts causées par le tonnerre, et de beaucoup plus nombreux incendies déterminés par ce météore.

— Qu'est-ce qu'une personne craintive pourrait faire de MIEUX pour échapper à la foudre ? — Placer son lit au milieu de la chambre, se coucher et se confier à la garde de Dieu, se rappelant que Notre-Seigneur a dit : « Il n'y a pas un cheveu sur votre tête qui ne soit compté. »

Il n'y a véritablement pas beaucoup de danger à appréhender, si l'on évite, chez soi, de se placer auprès du foyer et, dehors, auprès de grands arbres ou d'autres objets élevés.

PENSÉES DIVERSES.

Le temps est l'étoffe dont la vie est faite.

Il est de l'argent.

Il est la plus précieuse des propriétés.

Avec lui, on fait tout.

Sans lui, on ne fait rien.

Il est composé de minutes, dont chacune vaut de l'or.

Il nuit à tout ce qu'on essaie de faire sans lui.

Bien employé, il est le premier des biens.

Perdu, il ne peut se retrouver.

On ne le tue pas ; on l'emploie.

C'est l'insensé qui le pousse avec l'épaule.

Celui-là seul mérite le repos qui vient d'en faire un bon usage.

Il ne sait rien, celui qui ne sait pas le mesurer.

En œuvres de l'esprit, comme en mécanique, il augmente la force.

Le sage le retient, quand il le tient.

Il nous fait oublier nos peines les plus grandes.

Ce que nous appelons assez de temps est toujours trop court.

Choisissons notre temps.

Faisons tout à temps.

Accommodons-nous au temps.

Il y a temps pour tout.

Autres temps, autres mœurs.

Distinguons les temps, si nous voulons concilier les écritures.

Tout n'a qu'un temps.

Qui a temps a vie.

SAGESSE DES NATIONS.

PUNITION INFLIGÉE A UN CHARRETIER PAR LA PROVIDENCE

(d'après THIMOTHÉE-TRIMM).

Sur un pavé glissant, un voiturier conduisait une charrette attelée d'un vieux cheval.

La pauvre bête avait l'échine maigre, le poil rare, les dents longues, et l'œil atone.

La charette était surchargée de bois, de plats, d'assiettes, de tasses, de verres, de bouteilles, de salières et de moutardiers.

Le voiturier poussait le cheval qui, éclopé et mal ferré, faisait sortir du feu de ses fers.

Le cheval, surchargé, allait lentement, et le manant l'accablait de coups donnés, non avec la mêche, mais avec le manche de son fouet.

Le fouet ne pouvant rien, le brutal se déchaussa, prit un de ses sabots et en déchargea sur l'échine du quadrupède des coups retentissants.

Le cheval ne chercha pas à se défendre.

Il tourna, mais en vain, des yeux suppliants vers ce monstre.

Enfin, la Providence, plus que les coups, le fit tomber.

Il tomba, et avec lui bascula la voiture.

Ce fut un amusant spectacle.

En effet, tout fut brisé en morceaux et en miettes.

C'était un véritable massacre à faire croire que Jocrisse, le casseur d'assiettes avait fait des siennes.

Pas une main ne ramassa les fragments de la vaisselle cassée.

On était indigné de la barbarie de l'homme.

LE DELINQUANT FORESTIER.

Le délinquant forestier peut donner la main au braconnier et au contrebandier.

Il ne vaut pas mieux que ces vauriens.

Il laisse sous son toit tout à l'abandon, pour aller voler le bien des particuliers.

Si, par hasard, il le respecte, ce n'est que pour aller tomber sur celui de l'Etat, qui est celui de tous.

Je dis de tous, parce que je suis las d'entendre dire que tout vol fait à l'Etat est autant de pris sur l'ennemi.

D'un autre côté, assez et trop longtemps des casuistes ont dit : Pas vu, pas pris.

En tout état de cause, qui dit délinquant, dit malfaiteur.

En effet, la crainte de l'amende porte le misérable qui coupe arbre ou brindille à l'assassinat sur la personne du garde.

Quand donc ce fidèle gardien de la propriété particulière, communale et nationale sera-t-il populaire dans les campagnes où on l'appelle un loup ?

DEFRANOUX.

LES AIGRETTES PLUMEUSES DE LA CLÉMATITE,

D'après M. GAUT.

Elles servent à fabriquer un édredon aussi léger, aussi souple, aussi chaud et n'offrant pas, pour sa conservation, les mêmes inconvénients que celui de l'eider.

A l'automne, et par un chaud soleil, on cueille avec soin les plumules, dont on laisse la dessication se compléter dans une étuve tempérée, dans une serre ou simplement à l'exposition au midi.

La dessication terminée, on place entre deux étoffes de soie ou de coton, le duvet obtenu, pour en former des couvertures, joignant à l'avantage de procurer une douce chaleur celui d'être légères.

(Revue agricole et forestière de Provence.)

MOYEN D'AVOIR DES POULES PRÉCOCES,
(d'après l'*Agriculteur praticien*).

Nos races gallines françaises ont généralement peu de propension à l'incubation, surtout pendant l'hiver, et même pendant le printemps.

Aussi, les poulets et les canetons précoces que nous obtenons sont-ils incubés par des dindes.

Ce défaut de poules propres aux incubations, même tardives, a fait rechercher, par les fermières normandes, les petites pattues, comme couveuses précoces, à cause du fait extraordinaire, mais non entièrement constaté, que les œufs de poules, incubés par des dindes, donnent des produits mâles inféconds.

Bien d'employer la poule pattue à l'incubation, mais à cause de sa petitesse, elle couve si peu d'œufs, que nous croyons devoir signaler à l'attention des éleveurs un moyen facile d'avoir, à volonté et à discrétion, des pondeuses précoces.

Ainsi, la poule cochinchinoise fournit les couveuses par excellence.

Elle couve trois ou quatre fois l'an, aussi bien en janvier qu'en août, et elle est assez robuste pour fournir deux ou trois incubations successives.

Or, ses métis possèdent les mêmes qualités qu'elle, car, de forte corpulence, ils pondent ou couvent deux ou trois fois par an.

MOYEN DE GUÉRIR LES ÉCORCHURES.

Dès le commencement du mal, appliquez sur l'écorchure du blanc de plomb humecté avec du lait.

Si vous n'avez pas de blanc de plomb sous la main, servez-vous de peinture blanche.

(Revue d'économie rurale.)

Niort. — Typographie de L. Favre.

AVIS A NOS ABONNES.

Le *Nouveau Journal d'Agriculture* va compter bientôt un an d'existence. Il est venu combler une lacune dans la presse agricole. Le concours que nous ont prêté plusieurs écrivains qui se consacrent, avec le plus grand dévouement, aux progrès de l'agriculture, et le nombre de nos abonnés, nous ont prouvé que notre tâche a été comprise. Ce qui nous en donne encore plus l'assurance, c'est que la plupart de nos lecteurs nous ont demandé avec instance de publier notre journal une fois par semaine. Nous n'avons pas hésité à répondre à un désir aussi honorable pour nous, tout en conservant notre édition mensuelle.

Ce qui nous a aussi décidé, c'est que nous avons été forcé, à plusieurs reprises, de passer sous silence des faits, ou de n'en parler que quand ils avaient perdu le mérite de leur actualité. Avec une périodicité hebdomadaire, nous évitons ces deux graves inconvénients. Nous pouvons publier une grande quantité de matières et placer immédiatement sous les yeux de nos lecteurs les nouvelles agricoles qui les intéressent.

Il est aussi une question qui, dans un journal mensuel, ne peut être traitée que d'une manière très secondaire : c'est le cours des céréales, des farines, de tous les objets qui concernent l'agriculture. Nous nous attacherons à publier un *Bulletin commercial* très étendu et puisé aux sources les plus exactes. Nous donnerons aussi un bulletin de la Bourse de Paris, où les cours seront raisonnés. Nous tenant bien loin de l'agiotage, nous indiquerons à nos lecteurs les valeurs sûres et sérieuses qui offrent un placement avantageux.

Nous prions nos lecteurs de ne pas attendre la fin de l'année pour renouveler leurs abonnements, afin de nous permettre d'établir, dans notre service, la régularité qui a toujours présidé aux expéditions des livraisons pendant le cours de cette année

Les personnes qui veulent se réabonner n'ont qu'à employer la même voie que précédemment, soit en s'adressant aux journaux des départements, auxquels ils sont abonnés, soit en envoyant un mandat de poste au nom de M. L. Favre, à la librairie Sagnier, place de l'Odéon, 8, à Paris.

Le prix de l'édition hebdomadaire est de 6 FRANCS par an.

Le prix de l'édition mensuelle est de 4 FRANCS par an.

Ces prix sont réduits à 5 FRANCS et à 3 FRANCS pour nos anciens abonnés qui se feront inscrire avant le 1er janvier prochain.

NOUVELLES AGRICOLES.

Les faits qui, le mois dernier, se sont produits dans le monde agricole, ne sont pas très-nombreux. La *cocotte*, ou maladie aphteuse, a sévi en Angleterre et en France. Nous publions un excellent article sur cette maladie qui cause périodiquement de si grandes pertes aux éleveurs. Il y a là encore beaucoup à faire, d'abord arrêter la propagation de la maladie par des mesures sanitaires, puis donner les soins aux animaux malades, sans laisser faire la nature qui a besoin d'aide, surtout pour les animaux retenus à l'étable. Les éleveurs de la Nièvre et de l'Yonne ont été très-éprouvés par cette maladie. Nous avons heureusement à constater une décroissance marquée dans la marche de l'épidémie.

Le typhus, dont on se croyait débarrassé, a reparu à Hambourg et s'est montré à Moscou, au moment où s'ouvrait un concours de l'espèce ovine. Il va sans dire qu'à Hambourg, comme à Moscou, des mesures immédiates ont été prises pour empêcher la propagation du fléau. Le concours a été ajourné et les animaux malades ont été abattus.

Le Ministre de l'Agriculture a interdit d'une manière absolue l'importation en France, soit pour la consommation, soit pour le transit, des bêtes bovines (taureaux, bœufs, vaches, veaux, bovillons, taurillons et génisses) de la race grise des steppes, et des mêmes animaux de toute race provenant de Russie, Allemagne du Nord, Autriche-Hongrie et principautés danubiennes.

Les bêtes bovines, autres que des provenances ci-dessus désignées, continueront à être adressées à la consommation et au transit; mais les introductions ne pourront être effectuées qu'après vérification rigoureuse de l'état sanitaire des animaux et seulement par les bureaux de Turcoing, Longwy,

Emberineuil, Givet, Jaummont, Calais, le Havre , Nice , Marseille, Fontau, Mont-Genève (route de Briançon), Modane , Bellegarde, Verrières de Joux, Belfort.

Restent admissibles pour tous bureaux sans visite préalable les animaux de provenance algérienne et espagnole.

Il n'y a pas à hésiter devant le typhus, il faut lui opposer un cordon sanitaire. C'est le seul moyen de se mettre à l'abri du fléau.

Il est un ennemi dont nous ne pouvons délivrer nos vignobles du Midi et dont la marche envahissante ne peut être arrêtée. C'est le *phylloxera*. Jusqu'à présent, il s'est joué de tous les remèdes. Ce ne sont pas cependant les procédés de destruction qui manquent; nous les comptons par dizaines, mais ils n'en valent pas un bon. En voici encore de nouveaux ; seront-ils plus efficaces ? Nous le souhaitons :

Voici le procédé conseillé par M. le Lichtenstein :

« Dès qu'on a constaté sur un point de vignoble la présence du *phylloxera*, ce qui est très-facile à voir en mai (au moins dans le département de l'Hérault), il faut enfouir à 0^m, 10 ou 0^m, 15 sous terre tous les sarments assez longs ou assez souples pour se prêter à cette opération, en pratiquant quelques entailles ou enlevant l'épiderme sur quelques points. Un mois après, il se sera formé des bourrelets charnus autour des blessures, et de petites radicelles commenceront à se montrer ; toutes ces parties seront bientôt couvertes de très-petits *phylloxera*, car l'insecte, fort agile au sortir de l'œuf, court sur terre ou sous terre à la recherche d'une nourriture plus fraîche et plus succulente que la racine épuisée où a vécu la génération précédente. Il n'y a alors qu'à soulever la partie du sarment enfouie, tailler avec un sécateur le bout couvert d'insectes et le brûler.

« Un grand propriétaire du canton de Castries, M. C. Cambon, perfectionnant encore mon idée, par le buttage de la terre autour du cep jusqu'à la hauteur du collet, a eu, sur les souches complétement phylloxérées, une récolte abondante. Deux autres propriétaires, MM. Pomier-Layrargues et Edm. Castelnau, ont constaté, sur des provins enfouis au mois de juin, d'innombrables légions de tout petits *phylloxera*.

« Enfin, cette année-ci, beaucoup de propriétaires vont, dès à présent, enfouir les sarments dans leurs vignes atteintes afin de voir si encore, avec les beaux jours des automnes méridionaux, la sève est assez active pour développer des radicelles, et si les *phylloxera* qui hivernent s'y rendront. »

M. Rainaud procède d'une autre façon pour se délivrer du *phylloxera*. Il déchausse les souches des vignes et met au pied de chaque cep 2 à 3 kilogrammes d'un mélange de résidus des moulins à huile d'olive et d'un centième de sel marin. Puis il remet la terre en place.

M. Louvet se prononce pour l'emploi du sulfure d'arsenic (orpiment); on se sert de cette subtance dans l'Inde pour se débarrasser des insectes qui pullulent dans cette région.

M. Guillier propose un mélange de cendre de bois de vigne saine de suie, de sable de rivière, d'eau de lessive, d'essence de térébenthine et d'ammoniaque.

M. Ajot se contente d'arroser les vignes malades avec de l'urine.

Le conseil général de l'Hérault a cru devoir encore stimuler le zèle des chercheurs de remèdes, en s'engageant à ajouter la somme de 10,000 francs au prix de 20,000 francs proposé par le gouvernement pour la découverte d'un spécifique ou d'un procédé quelconque, d'un caractère pratique accessible à la généralité des cultivateurs, à l'effet de combattre victorieusement le fléau du *phylloxera*.

Sur cette somme, la moitié, soit 5,000 fr., sont offerts, sans conditions autres que celles qui ont été spécifiées et pourraient l'être par l'Etat au prix de 20,000 fr.

La seconde moitié ne serait fournie par le département de l'Hérault qu'autant que dix-neuf autres départements se seraient engagés à ajouter aux 20,000 fr. de l'Etat une somme totale qui représentât la deux cent cinquantième partie du principal de leur contribution foncière, de même que 10,000 fr. représentant en nombre rond le deux cent cinquantième du principal de la contribution foncière de l'Hérault.

Il est évident que si les vingt départements votent chacun une somme de 10,000 francs, on aura alors un prix qui pourra tenter plus d'un savant. Rappelons que la production moyenne du vin en France, chaque année, est de 71 millions d'hectolitres, soit, à 23 francs l'hectolitre, 1 milliard 600 millions de produit. Offrir 400,000 francs pour trouver un procédé afin de détruire un ennemi qui menace de détruire cette production n'a donc rien d'exagéré.

Les étrangers espèrent se préserver du *phylloxera*, en nterdisant, jusqu'à nouvel ordre, l'importation et le transit des plants de vigne provenant des pays infectés. Mais ce petit insecte, d'origine américaine, qui a trouvé moyen de traverser l'Océan et de venir se répandre dans nos vignobles, ne se laissera pas arrêter par des lignes de douane. Le meilleur moyen est de trouver, comme pour l'oïdium, un remède de destruction.

Les terribles ravages exercés par les insectes ont attiré l'attention, même des gens du monde, sur la curieuse exposition d'insectes qui, le mois dernier, a eu lieu à Paris.

Le local affecté à cette exposition, qui s'est tenue au Luxembourg, était un peu restreint.

Au rez-de-chaussée était installé tout ce qui se rattache à l'industrie des abeilles. On y voyait des alvéoles, des rayons de miel, puis du miel coulé, de la cire fondue et toutes les applications auxquelles le miel peut donner lieu, comme le nougat, le pain d'épices, les bonbons, la cire blanche, etc.

L'Association centrale d'encouragement pour l'apiculture, en Italie, avait envoyé de Milan une collection très-complète de toutes les innovations apportées en Italie dans la culture du miel et l'élevage des abeilles.

Au premier étage étaient exposés dans des vitrines les insectes utiles et nuisibles. Trois vitrines étaient affectées aux premiers, tandis que les autres en occupaient jusqu'à vingt-quatre : insectes nuisibles aux arbres fruitiers, destructeurs des bois, feuilles ; insectes nuisibles aux plantes fourragères, industrielles, médicinales, potagères, céréales ; insectes rongeurs de bois de construction, et enfin insectes nuisibles aux animaux et surtout à l'homme.

La distribution des récompenses a eu lieu le 21 octobre, dans l'orangerie du Luxembourg, sous la présidence de M. Ducuing, député. Les principaaux lauréats ont été :

MM. Dillon, de Tonnerre, médaille d'or du ministre de l'agriculture, pour sa magnifique collection d'insectes nuisibles et utiles ; Bonnefon et le syndicat séricicole de Ribérac (Dordogne), pour leurs grainages purs de belles races de nos vers à soie ; Emile Beuve (Aube) et Cheron (Seine-et-Oise), pour leur belle exposition du produit des abeilles. Une médaille d'or a aussi été obtenue par M. Seurbille, instituteur à Souillac (Corrèze), pour la grande destruction d'insectes nuisibles exécutée par les élèves de son école. D'autres instituteurs ont obtenu des médailles, et quelques-uns des primes pour l'enseignement de l'insectologie agricole.

Ce qui nous frappe surtout dans la liste des lauréats, ce sont les instituteurs qui ont fait exécuter de grandes destructions d'insectes par leurs élèves. C'est un fait qui doit engager les inspecteurs des écoles primaires à insister pour que tous les instituteurs suivent ces exemples. Quels immenses services les instituteurs ne rendraient-ils pas à l'agriculture, à l'horticulture et à la silviculture, s'ils parvenaient à obtenir que leurs élèves protégeassent les petits oiseaux et détruisissent les insectes nuisibles! Cela est pourtant bien facile. On le peut, il n'y a qu'à le vouloir.

L. F.

LES VINS.

Le *Moniteur vinicole* donne les renseignements suivants, sur la situation de nos principaux vignobles :

L'an dernier, le canton de Béziers avait récolté deux millions d'hectolitres de vin ; cette année, la récolte s'est élevée à plus de trois millions, c'est-à-dire qu'elle a dépassé la moyenne d'une bonne vendange.

Dans le Narbonnais, en présence de la faiblesse relative de la récolte et de la qualité exceptionnelle du vin, les prétentions du vignoble sont assez élevées ; aussi le commerce, qui tente de lier quelques affaires dans le département de l'Aude, y renonce-t-il bientôt, et passe-t-il vivement dans le Gard ou l'Hérault.

Dans le Bordelais, les vins qui ont été récoltés prématurément feront de bons vins marchands : mais il est aujourd'hui incontestable que les vins des dernières cuvées seront bien supérieurs.

Les vins blancs sont partout magnifiques de qualité.

Les vignobles de l'Entre-deux-mers ont donné une récolte moyenne en vins rouges et une abondante récolte en vins blancs, ces derniers sont très-demandés et s'expédient en quantité.

Les transactions depuis quelques jours, au moins en ce qui concerne les 1872, sont moins actives. On attribue ce recul aux propriétaires, dont les prétentions augmentent de jour en jour ; ils savent que le centre de la France, Orléanais, Blaisois, Berry, n'aura cette année que le vin nécessaire à la consommation locale, et ils espèrent que le Bordelais sera chargé de combler les vides résultant de la faiblesse de la récolte dans les localités éprouvées. Nous le croyons, en effet, comme eux, mais à la condition de prix abordables, sinon le commerce tournerait ses vues ailleurs et les propriétaires bordelais pourraient s'apercevoir, mais un peu tard, qu'ils ont fait fausse route.

Constatons en passant que dans le Maine-et-Loire on a fait la moitié ou plutôt les deux tiers d'une bonne récolte.

Traversons la France de l'Ouest à l'Est, et constatons que dans la Meuse la vendange a été très-belle. Dans l'arrondissement de Bar-le-Duc, on a récolté dans certains vignobles de 100 à 120 hectolitres de vin à l'hectare, ce qui n'empêche pas des transactions actives et des prix bien tenus.

Dans la Bourgogne la récolte a été très irrégulière, elle a varié de un tiers à deux tiers d'une récolte ordinaire, et cette irrégularité se produit de canton à canton.

UN MOT SUR LA COCOTTE.

La cocotte est une maladie éruptive, contagieuse, épizootique, attaquant les ruminants et le porc. Elle se caractérise par le développement d'aphthes dans la bouche, le nez, quelquefois dans l'intestin et aux trayons, presque toujours à l'origine des onglons.

L'histoire de la cocotte est entièrement liée aux causes qui la produisent; cette histoire est aussi obscure que les causes mal déterminées; à n'en pas douter, la fièvre aphtheuse, comme les autres maladies contagieuses, se développe chez les premiers sujets affectés à la suite d'ingestion de fourrages altérés, couverts de certaines moisissures, et dont le développement tient à des conditions spéciales du sol et de l'atmosphère, ou à l'absorption par les voies respiratoires de ces mêmes microphytes flottant dans l'air. Quelles que soient les entraves apportées en haut lieu à l'admission de cette cause unique des maladies contagieuses, elle gagne de jour en jour du terrain sur les vieilles théories miasmatiques, qui ne disent rien en voulant tout expliquer. Il est même probable, quand on considère la constance avec laquelle la cocotte progresse et s'étend en France de l'Est à l'Ouest, que son berceau est dans l'immense bassin du Danube, comme celui du typhus est dans les bassins du Dniéper et du Dniester. Il paraît plausible d'admettre que les conditions de milieu qui président à la manifestation de la fièvre aphteuse sont plus particulièrement réunies dans la Moldavie, la Valachie, l'Autriche, la Prusse et les Etats d'Allemagne.

Quoi qu'il en soit, la cocotte cause un immense préjudice à la fortune agricole; elle se montre en France assez régulièrement une fois tous les vingt ans, sévit sur le quart de la population du gros bétail, soit 2.500,000 têtes; or, à supposer que les pertes résultant de la mortalité, du dépérissement, de l'improductivité, soient seulement de 40 fr. par tête, le total s'élève à cent millions tous les vingt ans, pour la France et l'espèce bovine seulement.

Les *caractères* auxquels on reconnaît la fièvre aphtheuse sont excessivement tranchés : c'est d'abord l'écoulement par la bouche d'une bave écumeuse, abondante, quelquefois striée de sang. Cette bave coïncide avec un peu de tristesse, d'inappétence, d'irrégularité dans la rumination et dans la secrétion du lait; elle correspond à l'éruption, dans la bouche, le nez, sous les onglons, de vésicules aux dimensions variables, contenant un liquide d'abord limpide, puis opalin.

Immédiatement après l'apparition de ces vésicules, la fièvre s'abat peu à peu; les phlyctènes s'ouvrent, l'épithélium soulevé de la muqueuse se détache, et le derme de cette membrane reste dénudé pendant quelques jours; ce sont ces boutons d'abord, ces plaies ensuite qui empêchent les animaux de manger, parce qu'ils rendent impossible la préhension des aliments et la rumination.

Quand des ampoules se développent sur les mamelles, ces organes deviennent très douloureux; la traite est difficile ou impossible; le pis tuméfié peut devenir le siège d'abcès, et un ou plusieurs trayons se tarir par induration de la glande. Les vésicules qui se développent entre les doigts sont les plus graves, en raison des désordres qu'elles occasionnent; à mesure qu'elles parcourent leurs phases successives, l'ongle se décole et peut tomber en entier avec l'os du pied. Dans tous les cas, il en résulte des boiteries longues à guérir, qui rendent les animaux improductifs en retardant l'engraissement.

La *contagion* de la cocotte est incontestable, elle est même d'une très grande subtilité; les animaux contaminés qui échappent à ses atteintes sont rares. Les mêmes sujets peuvent être affectés deux fois à assez proches intervalles, ce qui est un caractère spécial et même exceptionnel de cette maladie contagieuse. La transmission se fait à distance. Les bœufs la communiquent très bien aux porcs, aux moutons, aux chèvres. Elle peut être transmise par l'intermédiaire des bouviers ; par des fourrages imprégnés d'émanations contagifères ; par les contacts indirects que les animaux ont entre eux dans les foires, aux abreuvoirs communs et ailleurs. Il est hors de doute, aujourd'hui, grâce aux observations multiples faites sur différents points de la France, que le lait peut devenir un élément redoutable de la contagion, lorsqu'il l'exerce sur de jeunes animaux encore à la mamelle, et chez lesquels la terminaison par la mort est assez fréquente.

L'usage du lait doit-il donc être proscrit ?

En ce qui concerne l'alimentation de l'homme, on peut dire qu'il est inoffensif, sauf le cas où il est strié de pus ou de sang. Et puis, il est un moyen très simple de le rendre parfaitement innocent ; il consiste à soumettre, pendant quelques minutes, le lait à l'ébulition. Sous l'influence de cette opération, les éléments vivants de la virulence meurent ou perdent l'aptitude à la prolifération. Les jeunes veaux, qui meurent si souvent lorsqu'on les laisse succer le lait à la mamelle de leurs mères malades, peuvent prendre sans danger ce même lait bouilli ; exposés aux autres causes de contagion, ils prendront la maladie, mais avec plus de chances de guérison que s'ils étaient inoculés par le lait. C'est, qu'en effet, les deux genres d'inoculation sont tout différents.

En résumé, le lait peut être utilisé sans danger, s'il est purifié par l'action de la chaleur. Quant aux stries du sang provenant des vésicules des trayons, on peut les éviter en trayant les vaches sans exercer de pression, c'est-à-dire au moyen de tubes trayeurs, ou seulement de plumes de poules ou de canards préparées à cet égard.

Mille faits prouvent que la viande d'animaux sacrifiés dans le cours de l'affection peut être livrée à la consommation, elle ne possède aucune propriété malfaisante ; il n'y a jamais lieu d'en prescrire l'utilisation.

Y a-t-il lieu de traiter les animaux atteints ?

C'est malheureusement un préjugé assez répandu dans les campagnes, que la fièvre aphteuse ne nécessite aucun soin ni traitement ; il en résulte que les animaux sont malades pendant trente ou quarante jours ; ils dépérissent considérablement et sont dans l'impossibilité de travailler ; les vaches se tarissent ; les jeunes veaux et les porcs succombent à l'ingestion d'un lait vicié, et les travaux les plus urgents restent à faire. Tandis qu'on pourrait, par des soins hygiéniques judicieusement prodigués, hâter la guérison des plaies de la bouche ; par un régime approprié, rétablir la rumination , et par un traitement rationnel, calmer l'inflammation des pieds, arrêter le décollement des ongles et en accélérer la restauration ; on pourrait ainsi toujours supprimer les dangers de mort ; on devrait enfin, par les désinfections répétées, purifier les étables et atténuer l'intensité d'un mal à venir chez les animaux qui couvent l'affection.

En résumé, et soit dit dans l'intérêt des agriculteurs, il y a bénéfice pour eux à faire traiter les animaux atteints de la cocotte.

A. Bonnaud, vétérinaire.

RACE CHEVALINE EN FRANCE,
D'après M. Michel.

Trois millions de têtes.

Race flamande. — De trait, haute de taille, formes épaisses, et mollesse d'allure.

Race boulonaise. — De trait, grande, fortement charpentée, jambes courtes, et propre au trot.

Race normande. — De selle et d'attelage.

Race bretonne. — Petite, de selle et d'attelage, fine, et dure au travail.

Race percheronne. — Moyenne grandeur, gris pommelé, et croupe large.

Race poitevine. — Propre au croisement avec l'âne.

Race comtoise. — De trait et d'attelage.

Race limousine et auvergnate. — De selle, de taille médiocre, et rustique.

Race landaise. — Petite, robuste, sauvage, et vivant de peu.

Race pyrénéenne. — Agile, et propre à la cavalerie légère.

Race de la Camargue et de la Corse. — Petite, rustique, et à demi-sauvage.

RACE BOVINE EN FRANCE,
D'après M. Michel.

Quinze millions de têtes.

Race flamande. — Pelage rouge-brun, taille élevée, et excellente laitière dans l'Artois, le Nord, la Picardie et la Brie.

Race normande. — Bonne laitière, et amples de formes.

Race mancelle. — Propre au labourage et à la boucherie, mais mauvaise laitière.

Race bretonne, — Pelage noir et blanc, petite de taille, douce, sobre, bonne laitière, et donnant peu de viande.

Race comtoise. — Rustique, sobre et trapue.

Race charollaise. — La meilleure de nos races, grande, excellente laitière, de trait et de boucherie.

Race de Salers ou auvergnate. — Rustique et dure au travail.

Race limousine. — Grande et forte.

Race parthenaise. — Forte race de travail et d'engraissement.

Race basadaise, béarnaise et gasconne. — Peu productive en lait.

LES COMMANDEMENTS DE L'AGRICULTURE,
par M. Calmard de la Fayette.

1° Epierrer. — C'est-à-dire purger la surface des terres des pierres, graviers ou pierrailles qui rendent tout bon labour impraticable, et ne permettent même pas de faucher un fourrage artificiel.

2° Défoncer et mieux labourer. — Fouiller les terres épierrées.

Approfondir la couche arable au moyen des labours, c'est-à-dire par la pioche, le pic, la bêche ou la grande charrue suivie d'une fouilleuse.

En même temps extraire du sol les pierres perdues et les fragments, blocs ou dents de rocher, dont la présence interdit l'emploi des instruments perfectionnés et l'exécution de toutes les façons minutieuses.

3° Assainir. — Dessécher les terres mouillées, humides ou marécageuses, soit à l'aide de fossés à ciel ouvert, soit à l'aide de tranchées ouvertes constituant ce qu'on appelle un drainage, soit à l'aide de tout autre système d'écoulement des eaux surabondantes et par cela même nuisibles.

4° Amender. — Corriger et compléter un sol, en y transportant, pour les y mêler, d'autres terres de nature différente.

Fournir ainsi au sol, dans des proportions judicieusement dosées, les principes utiles dont il est plus ou moins dépourvu.

Par exemple, chauler ou marner, pour donner à un champ les principes calcaires ou argilo-calcaires dont il peut avoir besoin.

5° Accroître ou perfectionner les fumures. — Traiter plus convenablement les fumiers de ferme qu'on recueille déjà.

Utiliser tous les précieux agents de fertilité qu'on laisse trop souvent se perdre.

Demander au commerce et à l'industrie les engrais artificiels que chaque localité peut fournir à des prix parfois très-avantageux, tandis qu'on méconnaît leur valeur, faute d'en faire un premier essai.

6° Assoler. — Introduire dans la culture, d'après les règles du bon sens, de l'expérience et de la science, une rotation.

Or, une rotation est une succession de récoltes diverses qui, permettant de supprimer à peu près généralement la jachère, ne demande pas constamment à un même sol une même nourriture pour les besoins d'une même production, et qui, en conséquence, fasse succéder à une plante exclusivement épuisante une plante améliorante par elle-même.

7° Multiplier de plus en plus les fourrages. — Par la création de prairies nouvelles.

Par une irrigation plus parfaite.

Par de bonnes fumures administrées aux autres prairies.

Par l'extension donnée aux prairies artificielles.

Par l'introduction graduelle des racines fourragères.

Ces racines fourniront au bétail de grandes masses de nourriture.

De plus, elles feront donner à la terre les nombreuses façons qu'exigent les cultures sarclées, cultures sans lesquelles il n'y a pas de sol suffisamment ameubli et nettoyé.

8° Augmenter le nombre et améliorer la qualité des bestiaux. — Principalement par les soins donnés à l'élevage de la jeunesse et par le bon choix des sujets destinés à la reproduction.

Faire cela dès que l'accroissement des produits destinés à la nourriture des animaux permet de les bien nourrir, et d'en obtenir ainsi plus de travail, de laine, de lait, de viande et de fumier.

9° Simplifier les travaux et améliorer les façons. — Par l'introduction des instruments perfectionnés qui, faisant mieux, plus vite et à meilleur marché, suppléent au défaut trop fréquent et toujours croissant de la main-d'œuvre.

10° Mieux administrer. — Gouverner l'exploitation avec suite et d'après un plan arrêté à l'avance.

A cet effet, répartir avec réflexion ses efforts suivant les besoins les plus pressants.

Ne pas laisser de force sans emploi.

Employer constamment, et à la meilleure besogne, les gens, les animaux et les instruments.

Tenir une comptabilité, si sommaire et si élémentaire qu'elle soit.

Partout où on le peut, bénificier des avantages offerts à tous par d'utiles institutions publiques, et, par exemple, par les associations de tout genre, par les lectures communes, par les enseignements professionnels, par les cours spéciaux, par les assurances, par les réunions agricoles, par les congrès, par les sociétés savantes et par les comices.

(*Société nationale d'agriculture d'Angers.*)

LE PETIT JACQUES BUJAULT.

PLAINTES DE LA TERRE. — Le cultivateur me fait bien du chagrin.

Non-seulement il sème un blé qui, n'ayant pas été nettoyé, pourrit ou donne un mauvais grain, mais encore il fait succéder une avoine à un froment.

Que dis-je ? Il sème toujours du grain sans fumer et sans rien me donner.

Dans son jardin, toutes les années, il change de carrés pour l'ognon, l'ail et le potage, et, dans les champs, il ne met de suite ni deux sainfoins, ni deux luzernes, ni deux trèfles.

C'est bien, mais il sème l'un après l'autre deux grains, **ou** plutôt sème toujours du grain, si bien que ça m'épuise, et qu'il n'a rien.

La mauvaise herbe me mange, vient toujours et tue son blé.

Que ne la fait-il pourrir, en me mettant en pré !

Quand, me fumant bien, il ne sème qu'un blé, ou quand il rompt un pré, je donne triple récolte, paille longue, beaux épis et grain pesant, rendant ainsi en un an plus qu'en quatre.

Mon Dieu, je ne demande pas à me reposer, et même je veux toujours marcher, mais en marchant, toujours changer de richesses.

Jamais deux grains de suite : ça m'écrase, et autrement je ne pourrai nourrir tous mes enfants.

Qu'on dise donc à ceux qui me prennent à rebours que, revêche et têtue, je suis maligne comme un diable, qu'il faut m'obéir pour que je donne, et que, pour tout obtenir de moi, il est indispensable de me connaître.

Je les entends crier : la terre ne vaut rien ; mais ce sont eux qui ne valent rien.

J'ai vingt espèces de sucs : un pour le grain, un pour la pomme de terre, un pour la betterave, un pour le sainfoin, un pour le colza, etc.

Quand un suc est épuisé, il faut lui donner le temps de se refaire.

Quand on a trait la vache, on attend le lait à revenir.

Hormis le pré, tout vient à merveille sur le sol en pré qu'on a rompu, car mes vingt sucs sont là.

Alors, on peut faire deux froments de suite, en les fumant.

Mais quand le cheval est fatigué, on le laisse reposer.

Quand la charrette a roulé, il faut la graisser.

J'ai, je crois, bien parlé ; j'ai dit la vérité, et l'on doit m'écouter.

DEFRANOUX.

HORTICULTURE

CALENDRIER HORTICOLE DE LA SOCIÉTÉ D'HORTICULTURE DE NANTES.

NOVEMBRE. — *Travaux généraux.* — Tous les travaux de culture sont maintenant terminés. On continue à disposer les terres pour le printemps. On fume et on bêche celles qui sont sèches et légères. Les terres fortes gagnent beaucoup à passer l'hiver en gros sillons, ainsi que nous le faisons remarquer de nouveau.

On ne doit pas négliger de ramasser les feuilles tombées, et de les convertir en terreau, au moyen de la chaux vive nouvellement délitée ; ce mélange se fait en stratifiant les feuilles avec la chaux et en remuant le tas de temps en temps. Ce terreau s'utilise lors des plantations : on le mêle avec la terre du jardin.

Arbres fruitiers. — On peut commencer dans ce mois les plantations dans les sols legers. Dans les sols argileux et humides, au contraire, il vaut mieux attendre la fin de l'hiver, ce qui n'empêche pas d'ouvrir, en automne, les trous destinés à recevoir les arbres, parce que la terre qu'on a retirée s'aérant et s'ameublissant pendant la saison froide, la reprise des arbres sera beaucoup plus assurée. Le même motif doit engager à commencer aussi dans ce mois le défoncement des terrains destinés à être convertis en vergers. Cette opération est fort utile, même dans les sols les plus fertiles ; elle est de toute nécessité lorsque le sous-sol est de nature à retenir l'eau ou à ne se laisser pénétrer que difficilement par les racines des arbres. Dans ce cas, le défoncement doit s'exécuter à soixante-cinq centimètres au moins ; sans cela, on ne doit attendre qu'une végétation misérable des arbres qu'on y plantera.

On arrachera les arbres usés, et l'on changera la terre, afin de pouvoir les remplacer. Il est à remarquer qu'il est bon de ne pas mettre dans le même endroit un arbre de la même espèce. Toutes les fois qu'il est possible de garnir le fond des trous avec des pelées de gazon ou avec du terreau bien consommé, on doit le faire pour assurer le succès de la plantation. Dans tous les cas, il faut que la terre la plus fertile, c'est-à-dire celle qui était à la surface, de même que celle qui constituait les premières couches du terrain avant l'ouverture des trous, soit mise en contact immédiat avec les racines, et que la moins bonne, celle qui provient du fond du trou, soit placée à la surface; où elle finira par s'améliorer, sous l'influence de l'air, de la lumière et des amendements.

Si parmi les arbres il s'en trouve de très forts, qu'on désire changer de place, il faut pratiquer tout autour une rigole circulaire, assez profonde pour atteindre les dernières racines ;

on a soin de ménager une motte proportionnée à la dimension de l'arbre. Cette motte doit être arrosée abondamment le soir, lorsqu'on prévoit une forte gelée pendant la nuit : le lendemain la terre forme une masse compacte, qu'il est facile d'enlever et de transporter sans inconvénient. On se rappellera que, hors le cas qui vient d'être indiqué, les plantations ne doivent jamais se faire pendant qu'il gèle, si l'on ne veut s'exposer à des mécomptes.

Le mois de novembre convient pour la pose des tuteurs et pour commencer la taille des vieux arbres à fruits à pepins et des poiriers et pommiers en espalier.

Potager. — Nous rappelons que c'est le moment de planter les pommes de terre, ainsi que nous l'avons déjà dit au mois d'octobre : *MM. Leroy-Mabille* et *de Rainneville* recommandent d'employer de préférence des tubercules entiers de la grosseur d'un œuf, qu'il faudra choisir parfaitement sains.

C'est aussi dans ce mois que l'on commence sérieusement les travaux de primeur, et, pour les mener à bien, il faut avoir sous la main une provision de fumier assez considérable, comme nous l'avons déjà dit ailleurs.

Dès les premiers jours, on chauffe les asperges blanches, et on continue d'en chauffer de vertes ; on continue également de repiquer sur ados et sous cloches de la romaine, des laitues noires, gottes, georges, grises et rouges, semées dans le mois précédent. On commence à faire des couches pour planter les premières laitues noires repiquées sur ados. On plante en côtière, et même en plein carré dans des sillons, les choux d'York, pain-de-sucre et cœur-de-bœuf, et quand la gelée devient menaçante, on pose une poignée de litière sur chaque pied. On plante encore l'oignon blanc à demeure. S'il gèle à trois degrés, on coupe le restant des choux-fleurs d'automne ; on couvre de litière la scarole et les tranchées de céleri.

Vers le commencement de ce mois, on coupe, à trois centimètres du collet, les feuilles de la chicorée sauvage ; on relève les plantes pour les disposer par rangs sur de nouvelles planches ; elles ne tardent pas à pousser vigoureusement. Lorsqu'on veut la faire blanchir, on étend un lit de paille sur la planche, on la recouvre de terre prise dans les sentiers. Au bout de huit jours, on obtient de la chicorée excellente, qui peut remplacer la scarole et la barbe de capucin. En opérant par portion et successivement, on peut jouir de cette salade pendant tout l'hiver.

Quand la gelée augmente, on étend des paillassons sur les couches et sur les ados couverts de cloches ; on rentre les cardons dans une serre ou dans une cave à l'abri de la gelée. Il faut aussi prendre toutes les précautions possibles pour préserver les jeunes plants de la rigueur de la saison.

Enfin on hasarde des pois hâtifs de Chantenay, dans l'espoir de les voir réussir.

Parterre. — On retire les dahlias de terre ; on couvre de sable les souches de plantes délicates ; on débarrasse complètement le terrain des plantes annuelles au fur et à mesure qu'elles cessent de fleurir.

Novembre est l'époque la plus favorable pour la plantation de toutes sortes d'arbres d'agrément, à l'exception des arbres résineux, qu'il est plus avantageux de planter au printemps. On opère le recepage des rosiers du Bengale.

Cette époque convient également pour la plantation des pivoines, si on veut ne pas compromettre la floraison de la première année.

Si on avait remis jusqu'à ce moment la plantation des tulipes, jacinthes, renoncules et autres plantes bulbeuses ou à griffes déjà indiquées, il faudrait s'en occuper dans les premiers jours du mois.

Les œillets ne redoutent pas le froid ; mais l'humidité les tue : il faut donc les garantir de la pluie, en plaçant les pots sur des gradins au nord, sous une espèce de toiture mobile en paillassons ou en toile peinte, où on les laissera jusqu'au mois de mars.

Voici le moment où l'on arrache les églantiers ; on peut les mettre en place de suite ou les conserver en jauge, de manière que les tiges reposent sur le sol, et qu'on puisse les couvrir aisément de feuilles mortes ou de paille. On prévient, par ce moyen, le dessèchement de l'écorce par la gelée et le hâle, et l'on s'assure de bons sujets pour recevoir la greffe.

M. Mouniot coupe la souche des églantiers, lorsqu'elle est trop forte ou trop développée, de manière à en faire une espèce de crossette : cette opératioen ne nuit en rien à la reprise de ces plants : car la souche ainsi rognée ne tarde pas à pousser de nouvelles racines.

Orangerie et Serres. — On ne chauffe l'orangerie que pendant les froids les plus intenses. On y rentre les résédas, héliotropes, pétunias et autres plantes, qui jusqu'alors avaient pu être conservées en plein air.

Enfin on humecte souvent, mais avec modération, le beau feuillage des camélias.

LES PLANTATIONS D'ARBRES FRUITIERS SUR LES ROUTES ET LES CHEMINS DE FER

D'après M. Baltet.

Avec ses banquettes, ses talus et ses terrains d'emprunt, un chemin de fer offre un champ tout naturel à l'industrie fruitière.

Déjà, en France et en Belgique, des compagnies ont livré leurs lignes à une société qui se charge de les clore en arbres fruitiers.

Les résultats obtenus dessillent les yeux des incrédules.

La société Tricotel et compagnie, et la maison Baltet, frères, de Troyes, ont exposé au Champ-de-Mars, la première, son système de clôture au moyen d'arbres disposés en V ouvert, et la seconde, divers modes d'obtention de haies d'arbres à fruit.

Les sujets à planter sur les talus ne réclament aucun soin de taille et de palissage, à l'exception des vignes.

Les cerisiers et les pruniers pourraient fort bien rester en touffes non taillées.

A peine faudrait-il donner quelques coups de sécateur soit aux pommiers, aux groseillers et aux framboisiers, soit aux pêchers et aux abricotiers en demi-tige ou en boule.

La fraise joue un certain rôle dans l'alimentation publique, car nous la voyons entrer à Paris sur le pied de dix millions de kilogrammes.

Sans trop charger les frais de culture, on pourrait la récolter sur les talus ou sur les terres d'emprunt.

Nous préférerions, quant à nous, planter en pépinière dans les terres d'emprunt.

Le projet de barrières couvertes de fruits a donné lieu à des objections dont la principale est le maraudage.

Mais, plus il y aurait de fruits, moins on en pillerait.

La fumée des locomotives ne constituerait point un obstacle sérieux à la plantation des voies ferrées.

On a parlé du tremblement du sol occasionné par le mouvement des trains: un pareil argument ne se discute pas.

A proximité des centres de population, nous admettons la plantation, sur les routes, d'arbres à produits industriels non comestibles.

Ailleurs, nous réclamons des poiriers, des pommiers, des arbres à cidre, des merisiers à kirsch, des pruniers à fruits de conserve, des noyers, des amandiers, des châtaigniers, des cormiers, etc., suivant la nature du sol et du climat,

Il va sans dire que nous voulons des sujets de haute tige dont le branchage ne gêne pas la circulation.

L'idée n'est pas nouvelle, car l'Allemagne, la Suisse et plusieurs de nos départements sont sillonnés de routes fruitières dont les récoltes sont autrement rémunératrices que l'élagage décennal des arbres forestiers.

En effet, au bout de quatre ans de plantation, on a vu la vente sur pied des fruits d'un chemin vicinal du Haut-Rhin payer les frais d'installation et d'entretien.

(Revue horticole).

OPINION DE M. LEPERE SUR LE BLANC DES RACINES DU PÊCHER.

A Montreuil, on ne peut conserver les pêchers plus d'une dizaine d'années.

C'est surtout dans les terres légères qu'on est exposé aux atteintes du champignon qui en cause bientôt le dépérissement et la mort.

On emploie un mode de plantation qui produit généralement de bons résultats.

On dispose la terre en butte, dans laquelle on plante de telle sorte que les racines se trouvent au-dessus du niveau général du sol.

L'arbre ainsi planté a une bonne végétation, tant que ses racines restent dans la terre de la butte.

Quand elles pénètrent plus profondément, elles sont presque toujours atteintes du blanc.

Les terres calcaires échappent d'ordinaire au blanc.

(Société centrale d'Horticulture.)

L'ÉPOQUE LA PLUS CONVENABLE POUR LES SEMIS DES NOYAUX DE PÊCHE,

D'après M. DE MORTILLET.

Epoque des semis. — Le mieux est de confier les noyaux à la terre, au fur et à mesure de la maturité des pêches.

A l'entrée de l'hiver, vous couvrirez la terre qui les aura reçus d'une litière longue qui empêchera la gelée d'atteindre ceux dont la germination serait commencée.

Ne voulant pas semer dès la maturité de la pêche, vous pouvez conserver les noyaux dans un lieu sec et aéré, les stratifier à l'entrée de l'hiver, de la manière qui sera tout à l'heure indiquée, et les semer en mars.

Vous pouvez semer en place ou en pépinière.

Dans le premier cas, préparez votre terrain comme s'il s'agissait de planter un arbre.

Dans le second cas, choisissez un bon terrain de consistance moyenne, et plutôt léger que fort.

Défoncez-le, amendez-le, et tracez des rayons espacés de cinquante centimètres.

Cela fait, semez les noyaux à trente centimètres dans la ligne, si, ce qui est préférable, vous voulez transplanter l'année suivante.

Semez à quarante centimètres sur quatre-vingts, si les plants doivent occuper le sol pendant au moins deux ans.

Les noyaux seront placés la pointe en bas, et enterrés de six à huit centimètres.

Stratification. — Pour stratifier les noyaux, vous les enterrez en décembre, dans des vases remplis de sable humide, et vous placez les vases dans un lieu abrité de la gelée, cave ou cellier.

DESTRUCTION DES RONCES.

Arracher les ronces à la sève d'août, et mieux encore faire parquer dans le champ les moutons dont le suint est funeste à tant d'arbustes.

VITICULTURE.

RAPPORT

Fait par M. Defranoux, à la Société d'Emulation des Vosges, sur la première communication de M. Ravon Stéphani, viticulteur à Bratigny, près Charmes (Vosges).

— Suite. —

CÉPAGES MÉRIDIONAUX

En 1860, quatorze espèces ont été installées dans la partie Sud-Ouest de ma vigne-école et ont bientôt fourni la plus luxuriante des végétations.

En effet, grâce à la profondeur de mon sol et à la fréquence des pluies sous notre climat, les pousses sont devenues plus grosses que la souche des boutures dites barbots d'où elles provenaient.

On devine qu'en année froide, l'aoûtage se faisant trop attendre, ces pousses étaient surprises par les premières gelées, à un état insuffisamment ligneux.

C'est en 1865 que j'ai obtenu de quelques cépages leurs premiers fruits dont la saveur était si étrange et si variée, et la grosseur si exceptionnelle que, pour plusieurs, j'ai eu à m'applaudir de mon importation.

En effet, en 1871, année froide et humide, le progrès de l'acclimatation se trouvait avoir été tel que j'obtenais de ces cépages une maturité égale à leur maturité de 1865.

Cela étant, je puis, je crois, espérer une maturité complète pour la première année chaude qui se présentera.

Le cépage d'abondance. — Un cépage dit d'abondance par le fournisseur a un sarment dont la robe d'un bronze clair a des plis qui lui font représenter un cylindre cannelé.

En 1868, il m'a offert le plus magnifique raisin de table qu'on puisse souhaiter.

Mûrs dès le commencement de septembre, ses grains sont aussi gros que ceux du groseiller à épines, également ovales, transparents et exquis.

Par malheur, dans ma vigne-école, il a parfois coulé.

Cependant, pressentant tout ce qu'il y a à espérer de sa mise en treille à une exposition chaude et abritée, je l'ai adossé à la baraque de cette vigne où, cet hiver, la gelée l'a épargné au point de me permettre d'en planter, en couche chaude, des sarments convertis en boutons Budelot.

Un cépage aussi recommandable que celui d'abondance. — Il excite l'admiration des vignerons auxquels je montre ses fruits aussi nombreux que ceux du gamay vert, et si gros que, sous leur poids, le pédoncule risque de se rompre.

Il ne pourrit pas.

Il suit d'un peu loin la maturation du fin Liverdun.

Tout me porte à croire qu'à une exposition chaude et abritée on en obtiendrait un rendement fabuleux.

J'en planterai des boutures destinées à la vente.

D'autres cépages à fruits moyens et délicats réussissent assez bien.

Des cépages, après avoir été greffés, ayant émis trop obstinément des drageons fructifères, je me suis décidé à ne plus enter que sur un nombre restreint d'espèces.

Les cépages méridionaux qui, sous notre climat, ne mûrissent pas assez tôt leur fruit. — Ils ont ceci d'avantageux qu'à cause de leur force végétative, ils sont singulièrement propres à recevoir des greffes fructifiant dès leur deuxième année.

Ma greffe est celle de Rose-Charmeux.

Elle consiste 1° à planter, en avril ou en mai, une bouture, à côté du sujet ; 2° à enlever de chaque côté de l'entre-nœud du greffon, sans attaquer la moelle, un peu de ligneux ; 3° à fendre le sujet ; 4° à introduire dans la partie fendue du sujet la partie opérée du greffon ; 5° à ligaturer avec du chanvre ; 6° après avoir ôté à la souche du sujet tous ses yeux latents, à couvrir sujet et greffe d'un monticule de terre divisée.

Plus tard, cela va sans dire, il faut supprimer tous les drageons sortis de la souche.

C'est seulement du commencement de juin à celui de juillet que la sève, après avoir abondamment arrosé le pied de la greffe, la soude au sujet, et suscite une végétation rapide.

Quand la greffe en est là, on active l'aoûtage par des pincements judicieusement pratiqués.

Comme sujets, les cépages du pays se comportent moins bien que ceux du Midi.

La raison en est sans doute que ceux-ci charrient plus vite et plus abondamment la sève.

Je tiens sujets et greffes à la disposition des amateurs désireux d'introduire chez eux de nouvelles espèces et d'en connaître le plus tôt possible le fruit.

J'attends d'un planteur, pour les greffer sur racines, le Bévy, le Malain et le Gamay rond.

La greffe sur racines est la plus facile, et c'est pour m'épargner la peine d'arracher des drageons sans cesse renaissants, que j'ai imaginé d'y recourir.

Ainsi, après avoir enté sur le sujet une greffe qui, magnifique, a été par moi disposée en sautelle, je sépare, par une section, le sujet des racines qui forment son étage supérieur, et je le force de la sorte à vivre par les étages inférieurs et par les racines de la greffe.

Les racines coupées à leur lieu d'insertion dans le sujet ont de cinq à huit centimètres de circonférence.

Je les soulève jusqu'à leur lieu de bifurcation, et, de là, je les conduis par une rigole jusqu'au cep à greffer.

A droite et à gauche de celui-ci j'enlève un peu de ligneux; je fends la racine en deux; je place contre les deux blessures faites au cep les deux parties de la racine où il y a eu fente; je ligature avec du chanvre, et je remplis de terre la partie creusée du sol.

La greffe permet de fortifier un cépage faible et de savoir tôt ce que vaut un tout jeune cep issu de semis.

Quand elle a réussi, on peut faire de ses débris de taille des boutons Budelot, qui, plantés en couche chaude avec le plus long onglet inférieur possible, font merveille.

(La suite à la prochaine livraison.)

HYGIENE.

LES DENTS. — La dent qui a perdu son émail se carie.

Grincer des dents est user l'émail de ses dents.

La pipe en terre use non-seulement l'émail, mais encore le corps de la dent.

Soulever avec les dents un objet dur et lourd est les ébranler et les détériorer.

Casser des noyaux avec les dents est s'exposer à briser celles-ci.

Les fruits verts, à cause de leur acidité, sont contraires à l'émail des dents.

Boire trop frais gâte les dents.

Manger trop chaud altère les dents.

Un air trop frais peut être fatal aux dents.

Un courant d'air attire le mal de dents.

Certains spécifiques, en coupant court au mal de dents, provoquent la carie des dents.

Certaines poudres dentifrices font aux dents plus de mal que de bien.

Chez celui qui oppose le mercure à son mal, il arrive assez souvent aux dents de danser dans leur alvéole.

Faire plomber la dent creuse est souvent s'exposer à de vives douleurs.

On doit y regarder à deux fois pour se laisser endormir par le dentiste.

Moins nous avons de dents, plus difficilement nous triturons les aliments que l'estomac a besoin de recevoir parfaitement mâchés et suffisamment imbibés de salive.

Une bouche sans dents est un moulin sans meule.

Qui n'a plus de dents doit se faire poser des dents artificielles par un habile opérateur.

Malheur à l'estomac qui reçoit un corps non trituré par les dents, car, consistant, par exemple, en un noyau, cet objet peut s'arrêter au pylore, orifice intérieur de l'estomac, et mettre ainsi notre vie en danger.

L'EXCÈS D'AUSTÉRITÉ DANS L'ALIMENTATION. — On prend trop sur sa bouche, et le corps maigrit.

Le trop d'austérité délabre la santé.

Faibles de complexion ou vieux, nous portons le carême trop haut, et nous nous exposons ainsi à l'appauvrissement du sang, car tel régime, tel sang.

Des privations excessives mettent sur les dents les plus robustes travailleurs.

Dans les cloîtres où, peu abondante, la nourriture est simplement végétale, on ne vit pas longtemps.

Pour le riche qui se prive du nécessaire, et qui se suicide ainsi, un seul moment de bonheur, qui est celui où il expire sur un lit d'or.

DEFRANOUX.

L'ENRÊNEMENT TROP COURT DES CHEVAUX.

Enrêner trop court, dit M. Goubaux, fatigue les chevaux, en les forçant à tenir la bouche ouverte.

C'est placer leur encolure dans une situation telle qu'elle ne peut remplir son rôle pour le déplacement du centre de gravité.

C'est les obliger à tenir la région dorso-lombaire du rachis dans un état d'extension tel que leur dos paraît être ensellé.

Enfin, c'est les obliger à se camper dans des proportions telles que tout l'appui se trouve reporté sur les talons des pieds antérieurs et sur la pince des pieds postérieurs.

Je ne connais pas de position plus fatigante et de fatigue plus inutile pour les chevaux.

J'ajouterai que les chevaux qui sont ainsi enrênés se fatiguent plus à rester en place qu'à faire un travail même pénible, alors qu'ils ne sont pas enrênés.

Dans tous les cas, c'est une habitude absurde pratiquée à Paris par les cochers des attelages de luxe.

Si les propriétaires de ces attelages étaient soucieux du bien-être de leurs chevaux, on la verrait bientôt disparaître.

A ces mots de M. Goubaux, M. Decroix ajoute ceux-ci :

Pour marcher aisément et employer convenablement toute sa force, le cheval doit avoir la liberté de la tête.

Toutefois, si un cheval enclin à butter est habitué à l'enrênement, et si l'on vient à quitter brusquement cet usage, il est probable que dans les premiers jours, il buttera plus fréquemment, mais bientôt il fera moins de faux pas que du temps de l'enrênage même excessif.

Monté, le cheval fait, à chaque pas, un léger mouvement de tête.

Si les rênes sont tendues, il en résulte pour la main un réciproque mouvement de va et vient.

Il sera donc utile, en route, de laisser les rênes demi-flottantes.

L'allure du cheval en sera plus allongée, moins fatigante et aussi assurée.

Les Arabes, si habiles à tirer parti de leurs chevaux, ont toujours les rênes flottantes, même s'ils sont lancés au galop, pour tirer le coup de fusil de la fantasia.

LES LABOURS PROFONDS.

On sait le sentiment de crainte qu'inspirait, il y a peu d'années encore, le sous-sol à la majorité de nos cultivateurs.

En ramener la moindre parcelle à la surface, ou même

seulement y toucher était, à leurs yeux, condamner la terre à la stérilité.

Aussi ne voyait-on guère que des labours qui, très superficiels, dégénéraient parfois en simples grattages.

Cette opinion et ce système sont aujourd'hui jugés, et l'on sait enfin que partout le remuement profond du sol est une opération excellente.

Mais ce qui n'est pas tranché pour beaucoup, est la manière dont doit s'effectuer ce remuement.

Les uns conseillent de procéder par un seul labour, qui ramène à la surface de la couche arable, et mêle à celle-ci une partie du sous-sol, de façon à doubler d'un coup l'épaisseur de cette couche.

D'autres conseillent de se borner à remuer, désagréger et ameublir le sous-sol par un instrument qui le laisse en place, sauf à le mélanger plus tard et peu à peu à la terre végétale, améliorée par cet ameublissement.

Suivant eux, nul sous-sol ne peut être, sans inconvénient, mélangé à la terre arable, avant d'avoir été modifié par l'action prolongée de l'air et des engrais.

Ils ont pour eux la théorie, et surtout la majorité des faits, et l'action stérilisante de certains sous-sols est un fait hors de doute.

En conséquence, si nous avons affaire à des sous-sols de cette espèce, rangeons-nous à leur avis.

Mais procédons tout aussitôt à des labours profonds, avec ample fumure, sur le terrain argileux ou siliceux dont le sous-sol est, par exemple, calcaire, et, pour nous exprimer d'une manière générale, sur le terrain supporté par un sous-sol susceptible de fertiliser ou d'amender immédiatement, ou presque immédiatement, la couche arable.

Ainsi s'exprime en substance M. Moll, dans le *Journal d'Agriculture pratique*, et ainsi pensons-nous, en ajoutant que, pour le cas où l'on aurait mélangé, par le labour, un sous-sol sans vertu fertilisante à une terre arable non calcaire, il convient de prévenir, par le marnage, une quasi-stérilité de durée trop longue.

LES FEUILLES.

Les feuilles indiquent, par leur chute, qu'il est temps de planter les arbres.

Quand elles commencent à jaunir, les froments peuvent
tre mis en terre.

Dans certains pays, on les récolte pour la nourriture du
étail.

Ramassées au moment de la chute, celles d'orme convien-
ent aux porcs, à l'espèce bovine et aux moutons.

On emploie aussi celles de frêne, de hêtre, de charme,
'érable, de bouleau, de saule, etc.

Elles sont d'ordinaire récoltées à la main, puis séchées
our l'hiver.

On compte trop sur les feuilles recueillies en hiver, pour
rossir les tas de fumier, car elles valent rarement ce qu'elles
oûtent.

Seules, elles font, il est vrai, un terreau qui ameublit le sol
t alimente les récoltes; mais ce terreau est peu actif, et il en
ut beaucoup pour fertiliser la terre.

Employées en quantité excessive dans les fumiers, elles
outent peu à leur qualité, en ce que généralement elles n'y
ouvent pas une fermentation assez active pour les dé-
omposer.

Mises en foulage dans les cours ou les chemins, pour y
sorber les déjections des bêtes, elles rencontrent trop peu
matières animales pour que, remises ensuite en tas, elles
uissent se décomposer soit sans un arrosage tenant en
 spension des substances fertilisantes, soit sans une addition
terres calcaires, de marne, de chaux ou de cendres.

Le meilleur usage qu'on en puisse faire est de les employer
omme litière, en mettant alternativement des feuilles et de
paille.

Ramassons des feuilles le long des haies ou au bord des
emins; mais n'en ramassons pas dans les bois.

Elles sont l'engrais des forêts.

En été, elles entretiennent sur le sol une humidité favo-
ble.

En hiver, elles préservent de la gelée les racines faibles.

En se décomposant, elles forment un terreau qui nourrit
s arbres et qui en recouvre les graines dans l'intérêt de la
rmination.

Dieu fit bien ce qu'il fit.

L'ENGRAISSEMENT DES PORCS.

L'engraissement du cochon bien nourri jusqu'à sept ou huit mois, est naturellement plus prompt et moins coûteux que celui du cochon maigre.

Pour engraisser, à cet âge, choisis une race précoce, anglaise, par exemple.

Mais, diras-tu, le cochon anglais donne peu de lard.

Erreur profonde, car tu dois concevoir qu'un animal de sept mois seulement, te fournisse, sans donner de lard, une chair délicate et entre-mêlée de gras et de maigre.

Visant au lard, garde le porc douze ou quinze mois.

Dans le premier cas, préfère les sujets qui, de race petite et précoce, se nourrissent de peu.

Dans le second cas, prends la variété plus grande de Berskire ou de Yorskshire améliorée.

Les racines, les tubercules et les grains de tout genre, peuvent engraisser le porc.

L'engraissement avec grains concassés ou en farine, et cuits, est excellent, mais coûte cher.

Les pommes de terre, topinambours, carottes et betteraves engraissent deux fois mieux cuits que crus.

Préfère à la betterave, à la carotte et au navet, la pomme de terre et le topinambour, qui sont, pour le cochon, des aliments bien plus substantiels.

Les résidus de laiterie, l'orge, l'avoine, le sarrasin, le maïs, les pois, et les fèves, activent singulièrement l'engraissement.

Il est aussi bien activé par les résidus de fabrication de l'eau-de-vie.

Comme ils commencent par griser le porc, qui s'y accoutume d'ailleurs bientôt, délaie-les d'abord dans l'eau.

N'attends qu'un lard détestable de l'engraissement avec tourteaux huileux.

Pour que l'animal ne se tourmente pas, les trois repas de la journée doivent avoir lieu à heures fixes.

Ils valent beaucoup plus tièdes que froids.

Proportionne la ration à l'appétit.

Des aliments légèrement aigris et acides conviennent.

Tiens les auges propres.

Enlèves-en la nourriture laissée d'un repas à l'autre.

De temps en temps lave l'animal.

Donne et renouvelle souvent une bonne litière, dont tu connais l'utile destination.

Enfin, veille à ce que la loge soit chaude, un peu obscure et éloignée du bruit.

La graisse, tu le sais, est la fille dodue, non seulement de l'alimentation substantielle, mais encore de la tiède température, du jour douteux et du repos absolu.

UNE PREUVE DE L'UTILITÉ DU CHIEN.

Un bûcheron de Far-West (Amérique), inextricablement engagé sous les branchages d'un arbre qu'il venait d'abattre au milieu d'une forêt déserte, était voué à l'abandon et à la mort, quand il eut l'idée de teindre de son sang, à l'aide de sa main restée libre, un chien dont il s'était fait accompagner.

Cela fait, il ordonna au chien d'aller au logis chercher du secours.

L'animal se montra digne de la mission qui lui était confiée.

En effet, par des aboiements significatifs, et par les traces sanglantes dont il etait porteur, il parvint à ramener des personnes qui délivrèrent son maître de la triste situation dans laquelle il était placé.

(Bulletin de la Société protectrice de Paris.)

LA PÉRIPNEUMONIE GUÉRIE PAR L'EAU-DE-VIE CAMPHRÉE.

A Lanoux (Ariége), on a guéri complétement de la péripneumonie contagieuse un assez grand nombre de taureaux et de vaches, en administrant à ces animaux de l'eau-de-vie camphrée.

Cette médication si simple a été essayée en Hollande avec succès, et le président de la société agricole du district de Bréda l'a jugée en ces termes :

La péripneumonie peut-être diminuée, restreinte à de peties proportions, et même probablement annihilée, en administrant chaque jour, à l'intérieur, un demi-litre par tête l'eau-de-vie camphrée, à raison de trente grammes de camphre par litre.

Ce remède doit être pris chaque fois avant la distribution du repas. *(Messager agricole).*

MOYEN DE GUÉRIR LES BRULURES PRODUITES PAR LES ALLUMETTES CHIMIQUES.

Il arrive souvent, dit la *Gazette de Venise,* qu'on se brûle le bout des doigts, en allumant une allumette chimique, et que, s'envenimant, cette petite plaie devient inguérissable.

La science a trouvé le moyen de neutraliser la petite quantité de phosphore qui reste dans la brûlure, en y appliquant de l'eau très salée.

Il suffira donc, quand on se sera ainsi brûlé, de plonger les doigts dans l'eau salée, pour éloigner immédiatement tout danger.

LA CLEF DE LA SCIENCE

Ou les phénomènes de tous les jours, expliqués par le docteur E.-C. Brewer, membre de l'université de Cambridge, du collège des précepteurs de Londres, etc., auteur de plusieurs ouvrages littéraires, historiques, scientifiques, mathématiques, etc.

EFFETS CHIMIQUES DE LA FOUDRE.

Un orage avec éclairs et tonnerre est-il accompagné de quelque odeur particulière ? — Oui: il exhale quelquefois une odeur semblable à celle du soufre, et quelquefois à celle du phosphore.

Si le corps gazeux, dégagé par l'éclair, est concentré lorsqu'il parvient à la terre, l'odeur est sulfureuse; sinon l'odeur est phosphorique.

Pourquoi les éclairs produisent-ils quelquefois une odeur sulfureuse? — Parce que la foudre engendre ou apporte des hautes régions de l'atmosphère une certaine vapeur qui répand une odeur de soufre.

Certains chimistes croient que cette odeur est due à de l'acide nitreux produit par une combinaison de l'oxigène et du nitrogène (azote) de l'air.

L'acide nitreux possède moins de gaz oxigène que l'acide nitrique.

Les éclairs produisent-ils quelque effet chimique sur l'air atmosphérique? — Oui; ils combinent quelquefois le nitrogène et l'oxigène de l'air, et donnent naissance à une petite quantité d'acide nitrique.

Le nitrogène est aussi appelé azote, et l'acide nitrique acide azotique.

Le chimiste Liebig, ayant analysé 75 échantillons de pluie d'orage, y a trouvé 17 fois de l'acide nitrique.

Qu'est-ce que l'acide nitrique (azotique)? — Un gaz formé par la combinaison du nitrogène (azote) avec l'oxigène.

D'où viennent le nitrogène et l'oxigène que l'éclair combine en acide nitrique (azotique)? — L'air atmosphérique est lui-même composé d'oxigène et de nitrogène mêlés ensemble mécaniquement. Les éclairs, en passant, convertissent une portion de ce mélange en une combinaison chimique.

L'air atmosphérique consiste essentiellement en un mélange d'oxigène et de nitrogène : mais il renferme, de plus, une très-petite quantité de gaz acide carbonique et une quantité variable de vapeur d'eau : il contient, en outre, mais en quantité à peine appréciable, quelques autres gaz ou vapeurs provenant de la décomposition des matières végétales et animales.

Quelle est la différence entre la combinaison chimique et le mélange mécanique? — Dans la combinaison chimique, les propriétés des corps réunis sont changées; ce qui n'arrive pas dans le mélange mécanique.

Donnez un exemple? — Des sables différents l'un de l'autre, battus ensemble dans une bouteille, se mêlent mécaniquement; mais de l'eau versée sur de la chaux vive forme avec elle une combinaison chimique.

Pourquoi un orage purifie-t-il l'atmosphère? — Parce que : 1° la foudre, pendant son passage dans l'air, produit de l'acide nitrique; — 2° l'agitation ébranle l'air et en disperse les exhalaisons pestilentielles.

Comment l'acide nitrique purifie-t-il l'atmosphère? — Il tend à détruire les exhalaisons malfaisantes qui proviennent de la décomposition des matières végétales et animales.

Pourquoi un orage fait-il tourner le lait? — Parce que la foudre, ou la chaleur de l'air, pendant un orage, produit un dérangement dans les propriétés électriques du lait, qui, étant un fluide organique et complexe, se décompose et devient aigre.

Le lait se forme essentiellement : 1° de caséine; 2° de beurre; 3° de saccharine ou sucre; 4° d'eau; 5° de certains sels.

Pourquoi la corruption des chairs est-elle plus prompte par des temps d'orage que par des temps ordinaires? — Parce que : 1° la chaleur qui règne pendant un orage favorise la

putréfaction; — 2° les courants de matière électrique auxquels les chairs sont exposées sont un agent puissant de
décomposition.

Quand un orage fait-il tourner la bière ? — Quand la bière
est nouvelle; parce qu'alors la fermentation en est incomplète.

Pourquoi un orage fait-il tourner la bière nouvelle? —
Parce qu'il en accélère tellement la fermentation, que le sucre
se tourne en acide nitrique, sans passer par l'état intermédiaire d'alcool.

Pourquoi un orage ne fait-il pas tourner la bière forte et le
porter? — Parce que la fermentation en est plus complète,
et, conséquemment, est moins affectée par l'influence électrique.

Pourquoi les métaux sont-ils quelquefois fondus par la
foudre? — Parce que leur surface est trop étroite pour fournir un chemin au courant électrique.

La foudre a-t-elle quelque effet sur les corps combustibles?
— Oui; elle enflamme souvent la poudre à canon, le coton-
poudre, etc.; et quelquefois met le feu aux magasins où l'on
garde ces produits inflammables.

Quels effets magnétiques sont dus à la foudre? — 1° Lorsqu'elle atteint les boussoles, elle en renverse les pôles, elle en
diminue ou même en détruit le magnétisme; — 2° d'autre
part, elle communique quelquefois une aimantation à des
barres de fer qui, auparavant, n'en offraient aucune trace;
— 3° elle altère quelquefois la marche des chronomètres; —
4° elle empêche l'action des aiguilles du télégraphe électrique.

De quelle manière la foudre agit-elle sur les aiguilles aiman-
tées d'un télégraphe électrique? — Le fluide électrique parcourt les fils d'archal qui sont attachés aux aiguilles télégra-
phiques, et empêche ou même détruit leur action.

(A suivre).

Niort. — Typographie de L. Favre.

Nous rappelons à nos lecteurs qu'à dater du 1er janvier 1873, le *Nouveau Journal d'Agriculture, d'Horticulture et de Viticulture,* publiera deux éditions, l'une hebdomadaire et l'autre mensuelle.

Le prix de l'édition hebdomadaire est de **6 fr.** par an.

Le prix de l'édition mensuelle est de **4 fr.** par an.

Ces prix sont réduits à 5 fr. et à 3 fr. pour nos abonnés qui se feront inscrire avant le 1er janvier prochain.

Les personnes qui veulent se réabonner n'ont qu'à employer la même voie que précédemment, soit en s'adressant aux journaux des départements auxquels ils sont abonnés, soit en envoyant un mandat de poste au nom de M. L. Favre, à la librairie Sagnier, place de l'Odéon, 8, à Paris.

Les souscripteurs à l'édition hebdomadaire recevront en prime gratuite, franco par la poste, l'ouvrage suivant du célèbre agriculteur Olivier de Serres : Du Devoir du Mesnager, *ou l'art de bien cognoistre et choisir les terres.*

CHRONIQUE AGRICOLE.

PARIS.

Blés. — Les blés ont une très-bonne tenue sur les marchés de province et des affaires assez considérables sont traitées ; cependant, ces derniers jours, les marchés étaient plus garnis et la tendance était devenue plus faible ; cela est une des conséquences du mauvais temps, qui fait que les cultivateurs, ne pouvant s'occuper de travaux agricoles, préfèrent porter leurs blés à la halle.

Les avis des marchés aux blés des départements annoncent des approvisionnements considérables et une baisse presque générale. Chartres, Montereau, baisse 1 fr. Amiens, Saumur, Douai, Cambrai, baisse 50 centimes à 1 fr. Auneau, baisse 2 fr. A Paris, au grand marché du mercredi, les offres de la culture étaient peu nombreuses et les prix demandés accusaient une hausse de 1 fr. à 1 fr. 25 par sac ; relativement les blés de commerce étaient plus offerts et leurs cours plus faciles. En somme, les cotations devaient se voir comme suit : blés de choix, 38 à 39 fr. ; bonne qualité, 35 à 37 fr. ; qualité ordinaire, 33 fr. 50, le sac de 120 kilog.

Voici maintenant la mercuriale du dernier marché de **Marseille** : Tuzelle d'Oran, disp., poids 130/126, 44 fr. 75. Berdianska, disp., 128/123, 43 fr. Marianapolis, 126/122, 40 fr. 75. Burgas, disp., 128/124, 38 fr. 50. Richelles blanches, disp., 130/126, 38 fr. 50, les 160 litres, escompte 1 0/0. A Bordeaux, la culture montre beaucoup de prétentions, c'est avec peine que l'on trouve vendeur à 23 fr. 50 les 80 kil. A Nantes, semaine calme, les blés Pont-Rousseau sont tenus de 22 fr. à 22 25 l'hectolitre.

A l'étranger: en Angleterre, le ton général des marchés est ferme, mais les transactions ne sont pas bien importantes; même situation sur le marché des cargaisons flottantes de Londres. En Allemagne, la semaine a été ferme, quoique vers la fin quelques symptômes de faiblesse se soient montrés à Hambourg, à Berlin, à Cologne. La Suisse reste ferme, ainsi que l'Italie. L'Espagne ne se relève pas et reste toujours très-faible. Enfin, à New-York, la fermeté sur les blés subsiste toujours.

Farines. — Les farines de consommation n'ont que très-peu varié et restent aux cours extrêmes de 65 à 73 fr. le sac de 159 kilog., toile à rendre, escompte 1 0/0. La boulangerie montre très-peu d'empressement aux achats, elle ne s'approvisionne qu'au fur et à mesure de ses besoins. En province, le taux de l'article est beaucoup plus ferme, sous l'impression des avis en hausse de Paris. En farines de spéculations, des offres de vente faites par une des plus fortes maisons de la place ont déterminé une baisse de 2 fr.; on ne doit plus voir le courant de mois qu'à 71 fr. le sac de 159 kilog., toile perdue, escompte 1/2 0/0; en livrable, pas d'affaires, les 4 premiers mois sont nominales de 63 75 à 69 fr.

Menus grains. — Les seigles ont eu des offres courantes et la demande s'étant maintenue en proportion, les cours ont pu se maintenir de 19 75 à 20 50 les 115 kilog. Les orges sont assez recherchées dans les environs de 18 à 18 50 pour ancienne récolte, et 19 à 20 les 100 kilog. pour nouvelle. Les escourgeons se maintiennent de 19 50 à 20 francs, sans changement.

En sarrasins. — Marché nul, de 16 à 17 les 100 kilog. Les avoines sont plus abondantes, mais par contre la demande a diminué; les cours ont néanmoins pu rester de 16 50 à 17 50 les 100 kilog., suivant qualité.

Issues. — Peu de transactions cette semaine et très-faible; on cote sans changements.

Légumes secs. — Le mauvais temps nuit beaucoup à la qualité des apports, et par suite les affaires ont été très-peu importantes cette semaine; les cours sont même sensiblement en baisse.

Spiritueux. — La tendance est assez bonne, notamment sur les époques rapprochées, mais en somme les affaires sont stagnantes; il faut voir le disponible et le courant à 60 fr., autres époques 59 à 59 fr. 25; 4 mois chauds 60 fr. 50, l'hectolitre; 3/6 nord, fin, 1er qualité 90°, escompte 2 0/0. La fermeté et la hausse du cours sont un fait qui provient du découvert. Les arrivages sur place suffisent à la consommation, et notre stock est, à 100 pièces près, ce qu'il était à la fin d'octobre.

Sucres. — L'arrachage des betteraves se fait péniblement en raison de l'humidité du temps; il faudrait que cette humidité cessât sans voir lui succéder les gelées pour que la récolte donne au moins une partie de ce qu'elle promettait. A Paris, ces raisons ont déterminé une certaine fermeté, surtout pour les sucres blancs.

NOUVELLES AGRICOLES.

Les semailles d'automne ont pu heureusement être terminées avant les grandes pluies. La température est douce et les blés germent bien, mais il ne faudrait pas que l'eau séjournât longtemps dans les terres argileuses, car les grains pourriraient et il faudrait recommencer les semailles. On espère que les grandes pluies d'octobre et de novembre détruiront les souris et les campagnols qui pullulent dans les champs.

Les bêtes bovines continuent à être atteintes, sur plusieurs points de la France, du piétin, autrement dit fièvre aphteuse. Notre dernière livraison contient à ce sujet des conseils que les éleveurs feront bien de suivre.

Nous n'avons pas encore trop à nous plaindre, en France, tandis que le typhus exerce encore ses ravages dans les provinces-frontières de la Hongrie; une terrible maladie contagieuse sévit aux Etats-Unis sur l'espèce chevaline. C'est une espèce d'affection catharale, qui débute sous la forme d'un jetage abondant par les narines, avec fièvre, toux et refroidissement des oreilles et des jambes. En quelques jours, 15,000 chevaux ont succombé à New-York. La circulation en voitures et en charrettes est presque interrompue. Il en résulte un ralentissement dans les relations commerciales.

Des mesures sanitaires sont prises pour combattre le fléau. Les écuries sont désinfectées par des lavages et des fumigations. Cette épizootie doit provenir de fourrages de mauvaise qualité. Il est aujourd'hui démontré que les fourrages récoltés par un temps pluvieux ou déposés dans des granges humides se couvrent de moisissures, sortes de cryptogammes qui empoisonnent les animaux. Il est très-bien de désinfecter les écuries, mais il est plus utile encore de soumettre à l'analyse chimique les fourrages livrés à la consommation. C'est surtout là qu'on trouvera l'ennemi qu'il faut combattre.

MM. le comte de Bouillé, le marquis de Dampierre, Léonce de la Vergne et cent trente-quatre députés, ont eu l'heureuse pensée de rétablir l'école supérieure d'agriculture, créée en 1848, supprimée en 1852.

Il faut bien se rendre compte, en effet, du cadre des travaux de l'école supérieure et de la position des élèves, qui seront appelés à profiter des bienfaits de son enseignement.

« Ce que l'on enseigne dans les écoles régionales, disent les auteurs de la proposition, est trop élémentaire pour les fils d'agriculteurs, propriétaires ou fermiers, qui ont terminé, par les examens ordinaires, leurs études dans les lycées. Désireux de suivre la carrière agricole, ils doivent s'astreindre, s'ils entrent à l'École régionale, à étudier de nouveau des matières qu'on leur a depuis longtemps enseignées.

S'ils se décident, au contraire, à suivre les cours d'une de nos Facultés, dans la pensée de revenir un jour à la campagne, ces études mêmes les font bientôt renoncer à ce dernier projet. Si, cependant, ils y persistent, ils ne sentent que plus vivement l'absence ou l'insuffisance de connaissances spéciales qu'ils auraient dû trouver dans une école de haut enseignement agricole.

Le plus grand nombre, cela n'est pas douteux, abandonne l'agriculture pour se tourner vers d'autres carrières, souvent trop encombrées ; beaucoup demandent à l'administration des places, ou la création d'emplois nouveaux, et vont augmenter cette armée de fonctionnaires qui grève si ourdement nos budgets.

Et ils ajoutent cette observation qui démontre mieux encore la nécessité du rétablissement de l'Institut agronomique : « Le nombre des élèves, qui se présentent aux écoles régionales, diminue en même temps que, de tous côtés, on réclame une école supérieure d'agriculture. »

L'enseignement qu'on y donnera sera surtout scientifique : l'application de la science ou des sciences exactes à l'agriculture. Il expliquera les découvertes les plus récentes, provoquera les recherches et, à côté de spécialistes éminents, dont les travaux profiteront à la prospérité agricole, il formera autant d'observateurs que d'élèves qui, sur tous les points de la France, ne laisseront échapper aucun phénomène, aucun fait nouveau, sans l'étudier, en noter les résultats, remonter des effets à la cause, et essayer de découvrir la loi naturelle, dont il est la révélation.

La Commission a compris les immenses avantages que l'agriculture retirerait du rétablissement de cette utile institution, et elle a adopté à l'unanimité la prise en considération de la proposition de loi qui est ainsi conçue :

Art. 1er. L'Institut agronomique, fondé par application de la loi du 3 octobre 1848 et supprimé par décret du 17 septembre 1852, sera rétabli à Versailles.

Toutefois, le domaine de 1,381 hectares, qui avait été annexé à l'école, sera remplacé par un champ d'essai de cinquante hectares environ, avec les dépendances nécessaires pour son exploitation.

Art. 2. Les fonctions de professeur à l'Institut agronomique seront données au concours.

Art. 3. L'Institut agronomique sera administré en régie pour le compte de l'Etat.

Art. 4. Les élèves, pour y être admis, devront être bacheliers ès-lettres ou bacheliers ès-sciences, ou avoir le diplôme des écoles régionales ; à défaut de ces titres, ils subiront un examen sur les matières scientifiques exigées pour ces grades.

Ils seront externes et payeront une rétribution scolaire annuelle de 500 fr.

Chaque année, dix bourses de mille francs, donnant droit à l'enseignement gratuit, seront accordées au concours, savoir : cinq aux élèves des écoles régionales et cinq aux autres concurrents qui se présenteront.

Art. 5. Chaque année, les trois premiers élèves recevront, aux frais de l'Etat, une mission complémentaire d'études.

Cette mission durera trois ans ; elle aura lieu tant en France qu'à l'étranger.

Art. 6. Il sera pourvu à l'exécution de la présente loi par des règlements d'administration publique et par des arrêtés du ministère d'agriculture.

Art. 7. Afin de pourvoir aux frais de premier établissement de l'Institut agronomique, il est ouvert, au ministère de l'agriculture, un crédit de 200,000 fr. sur le budget de 1873.

Espérons que ce projet, qui relève l'agriculture et qui la place à son véritable rang, recevra une prompte solution conforme aux vœux des agronomes intelligents et éclairés.

L. F.

LA CULTURE DANS LA COLONIE AGRICOLE DE FITZ-JAMES.

PAR M. A. VITART.

Le personnel spécial de la ferme se compose d'un surveillant principal, d'un teneur de livres, de 6 charretiers, de 2 vachers, d'un berger, d'un valet de ferme, et de 6 surveillants ayant chacun un certain nombre d'aliénés organisés en escouade.

Tous les matins, les ordres sont donnés pour la journée, et aussitôt les services terminés, chaque chef d'escouade va chercher les aliénés qu'il est chargé de diriger et dont il est responsable.

La plus grande propreté règne dans les cours, écuries, étables et porcheries.

Tous les ans, les lieux occupés par les animaux sont blanchis à la chaux.

Les instruments d'agriculture sont placés sous les hangars destinés à les abriter.

Ils sont toujours rangés à la place qui leur est destinée.

La ponctualité avec laquelle se font tous les services témoigne de ce que peuvent une ferme volonté et l'observance de la règle.

L'assiduité et l'entrain apportés dans les travaux des champs par ces intéressants malades ne sont pas moins remarquables.

Ce sont les colons qui ont défriché les terrains plantés.

Ce sont eux qui ont fait les fossés d'assainissement et de drainage sur 15 hectares.

On n'a pu, dans cette dernière opération, employer les tuyaux dont on se sert ordinairement, à cause du peu de pente du terrain.

On s'est borné à faire creuser des fossés et à y placer des fascines recouvertes de paille et de terre.

Chacun de ces fossés aboutit à un canal principal qui mène les eaux vers la rivière.

L'assolement n'a jamais été bien déterminé à Fitz-James, l'adjonction successive de nouvelles terres à cultiver ne permettant pas de le régulariser.

La culture étant surtout soumise aux besoins de l'établissement, il n'y a jamais eu de jachères.

Ces besoins consistent spécialement en pommes de terre, blé, choux et haricots qui servent à l'alimentation de la maison.

L'avoine, les betteraves et les verdures sont employées à nourrir les bestiaux de la ferme et à engraisser ceux qui sont destinés à l'abattoir.

Une quantité assez considérable de paille est nécessaire à une partie de la literie des malades.

Cette paille, par des motifs d'hygiène, doit être très-souvent renouvelée.

Elle est alors portée à la ferme, et sert de litière aux bestiaux.

Le sol des écuries, étables et porcheries, est disposé de telle façon que les urines viennent, par des conduits souterrains, se rendre dans une citerne établie au milieu d'une très-grande fosse placée au centre de la cour de la ferme.

C'est dans cette fosse que tous ces fumiers sont portés et mélangés.

Puis, au moyen d'une pompe établie dans la citerne à purin, ces fumiers sont arrosés tous les jours.

Quand le purin est trop abondant, il est versé, au moyen de la même pompe, dans un tonneau particulier, et sert à arroser les prairies et les herbages.

Ce mode d'arrosement a surtout lieu en hiver.

Les matières fécales sont employées à faire des composts.

Mélangées avec de la paille et des cendres de tourbe, elles forment un engrais des plus puissants.

Les labours se font avec beaucoup d'intelligence.

La charrue, dite *Brabant double,* est surtout en usage.

Elle enterre les fumiers, et, dans les défrichements, elle est celle qui retourne le mieux la terre arable et qui pénètre le plus profondément dans le sol.

Les récoltes des céréales enlevées, toutes les terres sont déchaussées.

Employé à enfouir les semailles d'avoines, le scarificateur prépare les terres labourées à recevoir les petites graines.

Le rouleau raffermit les terres qui, dans cette contrée, sont assez généralement légères.

Pour les labours spéciaux, on emploie 4 chevaux.

Deux chevaux suffisent pour les autres labours.

Faites à la volée, les semailles sont enfouies à la herse et au scarificateur.

Une partie des avoines est semée en ligne.

Les blés sont toujours semés après les pommes de terre.

Les betteraves sont semées avec le semoir de Grignon.

La quantité de semence employée pour les céréales est, dans le pays, d'environ 225 litres à l'hectare.

On l'a réduite à deux hectolitres.

Quand se montre la tige de la pomme de terre, on herse d'abord, puis on fait biner par les colons.

Après le binage, on herse de nouveau, et, 15 jours après, on bute avec le butoir de Grignon.

La moisson se trouve naturellement dans les attributions des colons.

Ce travail se fait à la faucille, cet instrument étant le seul qui puisse leur être confié.

Les fourrages, sainfoins, luzernes et trèfles sont coupés à la faux par les ouvriers du pays.

Le fanage et le bottelage sont faits par les colons qui, en outre, arrachent, chargent et rangent les pommes de terre, betteraves, carottes, etc.

Les betteraves sont mises en silos.

Quant aux pommes de terre et aux carottes, elles se sont toujours bien mieux conservées en cave qu'en silos.

Les fourrages sont serrés dans les greniers.

Les céréales sont mises, partie en grange, et partie en meules.

A l'une des extrémités de la grange, est fixée une machine à battre mue par un machine à vapeur qui fait marcher un moulin à blé produisant la farine de l'établissement.

Une grande partie des terres est plantée de pommiers.

Le cidre est fabriqué par les colons.

La nourriture habituelle des chevaux se compose, pendant 8 mois de l'année, de sainfoin et de luzerne sèche.

Pendant les autres mois, la nourriture est verte.

Les repas sont au nombre de trois.

Le matin, 4 litres d'avoine ; à midi, 4 autres litres d'avoine et 3 kilogrammes de fourrage, et le soir, 4 litres d'avoine, 10 litres de son et 6 kilogrammes de fourrage, avec 5 kilogrammes de paille pour la nuit.

Au vert, même ration d'avoine, mais point de son.

Ces animaux, qui sont de race boulonaise, sont pansés deux fois par jour.

Les vaches sont de race flamande, et leur lait sert aux besoins de l'établissement.

Elles sont nourries à l'étable pendant toute l'année.

Néanmoins, on les sort quatre heures par jour, matin et soir, pour les conduire à la pâture et les changer d'air.

Pendant les 5 mois de l'été, elles mangent du trèfle incarnat, de la vesce d'été à discrétion, et 10 litres de son.

Du 1er octobre au 1er mai, elles ont par jour 2 kilogrammes de luzerne de 2e coupe, ou même quantité de trèfle et de sainfoin, 25 kilogrammes de racines, 4 kilogrammes de son, et 6 kilogrammes de paille d'avoine.

Toutes ces matières sont hachées et mélangées.

Elles sont livrées, après 24 heures de fermentation, et de telle manière que les fourrages et les pailles soient bien imprégnées du suc de la betterave.

Cette opération est conduite au moyen d'un hache-paille et d'un coupe-racines mus par la machine à vapeur.

Les étables sont très-vastes et bien aérées.

Les vaches sont placées sur 3 rangs.

Un couloir permet de déposer leur nourriture devant elles, sans que l'on soit obligé de passer par derrière.

A cause, sans doute, de cet état des étables, il n'y a jamais eu d'épizootie à Fitz-James.

Une étable, séparée de celle des vaches laitières, est destinée aux bestiaux à l'engrais.

Les moutons sont destinés à l'abattoir de l'établissement.

Ils sont nourris comme les vaches, et dans la proportion de 10 pour une vache.

Les bergeries sont garnies d'auges et de crèches qui

reçoivent le manger haché et les grains qui pourraient se trouver dans les bottes de paille mises pour être foulées.

En été, les moutons sont menés aux champs, et mangent du trèfle incarnat et des vesces d'été.

La race porcine est celle de Berkshire, qui a valu à l'établissement de belles primes.

La porcherie se compose de 20 truies et de 4 verrats de cette race qui est très-recherchée dans le pays, où elle est trouvée supérieure à toutes les autres.

Cette porcherie est placée sous un hangar, et se compose de 15 cases non couvertes, dont les portes et les auges donnent sur un couloir.

Les auges sont fermées par un auvent mobile en dedans et en dehors, pour faciliter la distribution de la nourriture des animaux.

Pendant l'été, la nourriture des porcs consiste en trèfle et en vesce d'été.

Pour breuvage, ils ont un demi-kilogramme de remoulage dans de l'eau.

En hiver, ils reçoivent une kilogramme de remoulage et 10 litres de petites pommes de terre et d'épluchures cuites.

Le son, les herbages et les carottes servent d'alimentation à une grande quantité de lapins.

Une basse-cour bien fournie de poules, canards, oies et dindons sert à la consommation de l'établissement,

Enfin on a une comptabilité agricole bien tenue.

LES FUMIERS COURTS ET LES FUMIERS LONGS.

Les fumiers courts, lourds et compactes agissent sur la végétation d'une manière instantanée, mais éphémère.

Aussi les applique-t-on plus particulièrement aux plantes de 2 à 3 mois d'existence et aux terres légères.

Au contraire, les fumiers longs, dont le volume est considérable, ont une action qui, beaucoup moins prompte, est plus durable.

Ils conviennent aux végétaux qui restent longtemps en terre et aux sols compactes que leur nature fibreuse ameublit.

Il résulte de là que le meilleur fumier est celui qui a éprouvé, au lieu d'une fermentation prolongée qui a volatilisé beaucoup de ses principes fertilisants, une macération, qui lui ayant donné un aspect gras, en a amolli, aplati et rendu homogènes toutes les parties pailleuses.

LE CHOU POUR FOURRAGE.

Le chou pour fourrage aime, comme le chou de jardin, tout excellent sol, même dépourvu de calcaire.

La terre médiocre qui lui est destinée, ne peut être trop fumée.

Le terrain où il réussit le mieux est l'argile forte, bien préparée.

On en tire également profit dans les terres calcaires sèches, bien engraissées et bien soignées.

Les fumiers composés et celui de cheval sont les meilleurs pour lui.

Ses principaux ennemis sont le puceron, les altises, les tiques et les limaces.

Les principaux choux pour fourrage sont le chou cavalier, qui peut s'élever à une hauteur de deux mètres, le chou branchu du Poitou, le chou à Faucher, et le chou frisé d'Ecosse.

Salubres et productifs, toutes ces variétés prospèrent d'une manière merveilleuse dans le nord et le nord-ouest de la France.

Cela étant, pourquoi ne prospéreraient-elles pas dans certaines autres parties ?

Elles engraissent les animaux mieux et en trois fois moins de temps que ne le font les turneps.

Elles ont, en outre, pour effet de mieux distribuer la graisse.

Prépares-en l'avénement par deux labours donnés, l'un en novembre, et l'autre en mars.

Laboure encore deux fois, et si le temps est sec, herse.

Au second de ces deux derniers labours, relève les terres en billons d'environ 140 centimètres de largeur.

De fin de mai au commencement de juin, transplante les jeunes pieds sur le sommet des billons, à 70 centimètres les uns des autres.

Quand les mauvaises herbes se montrent, bine-les par un temps sec.

Amène, avec la houe, de la nouvelle terre au pied de chaque plant.

Un mois après, vaque à un second binage, en sens contraire du premier.

Pratique ensuite un second butage.

Ce mode de culture te permettra d'employer les choux, de novembre à fin d'avril.

A cet effet, transporte les feuilles sur un gazon sec, où tu les livreras aux animaux.

Seules, les feuilles gâtées communiquent au lait une saveur désagréable.

Au reste, à l'étable, tu préviendras tout risque à cet égard, en y joignant de la paille ou du foin.

Aux choux dont je te recommande la culture éminemment avantageuse, ne préfère pas le chou pommé.

Celui-ci, malgré sa pesanteur, ne peut fournir autant de feuilles que celui qu'on défeuille journellement.

Ne vivant qu'une année, il oblige à une augmentation de frais de culture.

Arrivé à sa croissance, il se crève pour pourrir.

Enfin, plus aqueux, il est moins nutritif.

Ne voulant pas transplanter le chou pour fourrage, n'espère pas une magnifique récolte.

Dans ce cas, sème-le de bonne heure, et donne au moins un binage.

C'est cuit qu'il profite le mieux au bétail.

C'est dans le but de te signaler sans interruption les principales espèces de choux, que je n'ai pas voulu t'entretenir, au chapitre de plantes fourragères, du chou pour fourrage.

NOUVEAU REMEDE CONTRE LA CARIE DU BLÉ.

On emploie 500 grammes d'acide sulfurique du commerce, à soixante degrés.

Le liquide est préparé dans un cuvier en bois où le froment à sulfater est introduit.

Après l'avoir remué un instant, on en remplit un panier en osier, placé au-dessus du cuvier de telle manière que l'excédant du liquide retombe dans celui-ci quand le panier est rempli et suffisamment égoutté.

On répand le froment en couche mince sur une aire de

grange ou un plancher, et on le remue de temps en temps, pour qu'il ne s'échauffe pas.

Le lendemain de l'opération, le grain est assez sec pour être semé.

(Annales de l'Agriculture française.)

LES SOINS A DONNER AUX CHEVAUX,
D'APRÈS LE *horse Book* DE LONDRES.

Les chevaux ne doivent être alimentés ni de la même manière, ni dans les mêmes proportions.

Il faut avoir égard à leur âge, a leur constitution et aux travaux auxquels on les emploie.

N'usez jamais de mauvais foin parce qu'il coûte peu, car il n'est ni nutritif, ni salubre.

En ce qu'il cause des inflammations d'intestin et des maladies de peau, le blé gâté est excessivement mauvais.

Pour un vieux cheval, la paille est meilleure que le foin, parce qu'il peut la mâcher et la digérer mieux.

De la paille mêlée de blé convient beaucoup aux chevaux.

Mangées mêlées de paille, au lieu d'isolément, les fèves favorisent la digestion.

Le foin seul, ou l'herbe seule, ne peut soutenir un cheval qui travaille fort, parce que ni l'une ni l'autre matière ne renferme assez de substances nutritives.

Quand un cheval travaille fort, sa nourriture doit consister principalement en avoine.

L'avoine est l'aliment le plus nutritif.

L'alimentation au râtelier est ruineuse.

Mis coupé dans une crèche, le foin non seulement ne se perd pas, mais encore est mieux mâché et mieux digéré.

Arroser le foin avec de l'eau salée en rend le goût agréable et d'une facile digestion.

Une cuiller à thé de sel suffit pour un seau d'eau.

Au vieux cheval, l'avoine moulue.

(L'agriculteur praticien.)

HORTICULTURE

CALENDRIER HORTICOLE DE LA SOCIÉTÉ D'HORTICULTURE DE NANTES.

DÉCEMBRE. — *Travaux généraux.* — Les travaux du jardin se bornant à peu de chose dans ce mois, on continue à transporter les engrais et à les répandre sur le sol ; on bêche lorsque la terre n'est pas gelée.

On doit commencer à surveiller et à réparer tous les outils et instruments du jardinage ; tout doit être revu et mis en état de servir aux premiers beaux jours. Il faut surtout ne les point laisser à la pluie ; car l'humidité et la rouille les détruisent rapidement. Les brouettes exigent une surveillance toute particulière, si on veut les conserver en bon état

La propreté est aussi une condition puissante de conservation des outils et instruments de toute nature, employés dans les jardins ; les chefs d'établissements doivent la recommander spécialement à tous leurs aides et aux manœuvres qu'ils emploient.

Arbres fruitiers. — On continue de tailler et de planter ; on laboure très légèrement le pied des arbres en rapport, après y avoir déposé une petite couche d'engrais.

Vers la fin du mois, on prépare les noyaux de pêches, d'abricots, de prunes, de cerises, les noix, les amendes, faînes et glands que l'on se propose de semer au printemps. On met dans un vase de grandeur convenable un lit de sable ou de terre humide sans être mouillée, de huit à neuf centimètres d'épaisseur, sur lequel on étend un lit de noyaux qu'on recouvre d'un autre lit de sable. On continue ainsi à alterner le sable et les noyaux jusqu'à ce que le vase soit rempli. On le tient dans un lieu où la gelée ne puisse l'atteindre. Si vers la fin de février ces semences n'ont pas germé, on met un peu d'eau dans le vase pour humecter le sable. En mars ou en avril, on les retire du sable avec précaution, et on les plante en rayons, ou en pots, ou encore en paniers. La *stratification* des noyaux dans le sable a pour but d'avancer leur germination : on obtient le même effet en brisant les noyaux dans le sens de leur longueur. Les graines des arbres résineux ne se stratifient jamais.

Potager. — Le jardin potager n'exige dans ce mois que des soins de surveillance, pour garantir de la gelée les primeurs qu'on a tant d'intérêt à amener à bien ; cependant on peut semer des pois, des fèves de marais, des carottes, panais, persil, épinards, céleri et chicorée, dans des endroits abrités et bien exposés. Les haricots nains de Hollande se sèment aussi pour primeur. On commence, sur couche, les semis de melons qui seront repiqués le mois suivant. On sème également de la laitue crêpe à couper tous les quinze jours.

La chicorée et la scarole se lèvent de terre en petites mottes ; on les met ensuite à l'abri dans un cellier ou autre lieu fermé, ou bien encore au pied d'un mur bien exposé. Pendant les gelées, on les couvre de paillassons, et on les découvre lorsque le grand froid a cessé. En agissant de cette manière, on conserve ces plants assez longtemps. Si on avait omis de planter des pommes de terre dans les deux mois précédents, il faudrait s'empresser de le faire dans le courant de celui-ci.

Parterre. — On taille les rosiers greffés sur églantiers. On visite les violettes perpétuelles, perce-neige et hellébores.

On se procure et on met en tas, à l'air libre, la terre de bruyère, pour la faire battre et passer à la claie dans les premiers beaux jours du printemps.

Les plantes et arbustes de terre de bruyère qui redoutent les grands froids, doivent être garantis de son action par une couche de douze à quinze centimètres de sable.

Orangerie et serres. — En ce mois, l'horticulteur doit à peu près concentrer ses soins sur les couches, les serres et l'orangerie. Il faut, pour cette dernière, renouveler l'air lorsqu'il ne gèle pas, avec la précaution de refermer les fenêtres ou les châssis avant que le soleil ait disparu, et veiller à ce que la température ne décende pas au dessous de zéro. On obtient l'égalité de température dans la serre, en chauffant à la vapeur et à l'eau bouillante. La serre-chaude exige une température élevée ; il en est ainsi de la bâche aux ananas.

On bine les plantes exotiques, pendant qu'elles ne végètent pas, et on arrose pendant la végétation.

LA CULTURE D'ASPERGES DE M. LHÉRAULT,
A ARGENTEUIL,

D'après M. SIROY.

Dès novembre ou décembre, avant les fortes gelées, on défonce la terre à quarante centimètres de profondeur.

On répand un fort engrais, bien consommé et consistant en fumier de cheval ou de mouton.

Quant au fumier de vache, il n'y faut pas songer, en ce qu'il est trop froid.

La quantité d'engrais est d'environ un mètre cube par are.

On débarrasse la terre de toutes les racines et de tous les cailloux qui pourraient nuire au développement des griffes d'asperges.

Plusieurs jours avant la fin de février ou d'avril, on dispose le terrain en sillons et billons, pour former les ados et les tranchées de réception des plants.

Les tranchées ont en largeur soixante centimètres.

Quant aux ados, ils ont soixante-dix centimètres de largeur à la base, sur soixante centimètres de hauteur.

Les trous de plantation des griffes ont vingt centimètres de diamètre et onze centimètres de profondeur.

Ces trous sont placés à quarante-cinq centimètres du bord des tranchées distancées d'un mètre les unes des autres, tandis que l'espace entre les rangs est de cent trente centimètres.

Enfin, on couvre les griffes de cinq ou six centimètres de terre seulement.

Comme on le voit, il y a grande différence avec la manière si peu rationnelle de planter dans des fosses profondes.

La terre mise de côté en forme d'ados est destinée à former, chaque année, perpendiculairement au pied de chaque asperge, de petits monticules au moment de la cueillette.

On obtient alors des asperges qui, plus longues, sont plus avantageuses pour la vente.

On ne coupe pas les asperges sans les avoir préalablement déchaussées avec le doigt.

Sans cette précaution, on risque souvent, pour en couper une, d'en détruire plusieurs, au grand détriment de la griffe.

Au commencement de l'hiver, on dégarnit l'asperge de toute la terre mise au moment de la récolte pour reformer l'ados qui sert à recouvrir à nouveau, au printemps suivant.

On profite du moment où l'asperge est dégarnie, pour visiter les racines et les débarrasser des herbes susceptibles de leur nuire.

Si un pied paraît faible, on le marque pour ne pas lui ôter d'asperges l'année suivante.

Voici un deuxième mode de culture, dit à deux rangs :

Pour le défoncement et les ados, on procède comme pour la première culture.

Seulement les rangs sont placés à deux mètres les uns des autres.

Les asperges sont placées sur deux rangs, à un mètre l'une de l'autre, en échiquier, et se trouvent à soixante-dix centimètres de distance entre elles.

Pour le reste, les soins sont les mêmes que pour la première culture.

Voici un troisième mode de culture :

Quand le sol est peu profond, on plante à plat, à un mètre cinquante centimètres entre les rangs; on espace d'un mètre les asperges, et l'on apporte une brouettée de terre entre chaque deux pieds d'asperges.

Cette terre sert à buter les asperges, comme dans l'autre culture, on le fait avec les ados.

L'asperge veut une terre très-substantielle et très-divisée.

Elle veut être plantée à une assez grande distance de ses voisines.

Elle veut une exposition excellente.

Elle veut être éloignée des arbres.

Elle produit d'autant plus que sa tige est maintenue par un tuteur.

Cinq années de plantation suffisent pour son complet développement.

Après dix ans de durée, elle ne donne plus que des produits moyens.

En elle, la grosseur est plus favorable que nuisible à la qualité.

UNE RÉVOLUTION DANS LA MANIÈRE DE TRAITER LES ARBRES FRUITIERS.

Suivant M. Pigeaux, qui s'adresse au *Journal de la Société centrale d'horticulture,* modifions un tant soit peu la forme des arbres fruitiers.

Avant tout, évitons de leur créer une tige centrale.

Reportons à leur circonférence les tiges qui doivent porter immédiatement les lambourdes et les fruits.

Faisons partir ces tiges à peu près du pied de l'arbre.

Ce sera pouvoir aisément les maintenir dans une juste proportion de sève et de développement.

Ce sera aussi ne plus avoir besoin de tailler les branches pour rétablir entre elles un équilibre qui, tous les ans rompu, oblige, pour les années suivantes, à de semblables mutilations.

Or, cette fatale nécessité abrége la durée des arbres, tout en retardant de beaucoup l'époque de leur entier développement.

Pour la prévenir, proportionnons, dès le début, le nombre des branches primitives à la vigueur bien connue des espèces.

C'est ainsi, par exemple, qu'il faudra se borner à donner trois branches primordiales au doyenné d'hiver, quans nous en donnerons au moins dix à la Belle de Berry, dont les pousses vigoureuses sont connues.

Procédons de la même manière pour les espaliers, les contre-espaliers et le plein vent.

Ce sera pouvoir arriver, en moins de douze ans, à créer de beaux et bons arbres qui, n'ayant jamais été gênés ou forcés dans leur développement, et ayant toutes les branches en harmonie avec les racines, ne présenteront pas de grands inconvénients, qui sont :

La tendance à produire des gourmands, la gomme, la mousse, et, en un mot, toute la série des infirmités qui entraînent la caducité précoce des arbres taillés de nos jours.

En outre, les arbres se couvriront annuellement de moins de fleurs.

Or, on sait que restreindre l'abondance extrême de celles-ci est les aider à nouer leurs fruits, circonstance importante en arboriculture.

A la vérité, nous supprimons ainsi la pyramide et le cône.

Ensuite nous ne voulons plus des immmenses pêchers qui, couvrant des murs entiers, exigent, pour atteindre leur entier développement, plus d'années que la nature ou l'art ne leur en avait accordé.

Mais, pour moins de regret, voyons les pêchers à deux branches verticales et parallèles qui peuvent, en moins de quatre années, atteindre le chaperon d'un mur de trois mètres, et qui sont, dès lors, en plein rapport.

Voyons également les fuseaux simples ou multiples dont nous voudrions généraliser la pratique.

En vérité, la méthode proposée est la plus rationnelle et la plus conforme aux données de la physiologie.

Elle supprime la distinction injustifiable établie entre les arbres qu'on taille et ceux qu'on ne taille pas.

Encore quelques mots !

C'est par une forme permettant à toutes les parties d'un arbre de se développer simultanément, c'est par une taille anticipée en vert, que nous préviendrons la nécessité des résections de bois fait.

Aussi, voyons la multiplication des pêchers obliques, celle de la vigne sur le même modèle, et celle des pommiers en cordon.

Dans tous ces procédés, la taille est, soit presque exclue, soit réduite à peu de chose, et peut très aisément se faire en vert.

Dès lors, *plus de taille de bois fait, plus de sécateurs,* et, dans notre opinion, tout l'avenir de l'arboriculture est là.

Cela est, dirons-nous, bien radical ; mais cela est à étudier par qui ne veut l'excès en rien.

DEFRANOUX.

LE TASSEMENT DU SOL AU PIED
DES ARBRES FRUITIERS,

D'après M. BRAVY.

En s'appuyant sur de nombreuses expériences, M. Rives, horticulteur anglais, préconise la pratique de battre fortement la surface de la terre autour des vignes et des arbres fruitiers à noyau, et cela sur un rayon égal au parcours présumé des racines.

La surface doit être si dure, qu'il soit impossible d'y enfoncer le bout d'une canne.

Ainsi traités, les arbres poussent moins vigoureusement, mais nouent mieux leurs fruits.

Nous avons souvent constaté la robusticité et la riche fructification d'arbres, privés de tout labour autour des racines.

A Thomery, le sable des allées arrive jusqu'au pied des vignes en espalier.

D'ailleurs, on voit de belles treilles dans des cours pavées.

Il y a plus de vingt ans, nous avons conseillé, non-seulement de tasser fortement le sol au pied des arbres fruitiers, mais encore de le recouvrir d'un payage en cailloux.

Voici la cause du conseil.

Dans les villages de la Limagne, les cours des plus modestes cultivateurs sont généralement pavées, et l'on y trouve élevés en treille des ceps de vigne, des abricotiers, des pruniers, etc., dont quelques-uns, âgés de cent ans, joignent à une luxuriante végétation de grandes dimensions et une fructification abondante.

Or, c'est un luxe de végétation et de fructification qui ne se reproduit pas dans les cours non pavées du même pays, où les mêmes arbres présentent peu de différence avec ceux qui sont plantés dans les jardins et dans les champs.

L'influence du pavage nous paraît facile à expliquer.

Premièrement, il s'oppose à l'évaporation du sol pendant les chaleurs, et y maintient ainsi une fraîcheur favorable à la végétation.

Secondement, il prévient l'introduction trop abondante des eaux dans le sol en automne et en hiver, et garantit ainsi les racines d'une surabondance d'humidité fort nuisible pendant la période du repos des arbres.

C'est surtout dans le Midi que cette pratique serait avantageuse, en ce que souvent la sécheresse y anéantit la récolte des fruits.

(Annales de la Société d'Horticulture de l'Hérault.)

Pour être de l'avis de l'auteur de cet article, il n'y a, dans le Nord-Est, qu'à examiner les vignes dont le sol est soumis à de simples raclages et les arbres qui, judicieusement traités, sont adossés à la façade des maisons situées le long des routes.

DEFRANOUX.

LES SOINS A DONNER AUX PLANTATIONS ET AUX VÉGÉTAUX PLANTÉS,
D'après M. WILLERMOZ.

Le premier soin de celui qui veut faire une plantation

importante doit être de visiter des propriétés, d'examiner, de comparer et de noter le bien et le mal, sans oublier de consulter.

Les conseils une fois recueillis et les notes une fois prises, il s'assure si le sol destiné à la plantation est heureusement orienté et accidenté.

Il consulte la nature du sol afin de le corriger longtemps à l'avance par des défoncements, des labours et des apports d'amendements.

Il assigne à chaque végétal la terre et la place qui lui conviennent le mieux.

Souvent des propriétaires confient à leurs jardiniers le soin d'aller trouver un pépiniériste, de choisir les sujets et d'en débattre le prix.

Ils ont tort, car, parfois, dans ce cas, l'offre d'une remise sur les prix facturés peut permettre au pépiniériste de vendre soit trop cher, soit du mauvais.

Il y a aussi des propriétaires qui ont le tort d'accorder leur confiance à certains hommes d'affaires dont l'unique talent est de faire croire qu'ils ont du talent.

Ces hommes sortent rarement d'une maison sans en emporter une commande.

Cette commande, un compère l'attend; il la remplit tout à son avantage et à celui de son associé, et l'on ne reçoit de lui que du médiocre.

Qu'on se défie surtout des annonces séduisantes et des prix considérablement réduits!

Connaissant tout cela, on ne doit pas s'étonner si tant de plantations réussissent mal.

L'emplacement destiné à la plantation ayant été choisi, on défonce à une profondeur relative à la nature du sous-sol, on amende après avoir défoncé, on fait suivre le défoncement de deux ou trois labours exécutés avant l'hiver, on plante les jalons, on désigne la place destinée à telle espèce et à telle variété, et, aux lieux marqués par les jalons, on creuse des trous.

La profondeur des trous et leur largeur varient en raison de la nature du sol et du sous-sol.

Si le sous-sol est perméable et profond, un trou d'un mètre cube est suffisant.

S'il est imperméable, il faut donner au trou plus de largeur et de profondeur, ou bien soit perforer cette couche trop tenace, soit drainer.

En effet, il en est des plantes cultivées dans un sol imperméable comme de celles qui le sont dans un pot non percé.

Où le sol est à base argileuse, les trous seront ouverts bien avant l'automne, pour la plantation d'automne.

Où le sol est à base silicieuse, les trous seront ouverts au moins deux mois avant l'automne, pour la plantation d'automne.

Dans l'année précédant la plantation, on préparera de bons terreaux, on les remuera souvent, on les arrosera d'eaux ménagères et on les soupoudrera de chaux, de temps en temps, pour les sols peu calcaires ou sans calcaire, toutes les fois qu'on les retournera.

Il va sans dire que ces terreaux seront mélangés avec la bonne terre à jeter sur les racines, et que la mauvaise terre sera jetée la dernière dans le trou.

Un peu avant de planter, on commence le remplissage des trous, sauf à s'arrêter à peu près à la hauteur où doit reposer l'arbre.

Pour empêcher les eaux pluviales de séjourner dans les trous, il sera fort à propos d'y jeter, à une hauteur d'environ trente centimètres, des pierrailles ou des fascines de bois, qui permettront à l'eau de s'écouler plus promptement.

On répandra sur ce lit, pour qu'il en soit aisément pénétré, de la bonne terre bien divisée.

Cette partie ne sera pas en contact immédiat avec les racines de l'arbre, et l'on y placera, au lieu de fumier d'écurie, qui peut causer beaucoup de mal aux arbres, environ cinquante grammes de cornaille fine, moyenne et grosse.

Après la cornaille, viendra le terreau pur; après viendra la terre mélangée de terreau pur; après la terre mélangée de terreau viendra la meilleure terre extraite du trou, et après la meilleure terre extraite du trou viendra celle qui en occupait le fond.

Avant de planter, on praline les racines, et, en d'autres termes, on les submerge dans un liquide composé de terre franche, de bouse de vache et d'eau.

Enfin l'arbre est planté de telle manière que la greffe, après affaissement du niveau du sol, se trouve à trois ou quatre centimètres au-dessus de ce niveau.

(*Annales de la Société d'horticulture de l'Hérault.*)

VITICULTURE.

RAPPORT

Fait par Defranoux, à la Société d'Emulatation des Vosges, sur la première communication de M. Ravon Stéphani, viticulteur à Bratigny, près Charmes (Vosges).

— Suite. —

Les avantages à espérer de l'hybridation, dans une vigne peuplée de nombre de cépages recommandables. — L'hybridation, chacun le sait, nous procure des cépages nouveaux dont certains peuvent être de qualité hors ligne.

En conséquence, dans une seconde vigne-école où sont réunies toutes les espèces qui ont fait leurs preuves, je laisserai croître, pour les étudier, tous les sujets nés de pepins.

A propos d'hybridation, le bon raisin de Sommervillers ne résulterait-il pas du pernaise et du liverdum, ou plutôt de l'érycée, dont il a le pédoncule ?

Il est de huit jours plus précoce que l'érycée.

En ce qu'il donne, taillé court, un fruit moyen d'un noir bleuâtre, ne pourrissant pas, ayant du montant et d'une saveur exquise, il me semble être destiné à détrôner ses deux parents.

Ne serait-ce pas non plus le semis naturel qui expliquerait l'existence, dans mes vieilles vignes, de deux ceps qui sont d'une fertilité extraordinaire, dont le feuillage est brillant, et qu'au moyen de l'étiquetage j'observe depuis six ans, sans voir leurs qualités s'altérer ?

Evidemment ils constituent une variété de gamay dont je planterai sur couche chaude tous les nœuds.

Il en est de même, à Bainville-aux-Miroirs, d'un groupe de ceps à fruits admirables.

Qu'on me permette d'expliquer ces remarquables résultats du semis naturel de pepins issus d'une grappe hybridée.

Protégé d'une manière quelconque contre l'instrument aratoire, le sujet issu de pepin croit inaperçu du vigneron qui, plus tard, l'emploie à remplacer le cep près duquel il s'est développé.

Au reste, la sirach de l'hermitage n'a-t-elle pas pris naissance dans un verger ?

Moyens de propagation rapide des cépages précieux ou rares dont on a peu d'exemplaires. — Ces moyens consistent à planter, non en pleine terre, mais sur couche chaude, la bouture Hudelot ou la bouture Chantrier.

La bouture ou le bouton Hudelot est une partie de sarment pourvue d'un œil.

La bouture Chantrier est la bouture Hudelot convertie en un écusson représentant un demy-cylindre.

Déposée horizontalement dans une rigole, la bouture Hudelot émet, en outre de racines traçantes, un vigoureux pivot.

Plantée horizontalement dans une rigole, la bouture Chantrier n'émet que des racines traçantes.

Ainsi, plantée horizontalement, toute bouture autre que la bouture Chantrier émet un pivot.

Il en est de même de la marcotte horizontale Esquot, qui peut avoir jusqu'à quarante yeux, dont chacun fournit un cep que, par le sevrage, on peut, en novembre, rendre indépendant des autres.

Par suite, au sol peu profond la bouture qui n'émet que des racines traçantes, et au sol profond celle qui émet un pivot allant chercher très bas les sucs descendus de la couche arable dans un sous-sol salubre.

La plantation. — Le premier soin de celui qui débute en viticulture est d'apprendre à bien planter.

Dès lors ne ressemblons pas à tel qui trouve trop faibles de beaux chevelus de deux ou trois ans, à tel qui goudronne l'extrémité inférieure de la bouture, ou à tel qui, après avoir fendu cette extrémité, insère dans la fente un grain d'avoine.

Pièces en mains, je donnerai dans ma vigne-école, moyennant cinq francs, une leçon d'une heure à quiconque désirera apprendre à bien confectionner la bouture, à la planter à l'époque la plus favorable à la reprise, et à bien la planter.

(*La suite à la prochaine livraison*).

LA CLEF DE LA SCIENCE.

Ou les phénomènes de tous les jours, expliqués par le docteur E.-C. Brewer, membre de l'université de Cambridge, du collège des précepteurs de Londres, etc., auteur de plusieurs ouvrages littéraires, historiques, scientifiques, mathématiques, etc.

FEU — COMBUSTIBLES.

Qu'est-ce que la combustion ? — La combustion consiste dans une combinaison chimique, pendant laquelle se produit de la chaleur, et en général de la lumière.

Comment la combustion produit-elle la chaleur ? — Par l'action chimique. De même que beaucoup de chaleur latente est mise en liberté par l'action chimique lorsqu'on verse de l'eau sur de la chaux vive, de même la chaleur se dégage par l'action chimique dans la combustion.

Quelle est la nature de l'action chimique dans la combustion ? — Les éléments de combustibles se séparent les uns des autres, et se combinent avec l'oxygène de l'air.

Quels sont les éléments des combustibles ? — Le carbone, l'hydrogène et l'oxygène.

Les combustibles contiennent, en outre, un certain nombre de substances minérales fixes, qui forment les cendres.

Quels sont les éléments de l'air atmosphérique ? — L'air atmosphérique consiste principalement en un mélange d'oxygène et de nitrogène, à peu près dans les proportions de 4 volumes de nitrogène pour 1 volume d'oxygène.

L'air renferme, de plus, une très petite quantité d'acide carbonique, et une quantité variable de vapeur d'eau ; il contient en outre, mais en quantités à peine appréciables, quelques autres gaz ou vapeurs provenant de la décomposition des matières végétales et animales.

Quels sont les trois éléments employés généralement pour faire un feu ordinaire ? — Le gaz hydrogène, le carbone et le gaz oxygène : les deux premiers éléments se trouvent dans les combustibles, et le gaz oxygène vient de l'air qui les environne.

Comment s'opère la combustion ? — Une allumette met le feu à l'hydrogène bicarboné qui se dégage des combustibles ; ce gaz se combine avec l'oxygène de l'air et produit une flamme jaune ; la flamme ensuite chauffe le carbonne des combustibles qui, se combinant avec l'oxygène, produit l'acide carbonique.

La flamme de l'hydrogène bicarboné a une couleur *jaune* ; mais la flamme de l'hydrogène *pur* a une couleur *bleu pâle*.

1 volume d'hydrogène bicarboné se compose de 1 volume de carbone et de 2 volumes d'hydrogène.

Qu'est-ce que l'acide carbonique ? — Une combinaison de carbonne et d'oxygène.

1 volume d'acide carbonique se compose de 1/2 volume de carbone et de 1 volume d'oxygène.

Qu'est-ce que le feu ? — Un composé impondérable de lumière et de chaleur, produit par la combustion de substances inflammables.

Le foyer doit être *peu profond*, les parois convenablement *inclinées*, et douées d'un grand pouvoir *réfléchissant*.

Pourquoi le feu produit-il la chaleur ? — Parce qu'il dégage par l'action chimique le calorique latent de l'air et des combustibles.

La chaleur du feu est probablement due aux effets *électriques* produits dans l'intérieur des combustibles par l'action de la combustion.

Quels sont les changements chimiques de l'air et des combustibles produit par l'action de la combustion ? — 1° Un peu de l'oxygène de l'air, se combinant avec l'hydrogène des combustibles, se condense en eau ; — 2° Un peu de l'oxygène de l'air, se combinant avec le carbone des combustibles, se transforme en acide carbonique.

Pourquoi un feu qui a brûlé longtemps est-il rouge ? — Parce que toute la surface de la houille est échauffée, de sorte que chaque partie subit une combinaison rapide avec l'oxygène de l'air.

Pourquoi quelquefois la surface inférieure des combustibles est-elle rouge, tandis que la surface supérieure a une couleur noire ? — Parce que les combustibles, étant solides, exigent un grand degré de chaleur pour se combiner avec l'oxygène de l'air ; par conséquent, leur surface chaude inférieure, étant en combinaison avec l'oxygène, est rouge, tandis que leur surface froide supérieure reste encore noire.

Lequel se consumme plus vite d'un feu flambant ou d'un feu rouge ? — Tout combustible flambant se consume plus vite.

(La suite à la prochaine livraison.)

TABLE DES MATIÈRES

CONTENUES DANS LA PREMIÈRE ANNÉE

DU *NOUVEAU JOURNAL D'AGRICULTURE*

Janvier 1872.

Février 1872.

Mars 1872.

Avril 1872.

Mai 1872.

Août 1872.

Septembre 1872.

Octobre 1872.

Novembre 1872.

Décembre 1872.

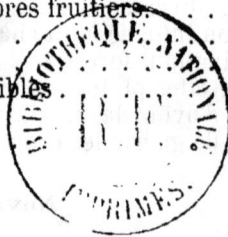

BIBLIOTHÈQUE NATIONALE R F DÉPRIMÉS

Niort. — Typographie de L. Favre.

BIBLIOTHEQUE NATIONALE DE FRANCE

3 7531 04113619 4

www.ingramcontent.com/pod-product-compliance
Lightning Source LLC
Chambersburg PA
CBHW061113220326
41599CB00024B/4027